JN086654

やわらかアカデミズム
〈わかる〉シリーズ

よくわかる
現代科学技術史・STS

塚原東吾／綾部広則／藤垣裕子／柿原 泰／多久和理実
［編著］

ミネルヴァ書房

はじめに

現代の科学技術——日常生活の基盤を支えている

私たちは現代の科学技術を，どう考えたらいいのでしょう。現代社会の生活は，科学技術なしでは考えられません。私たちの便利で快適な生活は，科学技術の成果に依っているものです。

例えば日常的なインフラ（生活の基盤を支えるもの）は，どれをとっても科学や技術がなければ成り立ちません。「衣食住」という生活の基本を考えてみましょう。着るもののほとんどは化学繊維がなければ成り立ちませんし，グローバルな生産ネットワークがあるので安価な衣服が大量に（ときには過剰に）供給されています。食べ物は生産や加工・保存の科学的管理がされていて，安全が維持されています。家や学校などの生活居住空間も，空調や交通などを含め，高い水準で管理されています。生活基盤を運営するためのエネルギーは，電気にしても化石燃料にしても，科学技術が作りあげた構造やシステムによっています。現代医学の発達によって私たちの健康は保たれ，人類は様々な病気を克服してきました。

言うまでもないのですが，現代社会で，スマホやコンビニのない生活は想像できるでしょうか？　スマホもコンビニも，巨大な物質とエネルギーや流通の複合体で，私たちはその末端の受益者です。そもそも電気が止まった生活を考えられるでしょうか。災害などでインフラが停止した時に，科学技術が私たちの生活を支えていたことが実感されます。無くなった時に重要性に気がつくというのは，逆説や皮肉ではなく，真剣に考えなくてはならないことです。

科学技術は問題の原因でもある

しかし，私たちが考えなくてはならないのは，科学技術が「スゴイ」のだ，「便利であるから手放せない」，「大事である」ということだけではありません。地球規模の環境問題や人口問題・食糧問題などを科学技術で解決できると思うのは，楽観的にすぎると言わざるを得ないのが現実です。さらに言うなら，科学技術が様々な問題の「原因そのもの」になっているケースもあります。

地球環境問題を考えてみましょう。すでに大気中の二酸化炭素が温暖化を引き起こし，大規模な気候変動をもたらしています。ここ数年，打ち続く災害はこのことと関係があります。地球温暖化は科学技術の発達そのものがもたらした問題と言えます。

また例えば，遺伝子を操作できるバイオ・テクノロジーを考えてみましょう。人類は今や，生命を作り出すような「神の領域」にまで踏み込もうとしています。デザイナーズ・ベイビーと呼ばれるように，生まれてくる子どもを「設計」できる時代になってきています。ゲノム編集を生殖細胞などに応用することによって知能の高い人間や速く走れる人間をつくることは許されるでしょうか。これは単に便利だから使うというレベルの問題ではなく，重大な倫理的問題を含んでいます。

衣食住は科学技術に依拠して豊かなものになってきていると冒頭では書きましたが，それは良いことばかりを生み出しているわけではありません。一方で過剰生産によって飽食や肥満が問題になっているのと同時に，貧困や飢餓が蔓延する世界もあります。日本でも格差が大きくなっていて，子ども食堂などの取り組みがありつつもフードロスの問題があるなど，豊かな世界のはずなのに悲惨な面や過剰な無駄や格差は克服できていません。世界の被服市場が第三世界の女性や子ども労働を搾取していること，また地球各地での住環境は良くなっているとは言えません。2011年３月11日の三大災害（地震・津波・原発事故）を自然災害（天災）と人間が引き起こした災害（人災）の組みあわされた「構造災」と呼ぶ人もいます。

さらに，情報技術がどんどん進んで，スマホは便利になり，ネット上や仮想通貨での支払いなどが可能になってきていますが，それで人間が幸せになったかというと疑問です。ネット依存やゲーム中毒，さらに人々の心の問題などますます深刻化しています。また人工知能（AI）が人間を超える点，シンギュラリティも近いという議論もある中，AI に奪われる仕事が多くなり，かつて労働疎外と言われた状況は，IT によってさらに加速化していることは否めません。そしてビッグデータという形でのハイパー監視社会は，現実のものとなりつつあります。戦争も人間がやるものではなく，遠隔操作や自動化されたロボットが人を殺す時代になっています。AI を使った自立型兵器はディストピア SF の世界だけでなく，すでにリアルです。

このように私たちの生活は，ますます科学技術に依存しているのですが，科学技術が災いをもたらす可能性や，科学技術そのものが問題となっている時代に突入しています。

学問として科学技術を考える

ここで真剣に考えなくてはいけないことは，ただ科学技術を称賛したり，期待したりすることではなく，また一方的に科学技術を忌避したり恐れたりすることでもありません。社会的な存在となっている科学技術とどのように付き合うか，もしくは科学技術の成果やプロセスをどのように判断して，私たちの生活の中で対応していくか，つまり「大人の対応」が必要とされているのです。

そのための学問には，古くから「科学史・科学哲学（HPS：History and Philosophy of Science)」という領域がありました。これは科学とは何か，そしてそれはどのように形成されてきたのかを扱う学問です。近年では，科学社会学などの知見を入れて，「科学技術社会論（STS：Science, Technology and Society)」という領域も展開しています。

それらの領域を初学者のみなさんに知っていただき，また現代の科学技術についての問題を考えていくため，本書を編集しました。中でも特に現代（特に戦後）の日本を中心に，科学技術と社会の関係の歴史と現状を，この領域ではどのように検討しているかを紹介します。つまり科学技術の問題について，現在に至る流れや要点を捉え，それをどのように考えたらいいかについての視点を得ることを目指しています。

本書の構成について

そのため本書は，二部構成になっています。第Ⅰ部は現代科学技術史として，主に日本の科学史を扱います。扱う時代は，第二次世界大戦後から現在までです。科学技術をめぐってどのような出来事があったのかをまずは検討していきます。

第Ⅱ部は STS の立場から，科学技術をどのように考え，またどう対応していったらいいのかという問題について考えていきます。そのため，第Ⅰ部は時代を追って記述していくことになり，第Ⅱ部ではテーマやトピックスごとに説明していく形をとります。

《注意１》歴史はサバイバルのための知である

ただ，これらは２つの別の分野がただ並立しているというわけではありません。注意しておきたい最初のことは，「歴史」とはただの出来事の羅列や，編年式な記述ではないということです。科学技術について，何かの問題が起こったとするなら，そこにはその「原因」や「歴史的背景」があります。それを理解して初めて，その問題がなぜ起こったのかがわかります。ある時にある問題が起こったとき，その時代の人々は，それをただ受け入れ，そのままにしていたのではありません。その問題の渦中で，まさに全身全霊をこめて，その問題を解決して生き延びようとしてきたのです。

例えば現代では地球環境問題と言われる，環境汚染による健康被害などの問題は，すでに産業革命以来，多くの場所で起こってきています。日本の戦後で考えるなら，特に1960年代に「公害問題」として，大きくクローズアップされました。それはただ起こっただけではありません。この公害事件に直面した人々，その時代に生きた人々は，これを何とかしようと必死に対応を考え，様々な努力をしてきました。被害者に寄り添い，苦しむ人々を救済しようとした医師たちがいました。原因を告発したジャーナリストがいましたし，問題を解明しようとした科学者たちもいました。社会運動を起こして法廷や行政，そして政治を動かし，「公害国会」と呼ばれる国政レベルの法制度の整備に取り組んだ人々もいます。環境庁（現在の環境省）が設立されたのも，公害問題への取り組みの成果の一つでした。

もちろんこれらのことで，環境問題は解決したとは必ずしも言えないのですが，一定の制御された状態に至ったというのも事実です。いまや「公害」問題は，「地球環境問題」というかたちで，グローバル化して被害も影響も大規模なものになっています。

歴史を学ぶというのは，このように，ある事件や問題について，それにどう対応してきたのか，そしてそれはどのような課題を次代に残しているのか，現在はどのように展開しているのかを検討することでもあります。私たちはその意味で，みんながサバイバーですから，歴史から学ぶことは，サバイバルのために何をすればよいのかを知るということです。

《注意２》STS は関与する知である

またもう一つ注意しておきたいのは，第Ⅱ部で扱う STS は以下のような特徴をもつ学問分野である点です。

① 科学技術を対象とするメタ学であるが，比較的現代の科学技術を対象とすることが多い。
② 学際的な研究分野である。
③ 対象と距離を取り冷静に分析するスタイルのみならず「建設的」で engaged な研究スタイルを重視する。

これらのうち，①については，本書の第Ⅰ部の科学史の項目が戦後を中心にすえているために，本書では境界が見えにくくなっています。②については，科学史が比較的独立分野としての地位を確立しつつあるのに対し，STS では，方法論に歴史学のみならず，社会学，人類学，倫理学，哲学，政策論，計量学などを用いていると言えます。

③については，次のように考えることができます。第Ⅱ部で検討されるのが，理論的もしくは高踏的な社会学的分析や政策的なもの，つまりある種の客観化・科学化への試みとして理解されがちなことですが，

それは違うということです。言いかえれば第Ⅰ部が歴史を扱うので事例的で具体的，第Ⅱ部は理論的で政策提言的な志向を持つもの，ある意味で抽象的で客観的なスタイルを目指すものに見えてしまうかもしれないのですが，本書が目指しているのは，必ずしもそうではありません。STS は現代科学技術の問題に対する歴史的な現在への向き合い方として，あくまでも当事者的なスタイルをとった知の試みを実践している，学問領域としては珍しく「投企的（エンゲージド）」なスタイルをとる分野です。STS の知は，まさに私たちのサバイバルのために，与えられた現在で，必死の知恵の出し合いを試みている，現在進行形のものです。もちろん，アカデミックなスタイルをとる上では，過度のコミットメントや党派性に与する気持ちは別段ないのですが，現代社会での様々な問題の当事者として，STS は「自己反射性」を常に意識しています。

つまり洗練された理論や，当事者性から距離をおいた客観性，そのような「醒めた科学性」（藤垣は，これは「固い科学」と呼んでいます）を，STS は必ずしも目指しているものではないと（少なくともこの本の編者は），考えています。

学びのための工夫

とはいっても，本書の構成は見開きでワン・トピックという形をとる以上，やはり全体に統一感を持たせるというのは，若干，難しいものがあるのは否めません。

そこで，本書では，いくつかの工夫をしました。それは以下の３点です。

⑴ 項目同士で関連するものを，相互レファレンスをするようにリーディング・ストリームを提案しています。それは例えば戦後の軍事技術の転用を扱った「戦争技術のスピンオフ・スピンオン」（Ⅰ-1-10）という項目と，現代的な「デュアル・ユース」（Ⅱ-5-5）という項目に関連する項目を辿って読んでいくと，過去の事例と現在の対応について，立体的な像を得ることができるようにしています。

⑵ それぞれの項目の中で説明される概念間に，それぞれの関連性がある場合，関連のページについての明確な提示をするようにしています。例えば，クーンとパラダイム，ポストクーン主義，ポスト・ノーマルサイエンス，また水俣，公害裁判，化学物質についての規制科学など，本来は一流れの概念なので，本文の中でもそれぞれに注意書きをしておきます。合わせて検討してみてください。

⑶ 本書は合計で108項目もあるのですが，それぞれのテーマ別に，ある種の「ストリーム」が想定できます。これは例えば，環境問題と科学について興味があるなら，科学史編での項目や STS 編の項目を読むこと，また社会学的な科学技術の在り方については関連の流れを押さえること，科学政策に興味があるなら，原爆，マンハッタン・レジーム（科学史編），リニアモデル，総合科学技術会議（STS 編）を合わせて読むことなどのような「カリキュラム想定」ができるということです。より具体的には，次項の「本書の使い方」に一覧としてまとめましたので，ご参照ください。

本書の使い方——リーディング・ストリームの提案

１つのトピックスに５～10項目以内ということで，以下のストリームで読むと，あるテーマを歴史から現代に渡ってカバーできるかもしれません。このような項目を並べて，１回の授業で１つの項目を扱う，というふうにするとテーマ1つでクォーター制授業（8回分）のワンセット分，もしくは2つでセメスター（15回）分にすることが可能です。

もちろん，他の組み合わせも可能ですし，これらの項目であげている参考文献などに論及して検討をすることもできると思います。

原爆・原子力	Ⅰ-1-1 原爆投下とマンハッタン・レジーム Ⅰ-1-3 ABCC Ⅰ-1-4 永井隆と長崎原爆の思想 Ⅰ-1-6 水爆と第五福竜丸 Ⅰ-1-7 日本の物理学者と原爆開発 Ⅰ-1-9 日本の原子力の始まり Ⅰ-3-15 ウラニウムとプルトニウムの現代史 Ⅰ-4-3 廃炉と核のゴミ Ⅱ-5-3 原子力と社会 Ⅱ-5-4 低線量放射線被ばくの影響：小児甲状腺がんの多発
戦争と科学，科学と国際関係	Ⅰ-1-5 朝鮮戦争・ベトナム戦争と科学技術 Ⅰ-1-8 科学技術のグローバルな再編 Ⅰ-1-10 戦争技術のスピンオフ・スピンオン Ⅰ-1-12 731部隊とその戦後 Ⅰ-2-4 冷戦型科学 Ⅰ-3-9 戦後補償とODA，日本の技術移転 Ⅰ-4-4 核軍縮問題 Ⅱ-5-5 デュアル・ユース
公害，地球環境問題	Ⅰ-2-1 日本における公害と科学者 Ⅰ-2-2 沈黙の春 Ⅰ-2-5 エコロジー Ⅰ-2-8 環境問題と市民 Ⅰ-3-16 巨大事故の時代 Ⅰ-4-1 ライフラインと減災：神戸の経験から Ⅰ-4-2 構造災 Ⅱ-5-6 公害（水俣病，イタイイタイ病）
科学政策・法規制，科学教育	Ⅰ-1-13 科学技術庁の設立と科学技術基本法 Ⅰ-4-5 カウンター・テクノクラシー Ⅱ-5-21 知的財産 Ⅱ-5-23 科学教育・技術教育とSTS Ⅱ-5-24 科学教育におけるSTSと科学的リテラシー論 Ⅱ-6-10 科学技術政策 Ⅱ-6-17 レギュラトリーサイエンス Ⅱ-6-18 第二種の過誤 Ⅱ-6-23 法と科学 Ⅱ-6-24 鑑定科学

科学コミュニケーション・メディア，科学のイメージ	Ⅰ-1-11 湯川のノーベル賞受賞 Ⅰ-2-6 アポロ計画 Ⅰ-3-2 ２つの文化 Ⅰ-3-3 戦後の高等教育 Ⅱ-5-22 科学とメディア Ⅱ-6-19 科学コミュニケーション Ⅱ-6-20 科学技術への市民参加 Ⅱ-6-21 科学技術と公共空間
科学論・研究の方法論	Ⅰ-2-10 科学史とグローバル・ヒストリー：ニーダムと日本の科学史研究 Ⅰ-3-1 科学史における文明論 Ⅰ-3-4 科学革命論 Ⅰ-3-17 女性と科学技術の歴史 Ⅱ-6-7 ポスト・ノーマルサイエンス Ⅱ-6-8 フェミニズム科学論 Ⅱ-6-11 モード論 Ⅱ-6-12 トランス・サイエンス論 Ⅱ-6-28 STS のための質的研究 Ⅱ-6-32 ラトゥールの方法：科学の人類学
科学批判の方法論	Ⅰ-2-3 1968年叛乱と科学技術 Ⅰ-2-7 反科学論 Ⅰ-3-13 科学による可視化／不可視化 Ⅰ-3-18 人種と科学 Ⅰ-4-9 科学批判学とメタバイオエシックス Ⅰ-4-10 科学とカルチュラル・スタディーズ Ⅰ-4-11 スポーツと科学技術：制御されるアスリートの身体 Ⅱ-5-12 新優生学 Ⅱ-5-17 生政治・生権力・生資本 Ⅱ-6-25 科学技術の人類学
哲学・思想的アプローチ	Ⅰ-3-8 科学技術と疎外論 Ⅰ-3-10 リヴァイアサンと空気ポンプ Ⅱ-6-2 科学の目的内在化 Ⅱ-6-3 パラダイム論 Ⅱ-6-13 科学の不定性 Ⅱ-6-14 科学論争 Ⅱ-6-15 状況依存性 Ⅱ-6-16 境界作業 Ⅱ-6-26 認知文化論
気候変動	Ⅰ-1-2 多重災害（複合災害） Ⅰ-2-9 河川土木開発とその見直し Ⅰ-4-7 人新世 Ⅰ-4-8 脱炭素と気候正義 Ⅱ-5-18 地球温暖化と不確実性

	Ⅱ-5-19 気候工学（ジオエンジニアリング） Ⅱ-5-20 海洋プラスチックごみ
技術・工学，情報と社会	Ⅰ-3-5 技術の社会史 Ⅰ-3-6 エジソンが切り拓いた「電気文明」 Ⅰ-3-7 コンピュータ，インターネット，AIの登場 Ⅱ-5-1 情報社会 Ⅱ-5-2 AIと社会 Ⅱ-6-5 技術の社会的構成論（SCOT） Ⅱ-6-9 科学計量学とプライスの夢 Ⅱ-6-22 テクノロジー・アセスメント
生命，食料	Ⅰ-3-11 戦争と農業 Ⅰ-3-12「緑の革命」 Ⅰ-3-14 生命科学の現代史 Ⅰ-4-6 感染症と社会 Ⅱ-5-7 遺伝子工学 Ⅱ-5-8 医療廃棄物 Ⅱ-5-9 ゲノム編集 Ⅱ-5-10 BSE Ⅱ-5-11 遺伝子組換え作物
倫理・責任	Ⅱ-5-13 技術（者）倫理 Ⅱ-5-14 研究倫理 Ⅱ-5-15 生命倫理 Ⅱ-5-16 脳神経倫理学（ニューロエシックス） Ⅱ-6-30 ELSIとRRI Ⅱ-6-31 科学者の社会的責任
社　会　学	Ⅱ-6-1 マートンの科学社会学 Ⅱ-6-4 科学知識の社会学（SSK） Ⅱ-6-6 アクターネットワーク理論 Ⅱ-6-27 期待の社会学 Ⅱ-6-29 専門家論

これからを生きる皆さんへ

これから科学技術の問題に向き合っていくのは，この本を手にしているあなたです。本書は，これまで歴史を生きてきて，そして現在でも生きているサバイバーたちが，後から走ってくるあなたたちに，少しだけこれまでの経験や知恵を示しているに過ぎません。それは何かの参考にはなるかもしれませんが，その型にはめようなどという（そんな教科書的な！）ことは，毛頭考えてもいませんし，そんなことは望むべくもないことだと思っています。

科学史もSTSも「今，ここにあるもの」を相対化するという点では類似しています。科学史は歴史を解き明かすことによって，「今，ここにあるもの」が最初からそうであったわけではなく特定の道のりを経て現在の状態にたどりついたことを示します。STS は人類学的，社会学的方法論もあわせて，「今，ここにあるもの」が人々がそのつどそのつど選択している結果であることを示します。言うならば，科学史も STS もともに，日ごろあたりまえと考えられていることの見方を変え，今起こっている事柄に明確な言葉（コンセプト）を与え，そのことによって，今の時代の私たちの選択が，未来世代の科学技術に影響を与えることを考えることができると信じています。

本書を通じて，皆さんの科学技術への向き合い方のために，今までとはなんだか異なる見方ができたり，これまでも自分と同じことを試みた人々がいたのだということを知って，少しでも勇気や元気を得られたりすれば，それは嬉しいことだと思います。

……でも，いったいどうしましょう，ここまで発達していて，かなりいろいろなことができるけれど，ちょっと，でき過ぎているようで，だけどどうも，行き過ぎてしまっているようで，その行方もわからなくなっている，この科学技術と，「人類の未来」と呼ばれるもの。ここは少し立ち止まって，それを一緒に考えてみましょう。

編者を代表して　　塚原東吾・藤垣裕子

もくじ

4 ポスト神戸と3・11

第Ⅱ部 STSからの視座

5 現代的課題

6 概念と方法

第Ⅰ部 現代科学技術史からの視座

guidance

現代の科学技術を考えるとき，この本では1945年の第二次世界大戦の終結を，まずは重要な起点であると考えました。戦争は科学技術の成果のぶつけ合いになり，殺戮の技術は高度化して，戦場は悲惨さの度合いを増すものとなりました。言うまでもなく，広島と長崎に投下された原子爆弾は，科学技術の成果です。それとともに，科学技術の開発スタイルや制度的背景，そして軍事的な戦略そのもののあり方を含め，時代を大きく変えたものとなりました。

そのため，1945年を起点として，第Ⅰ部ではほぼ，時間軸に沿って展開する形をとりました。もちろん前の時代の影響を振り返る必要がある場合も多く，重複する部分もあるので厳密には編年式ではないのですが，このような形で，時代の流れの中での科学技術の位置づけを考えることを試みたものです。

第１章「原爆で始まった戦後」は1945年前後の戦争のインパクトや遺産をまずは概観しました。そもそもこの起点の周辺で，どのような配置の中に，私たちは居たのでしょう。いわゆる戦後の復興と呼ばれるのは，冷戦が続く最中のことです。そして60年代の高度経済成長の時代を迎えます。そして復興し，経済成長に成功したと誇る日本は，その影の部分と考えられる公害や冷戦の真っ只中にありました。

第２章「公害問題と科学技術」では「公害国会」と呼ばれる1970年の前後の事情を検討し，どのような課題に直面していたのかを多角的に見ていきます。そのような中，科学史や科学論は，どのような展開を迎えたのでしょう。

第３章「広がるフロンティアとオルターナティブの追究」では，科学技術についての戦後の主要な思潮について押さえていきます。科学技術をどう見るか，という見方にも様々なバリエーションが生まれてきたことを紹介します。

その後，現在に至るまで，戦後科学技術の曲がり角となったのは，1995年の神戸での震災と，2011年の三重の災害です。第４章「ポスト神戸と３・11」では，この２つの震災関連の課題に加え，感染症，軍事化，気候正義，オリンピック，バイオエシックスなど，様々な現代的な問題の背景を，科学の歴史という側面から位置づけていきます。

1　原爆で始まった戦後

原爆投下とマンハッタン・レジーム

1 科学技術の敗戦論と復興のための科学技術

戦後日本は，原爆のインパクトとともに始まった。焼け野原の中で，敗戦は「科学技術の敗北」であるとか，圧倒的な物量の差に日本の敗北の理由があるとされた。中でも原爆は決定的だったと多くの人々が考えた。例えば天皇による敗戦の詔勅のラジオ放送直後になされた鈴木貫太郎首相の演説では，「科学技術の敗戦」という主張の片鱗が見られ，早くも1945年９月10日の文部大臣・前田多門による主張では，科学教育の振興を戦後教育の中心にすべきだとしている。このような発想は，科学者も広く共有していた。[1]

だが，少し立ち止まって考えるなら，これは「科学技術で負けたのだから，今度は科学技術で勝とう」という論法でもあることに気がつく。つまり，そもそも戦争に対しての反省が果たしてあったのか，疑いたくなる。このことについて科学史家の辻哲夫は，「科学技術が敗北の最大理由を肩代わりさせられ……結局，戦争を誘導してきた国家体制を維持存続させようとする意図に深く結びついている。その意味では，科学技術の振興も，文化国家の建設も，積極的に未来を志向する姿勢からではなく，なしくずしに過去をとりつくろうことでしかない」と，鋭く断罪している。またジョン・ダワーは，「「敗戦の責任」に対するこの実用主義的なこだわりが，基本的に保守的で自己本位なものであることは疑いを容れない」と論じている。[2]

このことは，日本の戦争責任の深層を検討するのに，重要な点である。だがそれだけではなく，科学史の視点から見ていくなら，このような発想が，その後の日本における復興の方向性も決めていくものだったということがポイントとなる。つまり，原爆のインパクトに打ちひしがれていた日本人は，そのインパクトゆえに，科学技術による復興を目指した。いわゆる科学技術立国論につながる発想でもある。それは，明治以来の「富国強兵・殖産興業」という方向性と，何ら変わりはない。

▷１　例えば仁科芳雄は，科学研究を進めることこそが日本の復興・再建を進めることになると呼びかけている。被爆直後の広島を調査した仁科は，原爆開発競争で（ほんとうに）「負けた」ということを噛みしめたという。科学技術への道具主義的な見方は一貫している。［Ⅰ-1-7］参照。

▷２　科学技術で負けた，という議論には，多くの批判や議論があるが，まだかなり根強いものがある。詳しくは金森・塚原（2016）。

2 マンハッタン体制

日本の科学の復興は，敵国であったアメリカの科学技術との協力関係を構築することによって構想された。皮肉なことだが，ナチスの科学者と同様に，日本の軍事科学は，731部隊の医師たちにしても，陸軍登戸研究所の技術者たちにしても，アメリカの極東戦略に協力することで生き延びることになった。[3]

では制度として，アメリカの何を取り入れようとしたのだろう。当時のアメリカの科学技術体制を特徴づけるのは，何よりも原爆開発に成功したマンハッタン計画であった。いわゆる「ビッグ・サイエンス」と呼ばれるプロジェクト型の科学であり，軍産学の強固な結びつきが第一の特徴である。だが戦後の日本は直接，原爆開発のプロジェクトを受け入れたわけではない。軍事科学についてはアメリカの衛星的国家として，ドイツと日本は特殊な位置づけにあり，いわゆる「敵国条項」などと呼ばれる制度によって，自由な科学研究にも制限があった。[4]むしろここで積極的に受け入れていたのは，他の分野にも通底する，「リニアモデル」と呼ばれる第二の特徴である。それは「基礎研究重視」から「(民生品) 実用のための応用研究」という流れを重視する立場である。抽象的な数学や宇宙研究など，人畜無害に見えるような純粋科学や，一見すると利用の方策がなさそうな基礎的な分野の研究に，多くの投資を行う。そこから民生品の実用化と産業的な生産に向けて，「直線的（リニア)」に展開していこうというモデルである。

このような2つの特徴が主流となった時代は，「マンハッタン・レジーム（マンハッタン体制の時代)」という言葉でも特徴づけられる。[5]

これが行われたのはマンハッタン計画の成果物である核兵器で，アメリカとソ連が世界を領導した時代でもある。科学技術の体制も，核兵器開発を頂点とするモデルにならって再編成されたのである。

3 立役者バネバー・ブッシュ

このような科学技術体制の立役者になっていたのは，自身もマンハッタン計画に尽力し，MIT の副学長も務めた**バネバー・ブッシュ**[6]である。彼は初期のコンピュータ開発で顕著な業績をあげていたが，このような産軍学の協力を強く提唱していた。例えば研究者の養成についても，アメリカ型で Ph.D.（博士号）取得者を量産する手法が成功を収め，そこに官民の大きな奨学金を充当し，世界中の頭脳を集めた。ブッシュは NSF（全米科学財団）の創設（1950年）や，アメリカの巨大軍事企業であるレイセオン社の経営などにも関わっている。つまり軍事が軸になっているのだが，優秀な世界中の学生には奨学金を与え基礎研究を自由にやらせるというソフトな表層を持つのが，このマンハッタン・レジームのもう一つの実態である。その成果は，まさに冷戦下のアメリカ科学の成果である。コンピュータによるネットワーク然り，高度な電子技術やバイオ医療，航空宇宙技術などは言うまでもない。いわゆる軍民転換している例として我々の生活に身近なところでは，軍事用レーダー開発のスピンオフである電子レンジや電子制御の掃除機ルンバなどが挙げられるだろう。原爆で始まった戦後日本も，このレジームの中にどっぷり浸かっている。　（塚原東吾）

▷3　アメリカによる敵国軍事科学者の「利用」および，ナチ科学者については，アニー・ジェイコブセン（加藤万里子訳）『ナチ科学者を獲得せよ！――アメリカ極秘国家プロジェクトペーパークリップ作戦』（太田出版，2015年），731部隊と登戸研究所および，731部隊についてはI-1-12，登戸や戦後の技術（軍民転換）についてはI-1-10を参照。

▷4　敵国条項とは，第二次世界大戦の敗戦国の活動を制限するもの。西ドイツと日本は占領軍の下，敵国条項などで縛られていたため，科学技術についても，軍事に関連する研究は制限されていた。I-1-13などを参照。

▷5　マンハッタン時代については，塚原東吾「マンハッタン時代と満州経験――戦後日本のテクノポリティックスの起源」『現代思想』Vol. 43-12，2015年，などを参照。

▷6　**バネバー・ブッシュ**
（1890～1974）
数学者でサイバネティックスの提唱者のノバート・ウィナーとの共著はよく知られている。『科学――果てしなきフロンティア』と題された1945年の合衆国大統領へのレポートは，翌1946年に公刊されて，アメリカの戦後の科学技術体制を構築するための指針となった著作である。I-1-10図2参照。

参考文献

金森修・塚原東吾編著『科学技術をめぐる抗争』岩波書店，2016年。

1　原爆で始まった戦後

2 多重災害（複合災害）

1 枕崎台風と広島の惨禍

歴史上初めて原子爆弾が広島・長崎に投下されてから約１カ月後の1945年９月17日，西日本を猛烈な台風が襲った。のちに「**昭和の三大台風**[1]」の一つに数えられる「枕崎台風」は，鹿児島県枕崎に上陸した時点で中心気圧916.1ヘクトパスカル，最大瞬間風速は毎秒62.7メートルを記録し，全国での死者・行方不明者は3756名にのぼった。そのうち広島県の死者・行方不明者は公式の記録上では2012名であった。広島市では市内を流れる大田川など複数の河川で堤防が決壊，橋梁も多く流失した。市内の広範囲で浸水し，全半壊家屋も多く，通信・交通インフラは壊滅的被害を受けた[2]。空襲や原爆によって廃墟となっていた広島とその周辺地域は台風によって再び惨禍に見舞われた。

2 被害拡大の要因

枕崎台風による被害が広島において特段大きかったことは，戦争と原爆を抜きに考えられない。被害拡大の一次的要因が，戦後最大規模とも言われる枕崎台風の威力[3]そのものが猛烈だったことにあるのは間違いない。しかし広島における被害をより大きくしたのは，明治以来の治水事業の遅滞，戦時下における無計画な乱伐と土木技師動員による人員欠如，空爆と原爆によるインフラ破壊などであった。

まず広島の水災対策インフラが，戦時体制のためきわめて脆弱な状態にあった。数年ごとに広島を襲っていた水害対策として進められていた治水事業のほとんどは戦時体制下で中止または延期となり，広島は原爆投下以前から水害への抵抗力を弱めていた。特に1942年と43年の大水害により市内の堤防施設や橋梁の多くが流失していたが，それらは資材と人員不足のため戦後までほとんど復旧されなかった。建築・土木資材は周辺の山林から伐採され，そのほとんどは軍事徴用のため工廠に送られた。山林を失った広島や呉の山々は保水力を失い，土砂崩れを呼び起こした。市内を流れる複数の河川にかかる橋のほぼすべてが原爆によって破壊され，戦後急造された橋梁や建物は河川氾濫と大風に抵抗できなかった。

広島における被害を大きくしたもう一つの要因は，原爆による通信システムの破壊である。通信インフラの破壊は気象情報の送受信を妨げ，大多数の市民

▷１　**昭和の三大台風**
昭和期に発生した室戸台風（1934年〔昭和９〕），枕崎台風（1945年〔昭和20〕），伊勢湾台風（1959年〔昭和34〕）の３つの台風。台風の規模に加え，人的・物的被害の大きさが他の台風に比べて際立っていることからこのように称される。

▷２　広島市の隣接地域でも大きな被害が発生した。呉市では大規模な土砂崩れによる死者が1154名，流失・半壊家屋は約2000棟以上に達した。広島西部の大野町では旧陸軍病院が土砂崩れに巻き込まれ，被ばく者だけでなくその治療・調査にあたっていた京都帝国大学の教員や大学院生が犠牲となった。

▷３　台風が広島に到達した時点で中心気圧962ヘクトパスカル，瞬間最大風速は秒速45.3メートルを記録し，９月16日から17日までの雨量は200ミリを超え，各地で堤防決壊や土砂崩れが相次いだ。

は当然のこと，気象台職員の半数が被ばくしていた広島地方気象台[4]でも台風に関する情報をほとんど得られぬまま暴風雨を迎えねばならなかった。無線通信は部分的に復旧されつつあったものの台風上陸前から再び通信途絶となり，鉄道の寸断とあいまって広島は陸の孤島と化した。広島気象台は前日までのデータを元に独自に台風接近の予測を立てて警報を市内各所に発信しようとしたが，それを市民に伝える手段は確保されていなかった。広島の人々は突如としてやってきた台風に備えることもできず，再建が始まって間もない街は猛烈な暴風雨にさらされた。台風通過後，広島における被害の様子が他府県に伝わるまでに数日を要したことも通信断絶の深刻さを物語る。

▷4　気象台が市内中心部に移転したのに伴い，旧庁舎は現在江波山気象館として運営されており，枕崎台風に関する資料も多く所蔵されている。

3 戦争と災害

枕崎台風以外にも，戦中から戦後にかけて烈しい自然災害がいくつも発生している。1934年の室戸台風を受けて**寺田寅彦**[5]は自然災害と戦禍の同時発生を危惧していたが，それが現実のものとなった。1943年の鳥取地震，1944年末と45年初の東南海地震および三河地震，1947年９月のカスリーン台風などは戦災と自然災害の同時発生もしくは連続発生により大きな被害がもたらされた代表的な災害である。原爆投下で街全体が焦土となった広島は極端な事例だとしても，多くの地域においても戦時体制と空爆などにより社会インフラや災害対応体制が弱体化していたところへ次々と大きな災害が起こったためその被害は甚大となった。

▷5　**寺田寅彦**（1878～1935）
日本の物理学者。東京帝国大学卒。X線解析，音響学や地震学，地球物理学を研究した。随筆家としても知られる。

4 多重災害

１つの災害に伴って別の災害が連鎖的に発生する事象，あるいは，別個に発生した２つ以上の災害的現象が時期を同じくする事象を多重災害（複合災害）と言う。人間活動を脅かす災害として地震や台風，大雨，火山噴火などが想起されるが，こうした災害は１つの現象に終わらず，例えば地震後の津波，台風や大雨後の土砂崩れや高潮など，２つ以上の災害的現象を伴い，それにより被害が拡大することが多い。さらに災害には自然災害のみならず戦争などの人為的要因による災害（人災）も含まれ，人災が別の災害とセットで発生することも少なくない。近年の事例では，東日本大震災と津波，福島原発事故を挙げることができるだろう。また災害が多重的になる要因はほぼ例外なく複合的である。災害そのものの強度（地震や台風の規模など）が一次的な要因であっても，その後に続く災害と被害の拡大には地理的・社会的要因などが作用する。敗戦直後の枕崎台風は，戦争・原爆と巨大台風という多重災害の事例であった。

（宮川卓也）

参考文献

寺田寅彦「天災と国防」『寺田寅彦随筆集 第５巻』岩波書店，1948年（初出1934年）。
高橋裕『国土の変貌と水害』岩波書店，1971年。
柳田國男『空白の天気図』新潮社，1975年。
公益財団法人史学会編『災害・環境から戦争を読む』山川出版社，2015年。

1　原爆で始まった戦後

3 ABCC

1 ABCCの設立

ABCC（Atomic Bomb Casualty Commission 原爆傷害調査委員会）は，原爆の人体への長期的影響を調査するため，アメリカが広島と長崎に設置した調査機関である。広島と長崎における**米軍合同調査団**[1]と戦略爆撃調査団の調査の結果，被爆地における継続した調査の必要性が認識された。海軍長官ジェームズ・フォレスタルは調査の継続をトルーマン大統領に建言，これに基づき1946年11月，トルーマン大統領は米国科学アカデミー・米国研究評議会（National Academy of Sciences-National Research Council）に ABCC の設置を司令した。米国科学アカデミー・米国研究評議会は学術的な機関であったが，ABCC の運営費を拠出したのはアメリカの核開発を推進した**原子力委員会**[2]（Atomic Energy Commission）で，ABCC 設置の背景には調査結果を冷戦期の核戦略に活用しようというアメリカの目論見があった。

ABCC は1947年３月，広島赤十字病院の一角で，長崎では1948年７月，長崎医科大学病院の一角（新興善小学校）で，その活動を開始した。1948年には日本側の調査機関として予防衛生研究所が調査に参加し，支所として広島と長崎に原子爆弾影響研究所を設置した。

2 調査プログラム

ABCC はいくつもの調査プログラムを実行したが，初期の調査の中心となったのは遺伝調査である。1948年から1954年にかけて，遺伝学者のジェームズ・ニールとウィリアム・シャルらは，広島と長崎で被ばく者のあいだに遺伝的影響があるかどうかを調べる遺伝調査を行った。広島，長崎の助産師の全面的な協力を得て新生児における死産児や奇形児の割合に関するデータが収集された。遺伝調査は放射線への遺伝的影響に関するアメリカ社会の関心の高さから開始されたもので，その調査結果は原爆被ばく者と非被ばく者とのあいだに大きな違いを見出すものではなかった。また，思春期の子どもたちをはだかにしてエックス線写真をとった「成長と発達」調査は，とりわけ少女たちの心を傷つけ，後々まで禍根を残した。

ABCC の初期の調査は入念な計画に基づくものではなかった。1955年にトーマス・フランシスを代表とする調査委員会が結成され，その報告書に基づ

▷1　**米軍合同調査団**
1945年９月に広島と長崎の原爆被害の調査を行った，陸軍マンハッタン管区調査団，海軍日本技術調査団，太平洋陸軍軍医団調査班からなる米軍の合同調査団。正式名称は，“The Armed Forces Joint Commission for Investigating Effects of the Atomic Bomb in Japan”。その後，日本の調査団とともに「日米合同調査団」と称して調査を継続し，都築正男が日本側の代表となった。

▷2　**原子力委員会**
（Atomic Energy Commission）
1946年に設置され，アメリカの原子力開発を軍事利用と民事利用の双方で推進したアメリカ政府の独立行政機関。1975年に原子力規制委員会とエネルギー研究開発管理局に分割された。後者は1977年に米国エネルギー省へと再編された。

き調査体制が刷新された。その結果，ABCC では調査対象となる固定人口集団の作成に取り組み，1958年に２万人を対象とする成人健康調査，1959年に10万人を対象とする寿命調査，1961年に病理学的調査が再発足した。被ばく者の病理標本などは ABCC からアメリカ本国に送られ，1960年代にはそれらが米軍病理学研究所に所蔵されていることが明らかになり，1968年から1973年にかけて，アメリカから日本に返還された。

3 ABCC 批判

ABCC の被ばく者への配慮のない強引な調査は，多くの被ばく者を傷つけた。ABCC は被ばく者の調査はしても治療をせず，被ばく者をモルモット扱いしたとして批判されてきた。1950年に比治山に完成した ABCC の研究所は，被ばく者を上から見下ろす冷たいアメリカの科学の象徴的存在となった。作家の阿川弘之は，原爆投下から８年経っても続いている原爆の被害に焦点をあてて広島で取材を行い，ルポルタージュ形式で綴った『魔の遺産』（1953年）を著した。そこで描かれる ABCC はまさに魔の巣窟であった。自身の被ばく体験をもとにした中沢啓治の漫画『はだしのゲン』（1973～87年）にも，被ばく者を実験材料のように扱う ABCC への批判が随所に描かれている。

原爆投下国が原爆の被害にあった人々を継続的に調査し，そのデータを独占したことは倫理的に許されるものではなかったが，その調査は占領下という日本に主権がない時期に開始されたことに加え，日本側の全面的な協力があって可能となったものであった。実際のところ，ABCC の調査は多くの日本人スタッフによって支えられていた。アメリカの被ばく者調査への日本側の協力について，その歴史を調べた笹本征男は「原爆加害国となった日本」と表現し，スーザン・リンディーは現地の協力者なくしては成り立たなかった調査の実態を「植民地科学」として論じた。

4 ABCC の遺産

ABCC は1975年，RERF（Radiation Effect Research Foundation 放射線影響研究所）として再編され，日米合同研究機関となった。RERF は今日まで活動を続けている。被ばく者個人の被ばく線量を見積もる**線量評価システム**[◁3]（T65D，DS86，DS02）は技術の進歩とともに更新され続け，国際的な放射線防護の基準などに反映されている。ABCC/RERF は，核兵器が人体に及ぼす影響に関する世界に類を見ない貴重な**疫学**[◁4]データを収集，科学の世界に提供してきた。しかしその存在は同時に，被ばく者を苦しめ続けてきた。人を対象にした医学調査や情報提供のあり方など，その歴史が教えることは少なくない。

（中尾麻伊香）

▷3 **線量評価システム**
（Dosimetry System）
原爆被ばく者が受けた放射線量を見積もる方式。原子力委員会は1956年に ICHIBAN という極秘プロジェクトを開始し，ネバダの砂漠に日本家屋を立てて核実験を行った際の各地点での被ばく線量を測定，ABCC のデータとあわせて1965年に暫定線量評価 T65D を策定した。1981年に T65D には重大な欠陥があることが明らかになり，日米合同の線量評価プロジェクトが開始，1986年に新しい線量評価システム DS86 が策定された。その後，DS86 の欠陥も明らかになり，2002年に DS02 が策定された。

▷4 **疫　学**
明確に規定された人間集団の中で出現する健康関連の様々な事象の頻度と分布，およびそれらに影響を与える要因を明らかにして健康関連の諸問題に対する対策に役立てるための科学。大規模な人間集団に対する長期的な調査が必要とされる。

参考文献

中川保雄『放射線被曝の歴史』技術と人間，1991年（増補版：明石書店，2011年）。
笹本征男『米軍占領下の原爆調査』新幹社，1995年。
ジェームズ・ヤマザキ『原爆の子どもたち』ブレーン出版，1997年。
長澤克治『小児科医ドクター・ストウ伝――日系二世・原水爆・がん治療』平凡社，2015年。
Lindee, Susan, *Suffering Made Real*, Chicago: University of Chicago Press, 1994.

1　原爆で始まった戦後

4 永井隆と長崎原爆の思想

1 浦上への原爆投下

市の中心部に原爆が投下され全体的に壊滅状況になった広島に対し，長崎原爆は市の中心ではなく浦上という市の北部地域に投下された。浦上は禁教令時代にも信仰を捨てなかったキリスト教信者（**隠れキリシタン**[1]）のコミュニティの中心で，幾度も弾圧が起こった地域であった。そのような地域に投下された原爆は，迫害・追放を生き延びて浦上に戻ってきた信者たちが建築した**浦上天主堂**[2]を破壊し，信者約１万2000人のうち約8500人の命を奪った。浦上の悲劇は長崎特有の原爆／原子力観を生み出すことになる。

2 浦上燔祭説

浦上の復興の中で信者たちの精神的支柱となったのが永井隆である。永井は長崎医科大学（現 長崎大学医学部）の放射線科医で，原爆投下の少し前にレントゲンの大量照射による慢性骨髄性白血病で余命３年の宣告を受けていた。原爆によって妻を亡くし，自身も被ばくした永井は，それでも原爆を肯定的に捉え，前向きに生きようとした。

1945年11月に行われた合同追悼祭で読んだ弔辞で，永井はなぜ信心深い信者たちの土地，浦上に原爆が投下されたのかと嘆き悲しんでいた人々を前に，後に「浦上燔祭説（うらかみはんさいせつ）」と呼ばれることになる独特の解釈を展開した。それは，浦上への原爆投下は「神の摂理」であり，「世界大戦争という人類の罪悪の償いとして日本唯一の聖地浦上が祭壇に屠られ燃やさるべき潔き羔（こひつじ）として選ばれた」というもので，信者たちの心に響いた。永井は浦上の犠牲によって今後戦禍を被るはずだった数千万の人々が救われたのだとしたが，そのような解釈は原爆投下を正当化しようとしたアメリカで作り出された**原爆神話**[3]とも重なりあうものであった。

3 犠牲者の慰霊と科学研究

永井は一貫して悲惨な過去の経験からポジティブな未来を生みだそうとした。1945年８月から10月にかけて行われた第十一医療隊（物理的療法科班）三山救護班の班長を務めた永井は，救護活動について学長あての報告書「原子爆弾救護報告」を記している。この報告書の結辞は次の文章で締められている。「原子

▷1　**隠れキリシタン**
1614年に禁教令が出されてから1873年に解かれるまで，キリスト教信者たちは密かに信仰を続けた。禁教令時代に浦上では何度も隠れキリシタンが摘発され，弾圧された。浦上四番崩れと呼ばれる1867年に起こった最後の大きな弾圧では，3394人が流罪となり，1873年に釈放されるまでに662人が命を落とした。

▷2　**浦上天主堂**
禁教令が解けた後，浦上に戻ってきた信者たちは天主堂を建設した。1895年に着工して1914年に完成したが，原爆によって無残に破壊された。その後，1958年に廃墟の取り壊しが決定し，1959年には同じ場所に浦上教会が再建された。浦上の地に新しい教会を建てることは信者たちの意向に沿ったものであったが，原爆遺構が撤去されることには当時から議論があり，惜しまれることになった。

▷3　**原爆神話**
原爆投下決定時にアメリカ陸軍長官であったヘンリー・スティムソンは，1947年２月に『ハーパーズ・マガジン』に発表した論文「原爆投下の決定」で，原爆投下の正当性を主張した。それは，原爆投下は戦争終結を早め，100万人のアメリカ人兵士の命を救ったというもので，アメリカ

爆弾の原理を利用し，これを動力源として，文化に貢献出来る如く更に一層の研究を進めたい。転禍為福。（略）そうして新しい幸福な世界が作られるならば，多数犠牲者の霊も亦慰められるであろう」。科学研究の進展，原子力の平和利用によって犠牲者の霊も弔われるであろうという思想がここに見て取れる。

決してアメリカ批判をすることのなかった永井は占領軍とも親和的な関係にあり，その著作は検閲を免れて出版された。自身の被爆体験を綴りベストセラーとなった『長崎の鐘』[4]には次のような一節がある。「原子は初めて人類の頭上に破裂した。いかなる症状を惹起するか，今私たちが診察している患者こそは，医学史におけるまったく新しい資料なのである。これを見逃すことは単に自己の怠慢にとどまらず，貴重な研究を放棄することになり，科学者として許すべからざるところである」。永井は目の前の患者を助けることが叶わなくても，彼らを医学資料として活かすことができれば，その死や苦しみは無駄にならないと考えたのであった。

の原爆投下決定をめぐる公式見解となった。

▷4 『長崎の鐘』
永井が1946年夏に原爆体験をもとに綴った随筆集は，1949年1月に日比谷出版社から出版されるとベストセラーとなった。原爆被害を扱った占領下に出版された数少ない書籍の一つであり，マニラの大虐殺の記録『マニラの悲劇』と合本という形で出版が許可された。その年の7月には藤山一郎による歌謡曲「長崎の鐘」が発売され大ヒットし，翌年には松竹により映画化されるなど，大きな反響を呼んだ。

4 永井をめぐる評価

敬虔なクリスチャンであり，放射線を専門とする医師であり科学者であった永井は，信者の間で特権的な存在となり，その思想も浦上を中心に広く支持された。闘病中の永井の姿は人々の心をうち，メディアを通して彼は全国的，そして世界的な知名度を得ていく。1951年に没した後もなお，長崎の「聖人」として扱われ，原爆をめぐる語りの中で重要な位置を占め続けてきた。

永井の思想は後年批判にも晒されるようになる。哲学者の高橋眞司は，原爆投下を神の摂理とする永井の思想を「浦上燔祭説」と名づけ，日本とアメリカ両国における最高責任者たちの責任を免除するものであるとしてその二重の免責を指摘した。原爆投下は神の摂理であると信じていた信者たちに衝撃を与えたのはローマ教皇ヨハネ・パウロ2世である。1981年に来日したヨハネ・パウロ2世は，戦争は人間の仕業であり，人間が廃絶しなければならないというメッセージを発信した。これによって考えを変えた信者もおり，永井の説は過去のものとなったと言える。一方で，原爆の犠牲を科学の進歩に役立てようという永井の思想は今も長崎大学医学部を中心に受け継がれている。

本節で記してきた永井の思想に対して，今日では多くの批判的言説がある。しかしそれは当時残された浦上の信者たちにとって生き続ける上で救いとなるものだった。また，原子力を肯定的に捉えたのは永井だけではなかった。原爆投下を経験していない私たちは，彼らの置かれた状況や心境に思いを馳せてもそれを十分に理解することはできないだろう。そのような自覚を持ちながら，現代を生きるものとしての思想を紡いでいくしかない。（中尾麻伊香）

参考文献

永井隆『長崎の鐘』日比谷出版，1949年。
片岡弥吉『永井隆の生涯』中央出版社，1961年。
高橋眞司『長崎にあって哲学する』北樹出版，1994年。
山田かん『長崎原爆・論集』本多企画，2001年。
四條知恵『浦上の原爆の語り』未來社，2015年。

1　原爆で始まった戦後

5 朝鮮戦争・ベトナム戦争と科学技術

1 朝鮮戦争と生物兵器の使用疑惑

第二次世界大戦後の冷戦構造を背景とし，日本と関わりが深い戦争として，朝鮮戦争とベトナム戦争がある。東（南）アジアが戦場となったため，米軍基地を有する日本は間接的に関与せざるを得なかった。朝鮮戦争は戦後復興の，ベトナム戦争は高度経済成長の，間接的な推進力となったことも見落とすべきではない。多様な側面を持つ両戦争について，ここでは科学技術という観点から，主に日本との関わりに焦点を絞って概観する。

1950年６月に勃発した朝鮮戦争では，ある疑惑が浮上した。アメリカ軍が生物兵器を使用しているのではないかという疑惑である。1951年５月，北朝鮮は生物兵器について国連安全保障理事会に抗議の電報を送り，翌年には公式声明を発表。これを中国が支持した。一連の抗議に対応するため，国際科学者委員会が組織され，現地調査が行われた。調査の結果，科学者たちは生物兵器の使用が確認されたと発表した。1951年８月に発表された調査結果のレポートは，アメリカ軍が使用した生物兵器の知識・技術は旧日本軍から継承したものだと指摘していた。

旧日本軍には，生物兵器の研究・開発を進めた部隊が存在した。一般には「731部隊[1]」として知られるが，創設者である石井四郎軍医中将の名前をとって「石井部隊」とも呼ばれる。石井部隊の活動としては，医学者たちの協力を得て，関東軍防疫給水部および南支那軍防疫給水部で人体実験が行われていたこと，ペスト菌やコレラ菌を散布する野外実験が行われていたことなどが明らかになっている。アメリカは戦争中から「石井部隊」の存在を知っており，戦後は占領軍による「石井部隊」関係者への尋問が行われたが，処罰は行われなかった。

朝鮮戦争に話を戻そう。朝鮮戦争でアメリカ軍が生物兵器を使用していたことが明らかになると，日本の科学者たちはいち早く動き始めた。1952年の日本学術会議[2]第13回総会で，1925年の**ジュネーヴ議定書**[3]に批准するように政府に求める決議案が提出されたのである。しかし，この決議案は否決された。反対したのは学術会議の第７部会（医学部門）だった。当時の第７部会には，石井と関係を持つ細菌学者などが多数いたという。戦争責任の未決が戦後にも尾を引いた事例であろう。

▷１　Ⅰ-1-12 参照。

▷２　Ⅰ-1-7 側注６参照。

▷３　**ジュネーヴ議定書**
1925年にジュネーヴで署名され，1928年に発効した国際条約。毒ガス兵器が使用された第一次世界大戦の反省から，戦争における化学兵器や生物兵器などの使用禁止を定めた。1924年の「国際紛争平和的処理議定書」もジュネーヴ議定書と呼ばれるが，両者は別のものである。

2 ベトナム戦争と日本の科学者

南北に分断していたベトナムで内戦が勃発したのは1960年のことだった。南ベトナムを支援するアメリカの関与は次第に強まり，65年2月には北ベトナムへの爆撃が始まった。また，韓国軍も南側に立って参戦した。

この戦争では，米軍が**ナパーム弾**[4]や除草剤などの科学兵器を使用した。とりわけゲリラ戦を優位に進めるために米軍が散布した除草剤は強い毒性を持ち，「枯葉剤」としてベトナム戦争中から報じられていた。生態系と人体への悪影響が指摘され，出産異常に関する報告が相次いだ。

さらに，ベトナム戦争では，新聞，雑誌，テレビによるジャーナリズムが米軍の非人道的な攻撃を告発し，反戦運動が世界的に広まったことも知られる。1967年5月には，**バートランド・ラッセル**[5]が呼びかけ人となって「アメリカの戦争犯罪を裁く国際法廷」がストックホルムで開催され，世界の科学者たちがこれに参加した。1966年10月にはラッセルの呼びかけに応じた日本の左派の科学者たちが「ベトナムにおける戦争犯罪調査日本委員会」を結成，ベトナムに現地調査団を派遣している。

3 米軍資金導入問題と日本物理学会

ベトナム戦争継続中の1967年5月5日，日本の科学研究に米軍資金が導入されていることが報道によって明らかになった。1966年9月に開催された日本物理学会主催・日本学術会議後援の第8回半導体国際大会に米軍資金8000ドルが使われていたという報道だった。これを契機として文部省が調査した結果，1959年以来，医学系を中心とする37団体が計90万489ドルの米軍資金を受けていたことが発覚した。これに対し，各方面で責任追及の動きが起こった。

特に重要なのは日本物理学会の反応である。日本物理学会の有志は，学会に4つの決議案を提出し，1967年9月9日の臨時総会で投票が行われた。4つの決議案のうち，半導体国際会議の実行委員と米軍資金を導入した者への処分を求めた決議案は否決されたが，残る3つは可決された。そのうち，もっとも重要なものは，「日本物理学会は今後内外を問わず，一切の軍隊からの援助，その他一切の協力関係をもたない」という決議である。決議は学会として行う事業に関して軍との協力を禁じたものであり，学会に所属する個人の研究を拘束するものではなかった。それでも，決議はベトナム反戦運動が盛り上がる60年代後半の日本社会において，研究者たちの倫理を公衆に示すメッセージとして意義を有しており，科学史家の**吉岡斉**[6]は「日本国憲法第9条の科学版のような性格を持つ」と評している。このときに惹起された軍事研究に対する有効な歯止めは可能かという問題は，現代の日本においても喫緊の課題である。

（山本昭宏）

▷4 **ナパーム弾**
焼夷剤のナパームを使用した油脂焼夷弾。強力な破壊力が特徴で，第二次世界大戦末から使用された。朝鮮戦争，ベトナム戦争でも使用され，多数の死者を出した。

▷5 **バートランド・ラッセル**（1872～1970）
イギリスの哲学者。平和主義者として知られ，物理学者のアインシュタインとともに核兵器の廃絶を訴えた1955年の「ラッセル・アインシュタイン宣言」（1-1-6 側注4参照）で名高い。

▷6 **吉岡斉**（1953～2018）
科学史家。東京大学理学部卒。科学（者）の社会的機能を歴史的・思想史的に考察した。原子力に関する研究でも知られ，東京電力福島原子力発電所における事故調査・検証委員会の委員も務めた。

参考文献

常石敬一「石井部隊」中山茂ほか編『通史　日本の科学技術』第1巻，学陽書房，1995年。
吉岡斉「ベトナム戦争と軍学協同問題」中山茂ほか編『通史　日本の科学技術』第3巻，学陽書房，1995年。

1　原爆で始まった戦後

6 水爆と第五福竜丸

▷1　エドワード・テラー
(1908～2003)
オッペンハイマーが「原爆の父」と呼ばれる一方で「水爆の父」と呼ばれる。ビキニ水爆実験後も，放射性降下物をあまり出さない「きれいな爆弾」と称して核開発を推進し，レーガン政権期，戦略防衛構想に携わった。

1 水爆実験“ブラボー実験”

アメリカは核物理学者**エドワード・テラー**◁1らの下，1952年11月に水爆実験を実施した。1954年には「キャッスル作戦」と呼ばれる核実験シリーズ（54年3月1日から7月13日にかけて5回）の最初の“ブラボー実験”をマーシャル諸島ビキニ環礁にて3月1日に実施した。この実験はアメリカが実施した最大規模の水爆実験である（ソ連が実施した水爆実験での最大規模は1961年のツァーリ・ボンバ実験）。“ブラボー実験”によって被災したのが，当時航海中であったマグロ漁船の第五福竜丸である。爆心から130キロ離れていた日本漁船第五福竜丸の乗組員や190キロ東のロンゲラップ環礁の住民は，爆発による直接の熱射や爆風ではなく，「死の灰」と呼ばれる放射性降下物によって深刻な被害を受けた。また核実験による放射性降下物によって，おおよそ延べ1000隻もの漁船乗組員が被災した。1954年3月16日『読売新聞』が，乗組員が「ビキニ原爆実験に遭遇　23名が原子病　1名は東大で重症と判断」と報道したことにより，第五福竜丸の被災事実は世界に知られた。当初は原爆と報道されていたが，3月17日，アメリカは水爆実験であったことを認めた。

実験責任者であった米原子力委員会のルイス・ストローズ委員長は，3月26日に実行された2回目の実験後に出した3月31日の声明で，2つの実験が「ともに成功した」と述べた。そして「福竜丸は捜索では見逃されていたようである。しかし，核爆発の閃光を見た6分後に振動を聞いたという船長の発言に基づけば，船は危険区域内にいたに違いない」と，被ばくの原因は，実験当局者の責任ではなく福竜丸側にあるかのような説明を行っていた。また彼は，23人の福竜丸乗組員，28人の米兵，236人のマーシャル諸島の住民が放射性降下物の降る地域にいたとしながら，28人の米兵は「誰一人としてやけどを負っていない」と述べ，236人の住民も「私には丈夫で幸福そうに見えた」と，1カ月たってもそれに起因する病気が見られないことを告げた。しかし実際は，住民は被ばくしており，米核実験の一環として実施された「プロジェクト4・1著しい放射性降下物にさらされた人間の反応に関する研究」の研究対象となった。

アメリカは，1953年夏から世界中の放射性降下物の降灰範囲の測定を実施する極秘計画「プロジェクト・サンシャイン」を開始し，核実験後の放射性降下物の測定や，世界中から人骨などの医学試料を収集して内部被ばくの分析を実施していたが，調査結果は軍事情報として扱われた。その一方で日本政府によって派遣された調査船俊鶻丸（しゅんこつまる）は太平洋を航海調査し，広範囲にわたって放射能汚染が広がっている事実を報告した。

1954年３月から，厚生省は漁獲マグロなどの検査を実施し，ガイガーカウンターで，１分間に100カウント計測すれば破棄した。食料汚染への懸念に加え，1954年９月23日には第五福竜丸無線長の久保山愛吉が「原水爆による犠牲者は自分を最後にしてほしい」と言い残して亡くなると，**原水爆禁止運動**◁2は高まっていった。日本学術会議も1954年４月，核兵器研究の拒否と原子力研究「公開・自主・民主」の三原則の声明を発表した。

2 日米間の政治決着

1955年１月４日，鳩山内閣は初閣議で，「ビキニ被災事件の補償問題の解決に関する件」を決定しアメリカ政府は損害の補償のため，「法律上の責任の問題と関係なく慰謝料として200万ドル（７億2000万円）を支払う」，そしてこれで「一切の損害に関する請求の最終的解決として受諾する」とする日米交換文書を交わした。200万ドルはアメリカ政府の心理戦略の協議機関である工作調整委員会（OCB）の承認を経て，アイゼンハワー大統領による承認のもと，対外工作本部（FOA）の予算から出された。対外工作本部はアイゼンハワー政権が発足したときにできた，軍事的・経済的対外援助によって対外工作を円滑に行うための機関である。また，漁獲マグロの調査等も中止され，水爆実験による被災の実態の包括的調査はされなかった。被災者は**ビキニ水爆実験国賠訴訟**◁3などで現在も国と係争中である。

3 放射性降下物論争

1954年の“ブラボー実験”以降に，放射性降下物を危惧する声が広がってきた。日本側の調査結果に基づいた放射性降下物についての情報が欧米の科学者にもたらされた。アメリカでは，かつてはマンハッタン計画に従事し国防総省の科学者であったラルフ・ラップが，日本の科学者による調査データに基づき，いち早く放射性降下物の危険性を指摘した論文を寄稿していた。

またヨーロッパでも，京都大学の放射性降下物の分析等に基づいて，大阪市立大学の西脇安が放射性降下物の危険性について講演した。さらに，マンハッタン計画に従事したジョセフ・ロートブラットたちとの交流の中で，核戦争の危険性についての情報が共有され，翌年の**ラッセル・アインシュタイン宣言**◁4に結びついた。

（高橋博子）

▷2 **原水爆禁止運動**
1954年３月から第五福竜丸事件を契機に起こった運動。翌年夏には原水爆禁止を求める署名が3000万人以上集まった。1955年８月６日，第１回原水禁世界大会が広島で開かれ，全国組織の原水爆禁止日本協議会が発足した。

▷3 **ビキニ水爆実験国賠訴訟**
2016年にビキニ実験によって被災した漁船員や遺族によって起こされた訴訟。国が継続的に関連資料を隠してきたことが争点だったが高知地裁・高松高裁にて敗訴した。2020年からは船員保険の受給をめぐる裁判が始まった。

▷4 **ラッセル・アインシュタイン宣言**
1955年７月９日，多くの科学者の賛同をえて発表された哲学者ラッセルと物理学者アインシュタインの核廃絶に向けた宣言。1957年に世界中の科学者が核廃絶のため議論するパグウォッシュ会議が開催され，現在も続いている（Ⅱ-6-31 側注１，側注２参照）。

参考文献

高橋博子『新訂増補版　封印されたヒロシマ・ナガサキ』凱風社，2012年。
公益財団法人第五福竜丸平和協会編・発行『第五福竜丸は航海中』2014年。

1　原爆で始まった戦後

7 日本の物理学者と原爆開発

1 仁科芳雄と二号研究

原爆開発の研究は，第二次世界大戦中，枢軸国側の日本でも進められていた。日本の原爆研究の中心にいた物理学者は仁科芳雄（にしなよしお）である。仁科は長期の欧州留学を経て帰国し，1931年に**理化学研究所**◁1の主任研究員となった。彼の研究室の主なテーマは宇宙線，原子核であった。仁科研究室では，原子核実験のために，**サイクロトロン**◁2が建造され，1930年代終わりに直径150センチに及ぶ世界最大級のサイクロトロンの設計も進められた。仁科のもとには，原子核研究をめぐって物理学者，化学者，生物学者たちが集い，一大研究センターが形成され，戦時下には軍関係者も行き来するようになる。その結果，1940年代初めには陸軍航空技術研究所の幹部と仁科の間で原爆製造に関する基礎研究が構想され，1943年には仁科の率いる原爆開発の「ニ号研究」が開始された。最終的には，**ウラン濃縮**◁3の基礎研究を超える進展はないまま，終戦前に陸軍のニ号研究は中止となった。

2 荒勝文策とF研究

仁科と同い年の荒勝文策（あらかつぶんさく）も，戦時下で原爆研究を率いた原子核物理学者であった。荒勝も欧州留学した後，1930年代に赴任先の台北帝国大学と京都帝国大学で原子核実験を進めた。台北では，高電圧で粒子を加速する**コッククロフト・ウォルトン型加速器**◁4を駆使して，アジア初の人工核反応の実験に成功した。京都では，仁科たちと同じくサイクロトロン建設を進めるとともに，ウランの核分裂時に発生する中性子数の測定などで成果をあげた。京都の荒勝のもとにも，物理学者と化学者が集う原子核実験グループが形成された。こうして彼も海軍の幹部の依頼を受けて，「F研究」なる原爆の基礎研究を進める。海軍のF研究では，陸軍のニ号研究とは異なるウラン濃縮法が採用された。その濃縮法に必要な**遠心分離装置**◁5の開発および製造が試みられたが，終戦でF研究は終了した。

3 戦時下に仁科と荒勝は科学とどう向き合ったか

仁科と荒勝が戦時下に科学とどう向き合ったかを示唆する記録がある。1941年末の真珠湾攻撃の直後に「戦争が終わってフタをあけてみたとき，日本の研

▷1　**理化学研究所**
高峰譲吉の「国民科学研究所」設立の呼びかけ，第一次世界大戦による産業の停滞を受けて，物理学と化学の基礎・応用研究を行う財団法人研究所として1917年に設立された。1948年に株式会社科学研究所となるが，現在は国立研究開発法人となっている。

図1　仁科芳雄（1890～1951）

▷2　**サイクロトロン**
荷電粒子を加速する装置を加速器といい，その一種サイクロトロンは，高周波電場を加えて，磁極間にある荷電粒子を繰り返し円運動させて加速する装置である。

▷3　**ウラン濃縮**
天然ウランにはウラン238とウラン235が含まれ，ウラン238が核分裂しにくく，ウラン235は核分裂しやすく連鎖反応を起こす。ウラン235の濃度を高めることをウラン濃縮という。

究がつまらないものであって，向こう（海外）の研究がずっとすぐれていたということになっては科学者の恥だ（中略）だから戦争中と言えども基礎研究に邁進すべき」と仁科は発言したという。仁科はさらに，1945年8月に原爆投下の知らせを受けた際，米英の勝利を許したニ号研究の関係者たちは「腹を切るときが来た」との思いを部下にもらした。欧州で7年以上を過ごし，世界的な科学者から研究者仲間と認められていた仁科は，純粋な基礎研究だけでなく軍事研究も含めて，すべての研究を科学競争の対象と見なし，国際的な研究動向の中で日本の科学界がどうあるべきかを強く意識していた。

荒勝の場合は，仁科とは対照的に「戦局が急激に悪化する。海軍も原爆のことをいい出す。われわれのところでは，原爆につながる原子核物理学という学問をもっていたので，急に話が変わった——つまり海軍の研究を一応引き受けようということになったわけだ」と述べている（『昭和史の天皇』246頁）。後年の回想ゆえに，その内容はあらためて検証される必要があろうが，この荒勝の言葉からは，仁科が挑んだような国際的な科学競争への強い意識は見てとれない。時代の研究環境を受け入れながら着実に原子核の基礎研究を進めるというのが荒勝の研究戦略だったとも考えられる。

4 二人の戦後

荒勝の研究グループは，広島へ原爆調査団を派遣し，ベータ線の分析を行った。京都大学退官後は，甲南大学で学長を務めるが，高電圧加速器の建造も先導した。戦中，戦後を通じて，原子核の実験研究を追求する荒勝の姿勢に変化は見られない。一方，戦後の仁科は研究現場から離れ，戦後日本のための科学振興や，平和国家の構築に献身する。「科学が文化国家ないし平和国家の基礎であるという確信の下に」発足した**日本学術会議**◁6で，仁科は副会長を務めた。1949年，副会長の仁科の提案に基づき，日本学術会議は原子力の国際管理の確立を要請する声明を発した。また，占領下の日本で科学技術の方策を調整する科学技術行政協議会の委員を担い，日本ユネスコ協会連盟の会長も務めた。

戦後日本で仁科は科学界のリーダーとなり，科学の平和的利用を進める方策の調整や実施に尽くした。荒勝は戦後になっても一科学者として，原子核実験の下支えに尽力した。戦後の活動に違いのある2人だが，どちらも，戦時中の原爆研究への関与を経たのち，科学の基礎研究を復興させるために，各々に活動を再開したのである。

（小長谷大介）

▷4　**コッククロフト・ウォルトン型加速器**
荷電粒子を加速する加速器の一種。この加速器は，コンデンサとダイオードを多段式に組み合わせた倍電圧整流回路による高電圧で荷電粒子を加速させる装置である。

図2　荒勝文策（1890〜1973）

▷5　**遠心分離装置**
高速で回転する円筒中に作用する遠心力によって質量の異なるウラン238とウラン235を分離する装置。

▷6　**日本学術会議**
日本の科学者を代表する機関として1949年に設立され，210人の会員と約2000人の連携会員で構成される。内閣総理大臣の所轄の下，政府から独立して職務を行う機関であり，「科学に関する重要事項を審議し，その実現を図ること」，「科学に関する研究の連絡を図り，その能率を向上させること」を職務とする。

参考文献

読売新聞社編『昭和史の天皇　原爆投下』角川書店，1988年。
山崎正勝『日本の核開発：1939-1955』績文堂出版，2011年。
政池明『荒勝文策と原子核物理学の黎明』京都大学学術出版会，2018年。

1　原爆で始まった戦後

8 科学技術のグローバルな再編

1 科学の移民：国家から国際機関へ

第二次世界大戦の後，科学技術の体制が大きく変容した。荒廃したヨーロッパからアメリカにその中心が移ったことは言うまでもない。

そもそも，ナチから逃れるための「科学の移民（サイエンティフィック・マイグレーション）」と呼ばれる大量の人口移動が1930年代から起こっていた。[◁1] また第二次世界大戦で勝利したアメリカは，敗戦国であるナチの技術者や兵器開発者を大量に移民させ，さらに日本の軍事研究の成果である731部隊の研究結果や広島・長崎の被害の科学的調査も，アメリカに「吸収された」。[◁2]

科学技術を支えるために，国家が科学を制度化したのは，第一次世界大戦が契機であった。だが，いわゆる「体制化科学」がグローバルに稼働し始めるのは第二次世界大戦後のことである。第二次世界大戦では，文字通りの「総力戦体制」が形成され，科学と技術の体制化が，国家レベルで再編成された。その後に，国家を超えた，科学技術をめぐる国際的な体制も形作られるようになる。中でも科学技術についての機関は，国家間の協力体制が，国連（UN）など様々な形で肥大した官僚機構とまるで符牒を合わせたように，第二次世界大戦後に成立し，立ち現れてきた。その要となっているのは，科学技術・医療と教育をめぐる体制である。

第二次世界大戦後の科学技術のグローバルな制度化には，二つの重要な軸がある。一つ目は「国際連合」傘下の国際機関に統合されていくもの，もう一つは「核の国際管理」である。

2 国連の科学機関：大英帝国による「科学と帝国主義」の遺制

戦後の国連の諸機関は，ある種の理想主義的な看板の下に編成されている。例えば科学者の協力機関であるユネスコ（世界文化教育機関）は，早くも1946年に設立されており，「万人のための基礎教育」「文化の多様性の保護および文明間対話の促進」などを定めている。ユネスコの設立に力を尽くした人物の中心に，中国科学史の泰斗であるジョセフ・ニーダムがいる。[◁3] また敵国条項が適用される日本は，国連に加盟する以前の1951年に加盟し，1954年のソ連の加盟でユネスコは共産諸国（冷戦下の東側諸国）にも活動の場を広げていくように，ここは東西のせめぎあいの場でもあった。[◁4]

▷1　科学の移民についてはシラードら（1972）参照。

▷2　アメリカの敵国科学者の「利用」についてはジェイコブセン（2015）が活写している。第二次世界大戦後，ドイツ人科学者たちは，極秘の軍事契約のもとにアメリカへ連れて行かれた。政府の諜報計画によるとドイツ降伏後，ヒトラーのもとで働いていた科学技術者1600人以上がアメリカのために働くことになった。彼らはそれに引き続く，朝鮮戦争やベトナム戦争など，戦争のために兵器を開発した。ナチ科学者の多くはアメリカで多くの科学的成果を生み出しアメリカの軍事的優位に貢献したのである。

▷3　ニーダムについては Ⅰ-2-10 を参照。

▷4　ユニセフも，1946年に設立されている。日本は1949年から64年にかけて主要な被援助国の一つで，パン食や脱脂粉乳などを導入した。援助による輸出産業の肥大や土着文化の破壊なども，植民地的な「上から目線の福祉」である。

科学技術の国際協力について，例えば世界気象機関（WMO）は，気象事業の標準化と調整，気象情報・資料の交換を主な業務として，1873年に創立された国際気象機関（IMO）が発展したもので，1947年に世界気象機関条約が結ばれ，1950年に WMO として設立した。温暖化問題についての気候変動に関する政府間パネル（IPCC）は，この WMO と国際連合環境計画との共同プログラムで1988年に開始されたものであり，今や重要な環境政治のアリーナとなっている。◁5

感染症対策などを重要な任務とする世界保健機関（WHO）は，1948年に設立しており，「健康」についての広範な目標を掲げ，病気撲滅の研究，適正な医療・医薬品の普及だけでなく，人間の基本的諸要件（Basic Human Needs：BHN）の達成や健康的なライフスタイルの推進にも力を入れている。だが基本はコロニアルな人口の管理という発想で作られた機関でもあり，台湾の排除の例などを見ても，それはグローバルな政治と無関係とは言えない。

これらはいわゆる人道主義や理想主義の表層を持つが，ベネットらが指摘するように，基本的にはイギリス主導の「科学と帝国主義」という19世紀以来の「大英帝国の科学秩序」が，アメリカ主導の国連体制の中に再編成されたものである。◁6

3 核の国際管理：アメリカ主導の体制

戦後の科学技術のグローバルな協力体制のもう一つの軸は，核の国際管理である。1945年の原爆投下の後，1949年，ソ連が核開発能力を備え，1952年，アメリカが水素爆弾の最初の爆発実験に成功，軍拡への危機感が高まる。これに呼応して1953年12月，大統領アイゼンハワーは国連演説「平和のための核」を行い，同盟・友好国に濃縮ウランを供与し，ソ連やイギリスに先行された核体制の主導権奪還を狙った。1954年の第五福竜丸事件と世界的な核兵器への危機感の高まりを受けつつも，同年，ソ連はオブニンスク原子力発電所の運転を開始した。東西それぞれの原子力協定の締結が進み，イギリス，フランス，日本などで原子力発電所の建設が開始され「核の国際管理」とそのための国際機関の設立が模索される。そのようにして，1957年，国際原子力機関（IAEA）が原子力の平和的利用の促進と原子力の軍事利用（核兵器開発）の防止を目的に，アメリカ主導で設立されている。◁7 このように「国際管理」とは名ばかりで，アメリカの核ポリティックスが，この機関を舞台に行われているという意味で，IAEA はきわめて劇場的なグローバル・アリーナでもある。　（塚原東吾）

▷5　WMO や IPCC が国際政治の重要なアリーナになっていることについては，クライン（2017）などを参照。

▷6　大英帝国の「科学のレガシー（遺制）」については，Bennett and Hodge（2011）を参照。

▷7　国際原子力機関は，国連の保護下にある自治機関であり，国際連合の専門機関ではない。本部はオーストリアのウィーンにある。

参考文献

シラードほか『亡命の現代史3　自然科学者』（広重徹ほか訳）みすず書房，1972年。

アニー・ジェイコブセン（加藤万里子訳）『ナチ科学者を獲得せよ！』太田出版，2015年。

ナオミ・クライン（幾島幸子・荒井雅子訳）『これがすべてを変える』岩波書店，2017年。

Bennett, Brett M. and Joseph M. Hodge, *Science and Empire: Knowledge and Networks of Science Across the British Empire, 1800-1970*, Palgrave, 2011.

1　原爆で始まった戦後

9 日本の原子力の始まり

1 原子力研究の解禁

占領下では原子核からエネルギーを取り出す研究は禁じられていた。原子核物理の研究はアイソトープを利用したものに限られていたが，占領終結に伴いそうした制約はなくなった。以後，科学者たちのあいだで，原子力研究の方向性をめぐる議論が始まる。議論をリードしたのは，**武谷三男**[1]ら物理学者たちだった。問題になったのは，軍事研究と結びつくことのない指針や体制づくりの方法である。アメリカの強い影響下で原子力研究を始めると，秘密裏に原爆開発に手を染めてしまうことにならないか。こうした危惧は左派の科学者だけのものではなかった。原爆体験と日本国憲法を持つ日本の科学者たちに広く共有されていたと言える。

原子力研究に関心を持つ政治家もいた。当時改進党の議員であった**中曽根康弘**[2]である。中曽根は，1951年１月，講和条約作成のため来日していたアメリカ特別大使Ｊ・Ｆ・ダレスに会い，原子力研究と航空機の製造保有を解禁するように申し入れていた[3]。中曽根はまた，1953年にカリフォルニア州バークレーにあるローレンス研究所を訪問して物理学者の嵯峨根遼吉と面会し，原子力研究に関する予算と法整備について話し合っていた。

一つの転機は1953年12月のアイゼンハワー米大統領による国連演説だった。アイゼンハワーは国連総会において「平和のための原子力（Atoms for Peace）」演説を行い，国際原子力機関の創設と「平和利用」推進の必要性を説いた。それに呼応して，日本でも第五福竜丸が被ばくしたさなかの1954年３月，中曽根らによって原子力予算案が国会に提出され，認められる。

2 研究開発体制をめぐる議論と制度

原子力予算案の登場によって，科学者たちの議論は過熱する。その議論の前提には，原子力研究が政治主導で行われることへの強い警戒があった。武谷らのように雑誌や新聞で科学者主導の平和的な原子力研究を力説する者もいれば，伏見康治らのように科学者の意見を調整して基本的方針を成文化しようと試みた者もいた。伏見らの取り組みは，1954年になって，日本学術会議が打ち出した原子力三原則に結実する。三原則とは，「公開・自主・民主」である。これは1955年12月の原子力基本法に受け継がれることになる。

▷１　**武谷三男**（1911～2000）
物理学者。湯川秀樹らの「素粒子論グループ」随一の論客で，独自の科学・技術論は科学者にとどまらない読者を得た。原子力に関する発言も多く，放射線被ばくに関する「がまん量」概念で知られる。Ⅰ-3-13 側注２も参照。

▷２　**中曽根康弘**（1918～2019）
政治家。日本の原子力開発黎明期から原子力行政に関わった政治家で，1982年から87年まで内閣総理大臣。1980年代には，六ヶ所村の原子力開発を主導した。

▷３　中曽根康弘「原子力平和利用の精神」『日本原子力学会誌』2003年１月。

他方で，政治体制も整いつつあった。1955年12月の臨時国会で「原子力基本法」「原子力委員会設置法」「総理府設置法の一部を改正する法律」の原子力三法が成立する。これにより，1956年1月1日に原子力委員会が発足。委員長には**正力松太郎**（しょうりきまつたろう）◁4が就いた。正力は読売新聞や日本テレビの経営者として知られ，政界入りしてからは原子力開発に強い意欲を示していた。原子力委員会委員には，経団連会長の石川一郎，社会党の推薦を受けた経済学者の有沢広已のほか，学界から藤岡由夫（常勤）と湯川秀樹（非常勤）が入った。

ほとんど同時期の1955年12月には，アメリカから濃縮ウランを借りるための二国間協定・**日米原子力協定**◁5が発効した。また，1956年3月には科学技術庁設置法が成立する。同年4月には日本原子力研究所法によって特殊法人・原子力研究所が誕生し，原子燃料公社法も成立した。1957年11月には，9つの電力会社が出資して日本原子力発電株式会社（原電）が発足。こうして，1954年から約3年で，原子力研究に関する法制度が整い，主な組織も揃ったことになる。科学者たちの議論は原子力基本法に踏襲されたとはいえ，体制作りは政・官主導で行われたと言える。

産業界も主権回復後から原子力研究に乗り出していた。とりわけ，旧財閥系企業にとって原子力開発は大きな商機だった。原子力開発は膨大な投資が必要だが，安定した資本力を持つ旧財閥系企業は原子力開発に乗り出すことができた。1950年代前半，三菱や日立，東芝，住友などが次々に原子力開発に参入する。1956年9月には，科学技術庁が総額3億2325万円の「原子力平和利用研究補助金」の交付を決めたが，補助金を受けたのは，ほとんどが旧財閥系企業だった。

3 原子力センターとしての東海村

1956年4月，原子力委員会は原子力研究所を茨城県の東海村に置くことを決めた。東海村は日本の原子力センターへの一歩を踏み出していく。

原子力研究所の最初のミッションは，日本の第1号原子炉「JRR-1」の組み立てだった。原子力研究所は1956年8月からアメリカのノース・アメリカン航空会社から購入した部品を，組み立て始めた。1957年8月27日には，東海村の実験用原子炉が臨界実験に成功し，1963年，米ゼネラル・エレクトリック社製の動力用軽水炉「JPDR」で初の発電を行っている。その後1966年には，イギリスから輸入した発電用の原子炉で東海原発の運転を始めた。なお，1950年代から60年代にかけて，原子力平和利用の必要性が疑われることはほとんどなかった。

東海村は，青森県の六ヶ所村の開発が進むまで，日本一の原子力センターだった。1999年に臨界事故を起こしたことで知られる**JCO**◁6だが，その核燃料加工工場もまた，1970年代に東海村に建てられている。（山本昭宏）

▷4 **正力松太郎**（1885～1969）
実業家・政治家。戦前は内務官僚から新聞経営・野球球団経営に乗り出して成功するも，戦後公職追放の対象になる。追放解除後は原子力に関心を持ち，政界進出。読売新聞での原子力平和利用キャンペーンも，彼の影響下にあった。

▷5 **日米原子力協定**
1955年12月に発効した二国間協定。協定により，平和目的に限って濃縮ウランをアメリカから貸与されることになった。使用済み核燃料のアメリカへの返還や使用記録の報告などが義務づけられるなど，日本の原子力開発を制限するものであり，1960年代以降は協定の改訂交渉が行われた。

▷6 **JCO**
旧財閥系企業の住友金属鉱山による核燃料事業が前身。1979年10月，日本核燃料コンバージョン株式会社として独立。住友金属鉱山は，近世から別子銅山の経営で知られ，明治以降鉱毒事件を起こしている。日本の周縁部の開発と公害という視点からも注目に値する。

参考文献

吉岡斉『原子力の社会史』朝日新聞社，1999年。
山崎正勝『日本の核開発：1939-1955』績文堂出版，2011年。
山本昭宏『核エネルギー言説の戦後史 1945～1960』人文書院，2012年。

1　原爆で始まった戦後

10 戦争技術のスピンオフ・スピンオン

1 技術におけるデュアル・ユース

軍事技術と民生技術には，技術的側面からの特殊性と共通性がある。武器・兵器とも表現される軍事技術の場合，戦闘における優位さを保つために信頼性や性能が優先される。一方，民生用の機械設備や技術系の商品は，信頼性や性能に比べ，コストや価格が優先事項に加わる。こうした特殊性は，他方の技術への転用の困難さの原因となっている。一方で，素材・材料や基本設計，基本モジュールなどでは，他方の技術に転用できる可能性が広がり，それが共通性を支え，スピンオフ，スピンオンの実現につながった。スピンオフは一般に軍事技術の一部が民生技術に転用されることを示し，スピンオンは民生技術の一部が軍事技術に転用されることを示す。デュアル・ユース（両用性）とは，相互に転用が可能である技術の共通性を表現したものである。

2 「製造」部分における両用性

技術は，発明につながる「工学」と，普及につながる「製造」の２つがある。「製造」部分における両用性は，古代の製鉄技法や19世紀の大量生産方式の事例に見られる。

鉄器を入手するには，複雑な製鉄技法を持った**専門職人団**◁1と，権力者のサポートが不可欠だった。鉄器の時代は権力者が，地位の象徴となる工芸品や戦闘力を高める武器として独占的に製造することから始まった。武器用の鉄器は，やがて鉄製工具や鉄製農機具などの民生技術にスピンオフされた。

大量生産方式◁2は，移民が主な働き手であるために，熟練さが少なく，また，国内の豊富な資源と均一需要を背景に，19世紀のアメリカで登場した。独立戦争時には武器の量産化が必要となり，製造する銃の種類をマスケット銃に絞り，交換可能な部品で製造する互換性生産方式を導入した。これら互換性生産方式や専用工作機械は，時計，ミシン，自転車，自動車などの民生部門品の製造にスピンオフされ，アメリカ的大量生産システムを形成した。

3 「工学」部分における両用性

20世紀になると発明過程に大きな変化が現れ，**研究開発**◁3方式が登場した。ドイツでのPTR（帝国物理工学研究所）やKWI（カイザーウィルヘルム研究所）の国

▷1　**専門職人団**
ヒッタイト帝国で登場した古代製鉄は，錬鉄の表面を鋼化するなどの高度なわざが必要で，最初の専門的職人集団の冶金師集団の登場につながった。

▷2　**大量生産方式**
アメリカのスプリング・フィールド連邦兵器工場で始まった互換性生産方式，専用工作機械を導入した生産方式。フレデリック・テーラーによる標準作業時間，ヘンリー・フォードによる組立て工程での流れ作業によりこの大量生産方式は確立した。

図１　スプリングフィールド工場におけるマスケット銃組立作業（1852年）

出典：ハウンシェル（1998，83頁）。

▷3　**研究開発**
研究開発は，研究成果を開発に生かす方式ではなく，開発のために目的基礎研究を実施する方式を指す。

家型研究所や，アメリカでのGE社，ATT社，デュポン社などの企業型基礎研究所が設置され，研究開発が進展した。第二次世界大戦期には，マイクロ波レーダーや核分裂による爆弾などの新兵器にこの研究開発がスピンオンされた。すでに民生目的で登場していた研究開発方式は，戦時中の**科学者動員**[4]によって新兵器の開発に用いられた。アメリカのNDRC（国防研究委員会），OSRD（科学研究開発局）がその典型事例である。

図2　兵器開発の会議に参加した科学者たち（左から3人目がV・ブッシュOSRD局長）

出典：Jennet Conant, *Man of the Hour James B. Conant Warrior Scientist*, Simon & Schuster, 2017, 写真部分のp. 20.

1950年以降からの冷戦期では，アメリカとソ連による核兵器と大陸間弾道ミサイルを中心とした核軍拡競争が激化し，兵器用に特殊化された軍事技術の開発が強化された。軍用に開発された核技術やロケット技術などを，民生用の原子力発電や宇宙探査用の宇宙技術にスピンオフすることも行われたが，敵対する国から見れば，原子力発電や宇宙技術などは，兵器への転用が容易な機微技術であることから，潜在的な軍事技術と見なされている。

▷4　**科学者動員**
戦時中に登場した臨時の開発組織で，その代表例が，アメリカの国防研究委員会（1940年6月設置）や科学研究開発局などである。

4　冷戦後の両用技術

東西冷戦が終結した1990年代には，軍事面での技術開発競争から経済面での技術開発競争に転換したため，アメリカが軍事用に開発していた技術を，積極的に民生部門に転用する政策がとられた。その事例が，冷戦期に設立されたDARPA[5]（Defense Advanced Research Projects Agency 国防高等研究計画局）によって開発された軍用有線ネットワーク（ARPANET）や，軍事用通信衛星のスピンオフといわれる，インターネットやGPSである。その一方で，半導体技術などの電子技術やパーソナルコンピュータなどの情報技術は，ハイテク民生技術として発展したことから，民生技術を軍事技術に積極的にスピンオンさせようとする軍事技術開発戦略も登場した。

21世紀になると，軍事技術では，正面装備を構成する「兵器軍事技術」と，後方装備を構成する「非兵器軍事技術」との比率が変化し，兵器が1に対して非兵器が9になったという[6]。このため，軍事技術ではあっても，非兵器軍事技術と分類される後方装備を構成する，電子機器，情報技術，通信技術，素材技術などで，民生技術との間に多くの共通性が発生することになった。

（河村　豊）

▷5　I-3-7 側注2参照。

▷6　ローランド（2020），120頁。

参考文献

D・A・ハウンシェル（和田一夫ほか訳）『アメリカン・システムから大量生産へ』名古屋大学出版会，1998年。
D・R・ヘッドリク（横井勝彦・渡辺昭一訳）『インヴィジブル・ウェポン』日本経済評論社，2013年。
アレックス・ローランド（塚本勝也訳）『戦争と技術』創元社，2020年。

1　原爆で始まった戦後

湯川のノーベル賞受賞

1　湯川秀樹のノーベル賞受賞

湯川秀樹（1907～81）は日本で初めて**ノーベル賞**[1]を受賞した。湯川以後，日本の自然科学系のノーベル賞受賞者は24名（2020年８月時点）にのぼる中で，ノーベル賞の位置づけはどのように変化したのか。

湯川は1949年のノーベル物理学賞を受賞した。受賞理由は核力に介在する**中間子**[2]の存在の予言に対してであり，彼が1930年代に行った研究である。経済的困窮に苦しむ占領下の日本に届いた一報は国中を熱狂させた。受賞式に臨む湯川は「ノーベル賞は自分だけの栄光でなく，全日本人の喜びであって，これは必ず日本人を平和な文化国家建設に勇気づけるであろう」と述べている。日本学術会議では「理論物理学の研究を一層盛んならしめるため，国家的事業の実施を希望」し，京都大学と協力して，**基礎物理学研究所**[3]が設立され，読売湯川奨学基金や湯川記念財団がつくられた。苦しい経済状況の戦後期にあって，日本初のノーベル賞受賞は大きな希望の象徴となった。

2　湯川というロールモデル

湯川（旧姓は小川）は京都の中学を経て**第三高等学校**[4]で学び，1926年に父・小川琢治の勤務する京都帝国大学理学部に入学する。高校と大学で同級だった朝永（ともなが）振一郎（1906～79，1965年にノーベル物理学賞受賞）とともに理論物理の道に進み，当時最先端の**量子論**[5]を研究テーマとして選んだ。だが，当時の日本の大学には量子論を指導できる教授はいなかったため，彼らの勉強法はヨーロッパの専門雑誌に掲載された同分野の論文を自ら読み，先輩たちと勉強会で議論するというものだった。大学卒業後の湯川は，本格的な研究テーマを原子核，**量子電気力学**[6]と決めて，それらを生涯かけて追うことになる。彼は大阪帝国大学時代の1930年代に原子核の核力に関する中間子の研究を進めた。当初，彼の研究は注目されなかったが，1936～37年のアメリカの物理学者による宇宙線観測で発見された新粒子が中間子と推測され，湯川理論に注目が集まり，湯川は著

湯川博士に輝く栄誉　ノーベル賞　晴れの授賞式

ホテルにも日章旗

図１　授賞式を伝える新聞記事

出典：『朝日新聞』1949年12月12日付朝刊。

▷１　**ノーベル賞**
爆薬の開発・発明で財をなした企業家アルフレッド・ノーベル（1833～96）の遺言により創設された国際的な賞。1901年から物理学，化学，生理学・医学，文学，平和の５分野の賞で始まった。

▷２　**中間子**
1934年に湯川秀樹が核力を媒介する粒子として理論的に導入した。この中間子は1947年にパイ中間子として発見された。他の様々な種類の中間子も実験によって見出されている。

▷３　**基礎物理学研究所**
湯川秀樹のノーベル賞受賞を記念して湯川記念館が建設され，その建物を活動の場として1953年に基礎物理学研究所が設立された。全国共同利用施設の最初の研究所となった。

▷４　**第三高等学校**
1889年に大阪から京都に移転した第三高等中学が1894年に改称された旧制高校。1949年に設置された新制の京都大学に統合された。

▷５　**量子論**
量子を最小単位とした離散的な物理量の効果が現れる諸現象をあつかう理論。原子，電子，原子核などの微視的な現象を論じる量子力学によって基礎づけられている。

▷６　**量子電気力学**
量子電磁力学とも言われる。

名な**ソルベー会議**[▷7]にも招待される。第二次世界大戦勃発のため，この会議は中止となったが，留学経験もなく日本で研究を行い，独創的な理論で国際的な評価を受けるという湯川の成功パターンは，日本の科学界では見られなかったケースであった。そのため，湯川の関係する素粒子論分野の研究者たちは自信を深め，自らの進歩性や，海外の研究者との対等な関係を意識するようになる。戦後日本の科学界で**素粒子論グループ**[▷8]が大きな存在感を示したのも，こうした自信が科学界を牽引するエネルギーにつながったと考えられる。

3 湯川以後の日本のノーベル賞受賞者

自然科学系の日本のノーベル賞受賞者は，湯川の受賞から現在（2020年８月）まで24名にのぼる。内訳は物理学11名，化学８名，生理学・医学５名の合計24名である。1999年までの受賞者が湯川（物理，1949年）から利根川進（生理学・医学，1987年）に至る５名，内訳は物理学３名，化学１名，生理学・医学１名であるのに対して，2000年以降は白川英樹（化学，2000年）から始まる19名で，内訳は物理学８名，化学７名，生理学・医学４名となる。2000年以降の日本の受賞者数は世界的にもトップレベルであり，受賞分野も広範囲にわたる。現在，**ウルフ賞**[▷9]や**ラスカー賞**[▷10]などの国際的な科学賞がある中で，ノーベル賞だけが科学的業績の偉大さを測る唯一の基準ではないが，賞の歴史，歴代受賞者の名声などを考慮すると，ノーベル賞の科学的評価は相応の意義をもつ。2000年以降の日本のノーベル賞受賞者数の増大はどのような意味をもつと考えられるか。

ノーベル賞の受賞理由の研究は，受賞年の数十年前の業績だった場合がほとんどであり，2000年以降の受賞者の増加は，20世紀後半の科学者たちの成果の現れと見ることができる。そうした科学的成果には一つの傾向が見られる。初期には，湯川や朝永の理論研究のような純粋な基礎研究の成果が際立つのに対して，2000年以降の受賞の研究には，白川らによる電気を通すプラスチック，赤崎勇らによる青色 LED の発明（物理，2014年），大村智らによる線虫寄生の感染症の治療法の発見（生理学・医学，2015年），吉野彰らによるリチウムイオン電池の開発（物理，2019年）など，産業や社会での応用面で評価される成果が数多い。戦後直後の湯川のノーベル賞に象徴される科学界の栄誉が波及して国を勇気づけるという形は，半世紀を通して，目に見える社会への貢献に足る，裾野を広げた実際的な科学技術に発展してきたとも言える。こうした傾向はノーベル賞の評価基準にも強く現れ，現在の科学は科学界内部での評価だけでなく，社会全体から評価される時代となっている。

（小長谷大介）

電子などの荷電粒子と電磁場から成る体系を記述する相対論的な量子論。

▷7 ソルベー会議
炭酸ナトリウム製法のソルベー法で知られるエルンスト・ソルベーが資金提供して1911年から始まった物理学と化学の国際会議。

▷8 素粒子論グループ
1940年代初めの仁科芳雄（Ⅰ-1-7 参照），湯川秀樹らによる中間子討論会を起源として組織された，素粒子物理学および関連する分野を専門とする研究者たちの自主的なグループ。戦後の科学界において民主的な組織運営の普及にも尽力した。

▷9 ウルフ賞
ドイツ出身でユダヤ系キューバ人発明家および外交官のリカルド・ウルフが1975年に設立した賞。1978年から始まり，６部門を有する。

▷10 ラスカー賞
アメリカの慈善家，メアリーとアルバートのラスカー夫妻が1945年に創設した医学賞。1946年から始まり，４部門を有する。

参考文献

日本学術会議編『日本学術会議25年史』日本学術会議，1974年。
矢野暢『ノーベル賞』中央公論社，1988年。
小沼通二『湯川秀樹の戦争と平和』岩波書店，2020年。

1　原爆で始まった戦後

12 731部隊とその戦後

1 731部隊とは

731部隊という名称は，旧日本陸軍の生物戦部隊であった「関東軍防疫給水部」本部の**通称号**[1]「満洲第731部隊」に由来する。

731部隊の組織的な出自は，1936年８月にハルビンに編成された関東軍防疫部である。部隊長には陸軍二等軍医正の**石井四郎**[2]が就任し，隊員数は500名程度であった。1932年秋，石井はハルビン近郊の背陰河（ベイインホー）を拠点に「東郷部隊」（秘匿名）を作り，東京の**陸軍軍医学校防疫研究室**[3]を司令塔にして，1933年秋から人体実験を行っていた。その後，北京，南京，広東，シンガポールにも，「固定防疫給水機関」が設置された。関東軍防疫部は1940年７月に関東軍防疫給水部へと再編され，平房（ピンファン）の本部には第一部（研究），第二部（実験），第三部（防疫給水），第四部（細菌製造）などが置かれ，５つの支部も設立された。部隊は軍医と**軍属**[4]により構成され，2012年に厚生労働省は関東軍防疫給水部の総計を3560人と発表している。

東京の防疫研究室と帝国日本内に配置された５つの防疫給水部は，全体として「石井機関」と呼ばれていた。また，防疫研究室は主に医学部の教授を介して若手研究者を募集し，各給水部に軍属として彼らを派遣する役割も担っていた。つまり，「軍」である石井機関と「民」の大学研究者集団が，広範な軍事医学研究ネットワークを構築していたのである。

2 人体実験と細菌戦

人体実験の被験者にされた人々は，憲兵隊から731部隊に「特移扱」で送られた捕虜やスパイ容疑者であった。彼らは「マルタ」と呼ばれた。**ハバロフスク裁判**[5]の被告となった川島清軍医少将によれば，人体実験の犠牲者は平房に本部があった５年間だけで3000人にのぼった。

731部隊で行われた人体実験は，次の５つに分類できる。①手術の練習，②未知の病気の病原体発見のための感染実験，③病原体の感染力増強のための感染実験，④新しい治療法開発のための実験，⑤ワクチンや薬品開発のための実験。②に該当する実験としては，関東軍兵士の間で1938年から流行し始めた流行性出血熱の病原体発見が，④の具体例としては，生理学者吉村寿人が主導した凍傷研究が挙げられる。

▷１　**通称号**
1937年，陸軍が兵力を秘匿する目的で始めたもの。1940年には全機関と部隊に兵団文字符と通称番号を付した。

▷２　**石井四郎**（1892～1959）
千葉県生まれ。千葉中学，第四高等学校を経て，京都帝国大学医学部を卒業，陸軍軍医となる。1927年に医学博士。陸軍軍医学校防疫研究室主幹，関東軍防疫給水部長を経て，最終階級は軍医官の最高位である陸軍軍医中将。

▷３　**陸軍軍医学校防疫研究室**
1932年８月に設置され，後に石井が主幹を務めた。京都帝大や東京帝大の医学部教授たちは嘱託となり，若手研究者を供給する一方，研究情報・資材・研究費の提供を受けた。

▷４　**軍　属**
陸海軍文官，同待遇者，そして陸海軍の勤務に服する雇員，傭人の総称。エリート医学者たちの多くは軍属の「技師」として731部隊に派遣された。

▷５　**ハバロフスク裁判**（1949.12.25～30）
被告は関東軍司令官山田乙三，関東軍軍医部長梶塚隆二，関東軍獣医部長高橋隆篤，731部隊第四部長（細菌製造）川島清軍医少将ら，合計12名。被告全員が有罪。

生物兵器使用の機会は，1939年の夏に訪れた。ノモンハンの生物戦では，腸チフス菌の培養液をガソリン缶で運び川に流している。その後，飛行機から様々な細菌をまく生物戦を，寧波（ニンポー）（1940年），常徳（チャンドゥー）（1941年），浙贛（チョウカン）（1942年）の作戦にて実行した。**731部隊細菌戦国家賠償請求訴訟**◁6では，生物兵器が使用され被害を受けた人は約1万人であると認定されている。

3 隠蔽・免責・復権

ソ連の対日参戦を知った石井は，人体実験の証拠を「隠蔽」するため，実験目的で収容されていた人々の殺害と建物の破壊を実行した。石井は日本に戻ると，戦犯「免責」と研究情報提供をめぐりアメリカ側と交渉を重ね，アメリカは1947年末に極東国際軍事裁判で731部隊を戦犯に訴追しない決定を下した。その決定による影響は不明だが，**帝銀事件**◁7の容疑者として捜査上に浮かんでいた731部隊関係者は逮捕されなかった。また，**ABCC（原爆傷害調査委員会）**◁8の原爆調査に協力した石川太刀雄（金沢医大教授）が731部隊から持ち帰った病理標本と解説レポートは，アメリカのダグウェイ実験場（ユタ州）に保管されていた。こうした事実は「免責」取引の可能性を強く示唆する。

731部隊に派遣された京大出身の医師たちは，戦後すぐに京大，京都府立医大，金沢大，長崎大などに就職し，各分野で医学界を牽引していった。東大から派遣された医師たち（南京の栄第1644部隊を含む）は，**国立予防衛生研究所**◁9にも流れていった。一方，公的機関での就職ができなかった元軍医たちは陸軍軍医学校防疫研究室の内藤良一が中心となり，**日本ブラッドバンク**◁10の設立に向けて結集した。彼らは朝鮮戦争時のアメリカ軍に乾燥血漿（けっしょう）を供給することで儲け，731部隊の残党を雇い入れていく。内藤の証言によれば，日本でワクチンと輸血関連の業務を担った人材のほとんどが，731部隊を含むネットワークの出身者であった。

4 現代への問いかけ

731部隊の蛮行は1930年代前半から周到に準備され，帝国日本内部の軍と民が利益享受者＝共犯者として犯した組織犯罪であった。なぜ，このような組織犯罪が起きたのか。なぜ，多くの研究者が凄惨な人体実験を実行できたのか。敗戦後，731部隊関係者に医学博士号が授与された事実に象徴されるように，医学界は731部隊の問題を不問に付してきた。被験者の殺害を「どうせ死刑になるのだから」と合理化させ，研究者の「善悪の判断能力」を抑圧した正体とは何か。冷血な人体実験を可能にした科学主義の暴走をなぜ制御できなかったのか。それでも抵抗した少数の研究者たちが存在していた。731部隊の歴史は，現代医学と医学界に依然として大きな問いを投げかけている。　（愼　蒼健）

大半が刑期満了以前に帰国。

▷6　731部隊細菌戦国家賠償請求訴訟
1999年に中国の細菌戦被害者および家族が，日本で起こしたもの。2002年の東京地裁判決では，中国で細菌兵器が使用され約1万人が被害を受けたという事実が認定。

▷7　帝銀事件
1948（昭和23）年1月26日に東京都豊島区長崎の帝国銀行椎名町支店で発生した毒物殺人事件。731部隊関係者が疑われた。

▷8　ABCC（原爆傷害調査委員会）
中川保雄，笹本征男の研究により，軍事研究として出発した歴史的原点が解明されている。1975年には，ABCC と国立予防衛生研究所原子爆弾影響研究所が再編され，日米共同出資運営方式の放射線影響研究所が発足。I-1-3 も参照。

▷9　国立予防衛生研究所
1947年に東大伝染病研究所を母体に設立。1997年に組織見直しで国立感染症研究所と改名。

▷10　日本ブラッドバンク
731部隊関係者の一人，元軍医中佐の内藤良一の発案で1950年に設立。1964年に社名を「ミドリ十字」と変更し，薬害エイズ事件を引き起こした。

参考文献
常石敬一『七三一部隊』講談社，1995年。
秦郁彦編『日本陸海軍総合事典』第2版，東京大学出版会，2005年。
加藤哲郎『「飽食した悪魔」の戦後』花伝社，2017年。

1　原爆で始まった戦後

13 科学技術庁の設立と科学技術基本法

1 「科学技術」の登場

産業革命を契機として科学・技術をめぐる環境は大きく変化したが，20世紀に入ると科学・技術と国家との関係が急速に緊密化した。第一次世界大戦では，航空機，化学兵器などの新兵器開発や製造だけでなく，物資不足に対応するための代用品の開発・製造や生産の効率化にも科学・技術が活用されるとともに，科学者や技術者が組織的に大量動員された。

第一次世界大戦後には，欧米諸国に倣って日本でも戦時動員に向けた体制が構築された。このような時代背景の中で「科学技術」という用語が登場する。1940年８月に134の科学・技術団体を糾合して全国科学技術団体連合会（全科技連）が設立され，1941年５月に「**科学技術新体制確立要綱**[1]」が閣議決定された。「科学技術」という言葉は，戦時動員を背景として誕生したのである。

2 科学技術庁の設立

第二次世界大戦の終戦によって，日本は軍事だけでなく，原子力，航空，レーダーの研究が禁じられ，戦時動員を目的とする組織や制度が解体・廃止された。こうした施策は，連合国軍総司令部（GHQ）経済科学局（ESS）に設けられた科学技術課が担当した。同課につながりがある日本人科学者を中心に科学渉外連絡会が設けられ，この会を中心として**学術体制刷新委員会**[2]が内閣に設置された。同委員会の答申を受けて1948年，日本学術会議（以下，学術会議[3]）と**科学技術行政協議会**（以下，STAC[4]）が設立された。学術会議とSTACの設立によって，戦後の日本に新たな科学技術行政の枠組みが誕生したのである。

STACは行政権限をもたない審議機関であったが，科学技術振興の進展に伴って多くの役割や機能を果たすようになっていった。1954年に航空技術研究体制整備に向けて航空技術審議会が設置された際にはその事務局も兼ねた。一方，学術会議と政府との関係は疎遠になっていった。当初は政府からの諮問とそれに対する答申などが活発に行われたが，特需景気を経て科学技術振興の主導権が科学者から政治家や財界人に移った結果，学術会議と政府との間にある政策上の理念の相違が顕在化したのである。

航空機の研究が解禁された1952年には原子力研究も解禁された。1954年に２億5000万円の原子力予算が成立すると，学術会議は，「原子力の研究と利用に

▷１　**科学技術新体制確立要綱**
戦時動員体制の強化に向けた近衛内閣の新体制運動の中で，欧米の科学・技術の直輸入からの脱却と国内の科学・技術の連携を目指して，企画院の技術系官僚たちによって取りまとめられた文書で，科学技術行政機関として内閣直属の技術院を設立することなどが盛り込まれている。

▷２　**学術体制刷新委員会**
日本の科学研究体制を刷新するために，科学渉外連絡会を中心として組織された学術研究体制世話人会での準備を経て，1947年８月に内閣に設置された。全国の学協会から公選によって選出された108名の委員で構成された。

▷３　[Ⅰ-1-7] 側注６参照。

▷４　**科学技術行政協議会**
(Scientific Technical Administration Committee：STAC)
学術会議と協力して科学技術関係施策の調整を行う審議機関であり，内閣総理大臣を会長とし，関係行政機関の次官と学術会議が推薦する学識経験者から構成された。

関し公開・自主・民主の原則を要求する声明」を出した。翌1955年には日米原子力研究協定が調印され，1956年にはいわゆる原子力三法が制定された。これによって日本の原子力利用が本格化することになった。

こうした状況を背景として，科学技術振興を担う独立の行政機関の設置に向けた議論が進められた。1953年には超党派の科学技術振興議員連盟が結成され，1955年には経済団体連合会が科学技術行政機関設置の要望を政府に建議し，学術会議も同年10月に科学技術庁設置に向けた要望を総会で決議した。1956年に公布された設置法によると，科学技術庁は，「人文科学のみに係るもの及び大学における研究に係るものを除く」科学技術政策の立案・調整，原子力・航空という大型技術開発を担うことになっている。科学技術庁の成立によって科学技術政策体系が文部省と二元化したため，同庁からの働きかけによって，1959年に**科学技術会議**◁5が総理府に設置された。科学技術会議の設置に伴って，STACが担ってきた機能はすべて科学技術庁と科学技術会議に引き継がれることになった。

3 科学技術基本法の成立

科学技術会議は，設置直後に科学技術基本法の制定を求める答申を行っている。その内容は後に法案化されて1968年の国会に提出されたものの，法案の理念や適用対象について，各方面から異論が出て意見がまとまらなかったため成立しなかった。当時は高度経済成長下で民間の研究投資の伸びが著しく，科学技術研究開発における政府の役割は低下する一方だったという背景もある。

1990年代に入ると，科学技術の研究開発をめぐる状況は大きく変化した。国内ではバブル崩壊のため民間の研究投資が減少し，少子高齢化の進展や国内産業の空洞化が予測されていた。また，海外からは，1980年代からいわゆる基礎研究「ただ乗り」論が強まってきた。議員立法として提案された科学技術基本法は，1995年11月に衆参両院での全会一致により可決成立した。科学技術基本法が成立し，同法に基づいて科学技術基本計画が策定されるようになったことで，日本の科学技術行政は新たな段階に入った。

2001年の中央省庁再編によって，科学技術庁と文部省は文部科学省に統合された。科学技術庁の業務の多くは文部科学省に引き継がれたが，科学技術基本計画の策定は内閣府に設置された**総合科学技術会議**◁6に引き継がれた。総合科学技術会議の「総合」は，人文・社会科学も含み，倫理問題等の社会や人間との関係を重視した議論を行うことを意味している。2020年の一部改正では，科学技術基本法から「人文科学のみに係るものを除く」という文言が削除されるとともに，科学技術・イノベーション基本法に改称されることになった（2021年4月施行）。ここに至って科学技術庁設立以来，日本の科学技術政策を限定してきた「人文科学のみに係るものを除く」という文言が法文から姿を消すことになった。

（野澤　聡）

▷5　**科学技術会議**
内閣総理大臣を議長として，関係閣僚，学術会議が推薦する3名の学識経験者から構成され，人文科学のみに関するものを除く科学技術一般に関する基本的かつ総合的な政策の立案などを行うこととされた。

▷6　**総合科学技術会議**
内閣府設置法に定められた「重要政策に関する会議」の一つであり，内閣総理大臣を議長として，関係閣僚，有識者7名（うち4名は常勤），学術会議会長から構成される。100名規模の事務局など科学技術会議から機能強化と体制整備が図られている。2014年に総合科学技術・イノベーション会議に改称された。

参考文献

科学技術政策史研究会『日本の科学技術政策史』未踏科学技術協会，1990年。
田中浩朗「科学技術行政機構の確立」中山茂編集代表『通史　日本の科学技術』第2巻，学陽書房，1995年。
鈴木淳『科学技術政策』山川出版社，2010年。
佐藤靖「省庁再編と科学技術」「総合科学技術会議と科学技術基本計画」吉岡斉編集代表『新通史　日本の科学技術』第1巻，原書房，2011年。

2　公害問題と科学技術

日本における公害と科学者

1 生産技術の「向上」と公害

人々の殺傷を目的とする軍事と科学技術は分かちがたい関係がある。一方，害を加える目的はもたなくても，経済利潤の増大を求めて展開する科学技術が，自然を分断し，人々の生活基盤を破壊して加害の側になってしまうことがある。この問題は日本では戦後に「**公害**」[◁1]と呼ばれて一般化した。

公害は生産技術の近代化に伴って激化した。例えば，明治期の日本政府が保護した足尾銅山では，イギリス由来の製錬技術を銅へ応用し，銅生産にかかっていた日数を32日から２日へと大幅に短縮した。だが銅生産は有毒物質を大気，水，土中に放出する。生産効率の向上は，急速な環境破壊を意味した。製錬所周辺の村々は，急速な森林乱伐に亜硫酸ガスなどの排煙が追い討ちをかけ，廃村となった。鉱毒は渡良瀬川を通じて関東地方１府５県にまたがる農漁民の生活基盤を壊した。それでも生産は止まらず，被害民らは100年以上も鉱毒に苦しんだ。この間，世論を抑える意図で政府が形だけの調査会を設置したり，実際には鉱毒予防の効果がない機械が宣伝されたりと，科学技術は人々の救済よりも目くらましに効果を発揮した。

2 「中和」される真実

1950年代に被害が顕在化した熊本水俣病事件では，病気の発生が水俣保健所に伝わって（1956年５月１日）間もなく，原因究明のための研究班が組まれた。水俣湾では，大正時代から全域の汚染が進んでいたため，研究者らが病因物質を特定するまでには多大な労力を要したが，1959年秋にはおおむね，有機水銀化合物ではないかとの見込みが立った。排出源が新日本窒素株式会社（チッソ，現 JNC 株式会社）水俣工場であろうことは，立地以来の漁業被害の発生という経緯から誰の目にも明らかであった。

しかし，工場および関連業界団体は猛然と反論した。反論を目的とした学説の例に「爆薬説」「アミン説」がある。前者は日本化学工業協会・大島竹治理事が「終戦時に軍が海に投棄した毒物が溶け出した」と唱えた。実際には爆薬投棄の事実すらなかった。後者は東京工業大学教授・清浦雷作，次いで東邦大学教授・戸木田菊次が唱えたもので「有毒の有機アミンが含まれている腐りかけの魚が原因」という趣旨だった。戸木田の論文は，腐った魚介が原因との仮

▷１　公　害
公害に対処するための包括的な法律は1967年に公害対策基本法が制定されたのが初めてである。現在，公害現象としては大気汚染，水質汚濁，土壌汚染，騒音，振動，地盤沈下，悪臭の７種が法的に定義されている（1993年制定，環境基本法)。これらは現象の例示に過ぎず，何が原因で誰がどのような被害を受けるのかは，個別事例の学習を要する。

▷２　**御用学者**
江戸時代，幕府や諸藩に出入りして用品の納入や，金銀の調達をしていた特権商人のことを御用商人といった。御用学者はこの学者版で，何らかのルートで権力（例えば政府）とつながり，何らかの見返りを得るとともに，権力に都合の良い学説・評論を一般社会にふりまく学者を指す。

▷３　**宇井純**（1932～2006)
1956年，東京大学工学部応用化学科卒業後，日本ゼオ

図１　宇井純

出典：1985年撮影，家族提供。

説を立て，魚を腐らせた液で動物実験を行い，衰弱死させているが，そこに水俣病の症状があるのかに関する肝心な検証を一切欠いていた。

素朴な推論で否定できるような学説であっても，権威ある学者（**御用学者**[◁2]）が「科学的，中立的」な衣をまとってマスコミに登場すれば，患者らも世間も惑ってしまう。**宇井純**[◁3]は，この推移を「公害の起承転結」と呼び，①公害の発生，②原因解明，③反論の多出（質より量），④②で解明された正論が「中和」され，何が真実かわからなくなって混乱する，というのが，公害事件の経過に共通してみられる段階だと述べている。

3 決断の先延ばし

当時チッソ水俣工場内では，操業を止めることよりも，反論を立証することが優先されていた。社内では何度か，不都合な事実の発見があったが，その都度公表は見送られた。1959年，ネコに排水を投与する実験で水俣病の発症が確認されたが，「一例だけでは正しいかわからない」として実験継続，非公表とされた。1961年，工場内の排水中からメチル水銀化合物が析出されてもなお，上司は「メチル水銀がどうやって魚に入り，どうやって人間の発病に至るのかわからないと社内が納得しない」として「完璧な答え」を要求した。全国にはほかにもチッソと同様の工程を持つ工場があり，排水は流れ続けた。無策のまま時が過ぎ，1965年，昭和電工鹿瀬工場を原因とした新潟水俣病が発覚した。

ここでは，一面においては誠実にみえる「科学的であろうとする態度」が，被害の拡大を止めるために必要な決断を先延ばしする役割を果たしてしまった。

4 科学の言い訳化

熊本水俣病事件において，生涯をかけて発症した患者らを診察し，病像の把握に努めた医学者，**原田正純**[◁4]は，水俣病事件の原因は何か，と問うた場合に，その答えは，メチル水銀でもチッソという会社でもなく，最終的には人間の持つ思想や哲学につきあたると述べている。科学技術の展開度合いに比べ，人間自身の思想や哲学は深まってきただろうか。

車を運転していて，前に人が現れたら，急ブレーキを踏む。だが公害事件では，ブレーキを踏まないようにするための言い訳として科学が機能してきた（科学の言い訳化）。これが公害の経験から得られる教訓の一つである。公害や環境問題は，自然科学的な考察を介在させなければ実態の把握や予測が難しいことも多い。どうすればこの轍を踏まないような社会へと歩めるのか。公害は，特定の病気の代名詞，という理解にとどめてよい経験ではなく，特定の汚染現象を技術的に解決すれば終わる問題でもないのである。　（友澤悠季）

ン株式会社に就職。高岡工場勤務時，水銀触媒を含む排水を川に流した経験から，同じ化学メーカーのチッソが水俣病の原因ではないかと直感し個人で調査。『公害の政治学』（三省堂，1968年）は多方面に読まれた。

▷4　**原田正純**（1934～2012）
1961年，熊本大学医学部神経精神科教室の大学院生として水俣病患者と出会う。患者家庭を訪問し，家族と会話する中で，それまで脳性小児まひと診断されていた子どもたちが胎児性の水俣病ではないかとの示唆を受け，立証につながる論文を書いた（原田正純『水俣病』岩波新書，1972年）。水俣へ通う傍ら，三井三池炭鉱炭じん爆発事故による一酸化炭素中毒やカネミ油症などの調査も行った。

参考文献

NHK取材班編『NHKスペシャル戦後50年その時日本は第３巻　チッソ・水俣工場技術者たちの告白／東大全共闘　26年後の証言』日本放送出版協会，1995年。
丸山徳次ほか編『岩波応用倫理学講義２・環境』岩波書店，2004年。
藤林泰・宮内泰介・友澤悠季編『宇井純セレクション全３巻』新泉社，2014年。

図２　水俣市月浦の漁港付近を見て回る原田正純
出典：『熊本日日新聞』2012年７月３日付朝刊。

2　公害問題と科学技術

2 沈黙の春

『沈黙の春』と環境運動

農薬や殺虫剤等の化学物質が環境を汚染している。鳥たちはどこに行ったのか。鳥が鳴かない沈黙の春が来る……レイチェル・カーソン（1907～64）の『沈黙の春』（1962年）は，環境運動が世界で展開されるきっかけとなった。アメリカの魚類野生生物局の生物学者として，カーソンは科学者や自然保護活動家の間にネットワークを持っていた。それまでつながりを見出されていなかった数多くの論文やデータを集約することで，自然の生態系に広がる化学物質汚染という問題を浮上させたのである。いくつもの科学的エッセイでカーソンのイメージ喚起力のある文章はすでに有名であったが，そうした筆力を背景に書かれた『沈黙の春』は刊行直後から大きな注目を浴び，環境問題に関心を集める役割を果たした。同書は世界中で翻訳され，20世紀に刊行されたすべての書籍の中でも有数の影響力を持ったと評されている。日本では1964年に『生と死の妙薬』というタイトルで翻訳された（1974年，『沈黙の春』に改題）。

その当時，欧米では都市における大気汚染や水質汚染に対する社会運動が興っており，日本でも公害反対運動があったが，『沈黙の春』により，人間が科学技術を用いることで引き起こされる汚染の問題と自然保護活動家が気づいた生物界の異変とが結びついたのである。「アメリカ人がそうした文脈で見たり，聞いたり，使ったりしたことがほとんどなかった「環境」という言葉を大衆化することになった」（ダウィ 1998）。この後，アメリカでは1970年のアースデイと環境保護庁（EPA）の設立，日本では1970年の公害国会と1971年の環境庁の設立があり，1972年にはストックホルムで国連人間環境会議が開催された。しかし，産業界やその意向を受けた科学者は，カーソンに対して非常に激しい批判や反論を行った。

図1　レイチェル・カーソン

出典：U.S. Fish and Wildlife Service.

2 DDTとダイオキシン

第二次世界大戦後，合成化学物質である農薬（殺虫剤・除草剤等）が大量に消費されるようになった。その代表的な物質にDDT[1]がある。昆

▷1　DDT
dichlorodiphenyltrichloroethane の略。1939年スイスのパウル・ミュラーが殺虫効果を発見し，ノーベル

虫はDDTなどの化学物質への**耐性**[2]を獲得し，次第に駆除の効果は減少する。カーソンはこうした化学物質の害を描き出したのである。

化学産業の激しい抵抗にもかかわらず，『沈黙の春』をきっかけとして世界各国でDDTが農薬として使用禁止されるなど，農薬規制が行われた。日本では有吉佐和子が『複合汚染』（1975年）で，化学物質を複合摂取したときの害などの，より広範囲の化学物質の問題を示し，ベストセラーとなった。

ベトナム戦争（1955～75年）においてアメリカは枯葉剤を散布した。枯葉剤にはダイオキシン類が含まれており，多くの先天性異常や健康被害が生じた。日本の**カネミ油症事件**[3]（1968年），イタリアのセベソでの農薬工場爆発事件（1976年），台湾油症事件（1978年）でも，ダイオキシンが深刻な健康被害を引き起こした。ダイオキシン類は細胞内のダイオキシン受容体を通じて様々な毒性を発現させ，次項で述べる内分泌系攪乱作用もあることが解明されていった。

3 ウィングスプレッド会議と環境ホルモン

T・コルボーンは体内に取り込まれた化学物質のうち，体内でホルモンと似た作用をしているものがあるという洞察を得た。1991年以降，コルボーンらはアメリカのウィングスプレッドで数回の国際会議を主催し，**内分泌系攪乱物質**[4]という言葉を作り，会議の成果をもとに『奪われし未来』（1996年）を著した。成人（成体）にはあまり影響がない微量の化学物質が発生期には攪乱作用を及ぼすこと，生殖を妨げる作用があることなどが示され，多大な反響を呼んだ。1998年にはウィングスプレッド宣言が出され，予防原則が示された。

化学物質の危険性が解明されたとき，マスコミによってセンセーショナルに報道されることがあり，大衆的な関心を集めると同時に，産業界などからの猛烈な反発と否定を引き起こすことが繰り返されてきた。カーソンとコルボーンが，科学者としてメインストリームに属さない女性科学者という共通点を持つのも示唆的である。研究の進展につれてデータのいくつかが否定されることもあったが，『沈黙の春』も『奪われし未来』も化学物質が長期間，時には世代を超えて身体の複数の器官に複雑な作用をもたらすという知見を広めた。『奪われし未来』は，「人間と動物は，運命共同体である」という『沈黙の春』の洞察を共有している。

微量の化学物質が長期にわたって及ぼす複雑な影響を，実験室で立証するのは困難である。したがって，被害者側でなく化学物質の製造者側に挙証責任があることをルール化する必要性も高まっているとも言えるだろう。

（篠田真理子）

賞を受賞。難分解性で生物濃縮性が高い。急性毒性では死に至ることもある。現在では使用規制する国も多い。耐性をもつ昆虫も警戒しなくてはならない。

▷2 耐 性
薬剤耐性・薬剤抵抗性とも言う。細菌や昆虫等がその性質を子孫に伝え，結果として薬剤が効かない個体が増殖する。昆虫等の耐性獲得のため，常に新たな薬剤を開発し続けなければならず，いたちごっこが現在も続いている。

▷3 カネミ油症事件
カネミ倉庫が製造した食用油に化学物質が混入したことにより多数の被害者を出した事件。食用油製造過程でPCB（鐘淵化学工業〔現在のカネカ〕製造）が混入したことが原因だが，後にPCBの高温加熱により発生したダイオキシン類PCDFが健康被害の大きな原因であることがわかった。

▷4 内分泌系攪乱物質
生体内に取り込まれると内分泌系に攪乱作用を及ぼす物質。環境ホルモンという言葉は日本での造語である。

参考文献

レイチェル・カーソン（青樹簗一訳）『沈黙の春』新潮社，1964年（新装版，1987年）。
有吉佐和子『複合汚染』新潮社，1975年。
シーア・コルボーン，ダイアン・ダマノスキ，J・P・マイヤーズ（長尾力・堀千恵子訳）『奪われし未来』翔泳社，1997年。
マーク・ダウィ（戸田清訳）『草の根環境主義』日本経済評論社，1998年。

2　公害問題と科学技術

1968年叛乱と科学技術

1 ターニング・ポイントとしての1968年

1968年は，大事件が多発した年だった。ベトナム戦争に反対のため世界同時的な若者の叛乱が起こったこと[1]が，この年を特徴づけている。

ここで注目しなくてはならないのは，アメリカが，ナパームや枯葉剤，それらをばら撒く爆撃機B52やアパッチ・ヘリなど圧倒的な最新鋭のテクノロジーを見せつけ，ベトナムへの蹂躙をしていたことである。虐殺を繰り返していたことは，大きなショックを与えた。しかし，アメリカにとってベトナムは文字通り「ドロ沼」であった。物量でもテクノロジーでも圧倒的なアメリカに，なぜベトナムは勝てたのだろうか。

若者たちは，路上のデモに繰り出し，カウンター・カルチャーや環境・自然，そしてエコロジーを考え始めた。科学観についての根底的な転換が求められていた。

2 科学技術の意味づけの変化

第二次世界大戦は原爆のインパクトで終わった。そのあと，物理学者を中心に，「科学者の社会的責任」が問われた[2]。それでも戦後しばらくの間，社会主義体制にはまだ希望があり，科学技術そのものについてオプティミズム（楽天主義，楽観論）が強かった。科学そのものが悪いのではない，科学の進歩が社会変革につながるのだとその普遍性・中立性が信じられていた。悪いのは体制で，科学者は資本や権力からは自立しており，平和のための啓蒙的役割を担うとされていた。

そのオプティミズムが挫折したのが，1968年の若者の叛乱，そしてベトナム戦争だった。この頃展開された「科学批判」は，科学そのものへの批判にむかった。つまり科学は「体制化」されており，科学の進歩は体制やシステムを維持することに奉仕するだけだ。閉鎖的な科学者集団は権威主義で腐敗しており，権力の走狗に成り下がっている。市民は科学者に判断を委ねるのではなく，主体的に科学者の生産した知識を取り込んで，自然保護やエコロジー運動を行わなければならない，と。

核の平和利用による科学的ユートピアを提唱するのが戦後民主主義の科学観だとするなら，核技術そのものは人類とは共存できないとするのが科学批判の

▷1　ベトナム戦争と科学技術については [Ⅰ-1-5] 参照。パリでの「5月革命」から始まり，日本でも6月には東大の安田講堂の占拠，69年1月には安田講堂に機動隊が導入された。全国の大学が呼応し若者たちは大揺れに揺れていた。いわゆる東西対立が鮮明な中，世界各地で学生・市民による大規模な抗議行動やデモが起こっていた。そして民主化リーダーたちの暗殺など，西側（アメリカを中心とする資本主義陣営）では学生や市民を厳しく弾圧していた。東側（ソ連を中心とする社会主義陣営）も「プラハの春」などの民主化運動を徹底的に，そして暴力的に鎮圧していた。すでに問題は，単純な体制選択ではなかった。

▷2　原爆のインパクトは [Ⅰ-1-1]，物理学者と科学者の社会的責任は [Ⅰ-1-7][Ⅱ-6-31] を参照。

立場である。軍事技術について言うなら，科学技術が政治から自立的で専門家集団としてその成果物や発明品の使用をコントロールできるとするのが前者で，そのような専門家（専門職集団）の反社会性・没社会性を御用学者集団だと批判するのが後者である。総じて科学的合理性の是非や社会的文脈，科学の啓蒙主義的役割や機械化による搾取，東西対立の陰で拡大しつつあった世界の格差や，あらわになってきた第三世界（発展途上国）の収奪などを前に，イデオロギーとしての科学そのものが槍玉に挙げられたのである。

中山茂は，このような1968年の科学観の転換を表1にまとめている。

中山の比較対照は現在の私たちにも地続きである。戦後民主主義の科学観はいまだに根強い。日本のSTSは，戦後民主主義や「科学批判」を時代に適応させ，ある種の折り合いをつけながらやってきた。だが90年代の新自由主義や日本の「失われた20年」の中で，STSにとっての「科学批判」は明らかな変質をしてきている。そのことをまとめてみたのが，塚原（2018）の表2である。

科学批判はどこに行くのだろう。それは科学技術を見ている科学史の課題であり，またSTSのテーマでもある。（塚原東吾）

▷3 Ⅰ-2-1 側注2参照。

表1 科学観の比較検討対照表

戦後民主主義	科学批判
科学は善で体制は悪	科学と体制の共犯関係
科学の進歩が社会変革につながる	科学の進歩は体制維持に奉仕
科学技術の普遍性・中立性	科学技術の地域性・イデオロギー性
反封建，近代化	共同体的関係の回復
科学のオートノミーの強化	オートノミーの打破
科学的合理性と民主主義の不可分の関係	科学的合理性とテクノクラシーの不可分の関係
科学者のイニシアティブによる科学の普及・啓蒙	市民の主体的立場からの科学者の専門的知識のとりこみ
科学研究者の権利・地位の向上	研究者の自己否定・自己変革
プロフェッショナル集団としての地位の確立	プロフェッショナルの反社会性の批判
知識生産の能率向上	能率よりも生活との結びつき
人民のための科学	人民による科学
職業専門家の増大	分業の否定
科学者のイニシアティブによる社会の変革	人民のイニシアティブによる科学の変革
原子力平和利用推進	人類は核とは共存できない
ラボラトリー・デモクラシー（研究室の民主化，科学者集団内での平等）	科学的営為全体の民主化（市民の参加・介入）
蒙昧主義・心情倫理の批判	イデオロギーとしての科学至上主義の批判
科学は政治を超越し，政治に優先する	科学のあり方は政治のあり方の反映
工業化・生産力の増大による復興	自然保護，エコロジー
西の科学への敬意	第三世界への共感
技術導入	適正技術

出典：中山（1980）。

表2 日本のSTSと“科学批判”の傾向性

	日本のSTS主流派	科学批判派
動機	現状の肯定（受容と前進）	過去にこだわり，未来を憂う
目的	科学技術と社会のスムースな接合	問題点を拾い上げ指摘すること
方向性	政策推進	政策批判
戦術・戦略	問題解決（ミッション・オリエンテッド）	問題の指摘（ホイッスル・ブローアー）
手法	調整・仲介（妥協点の模索）	立場性の明確化・責任所在の特定
科学観	浅く薄い（広くて軽い：大衆的な共有可能）	厚く深い（狭くて重い：インテリ志向）
社会理論	功利主義	権力性の指摘（指弾）
社会的責任	義務論	権利論
スタイル(話法)	現実主義	歴史主義
理論	トランス・サイエンス	社会運動論
処世術	社会適合，同調性と順応性	同志的，「連帯を求めて孤立を畏れず」
スタンス	中道指向（左派・右派は問わない）	レフティー
ポスト	企業との協力可，NPO・社会起業的	アカデミア狙い，批判的ジャーナリズム
お友だち関係	衆を恃む，SNS的連帯	一匹狼，フリーランスを厭わず
政治性	社会改良派，修正主義的改善派	ラジカリズム，構造改革派

出典：塚原（2018）。

参考文献

中山茂「科学のパラダイムは変わった」『季刊クライシス』第4号，1980年（金森修・塚原東吾『科学技術をめぐる抗争』岩波書店，2016年に再収録）。

塚原東吾「日本のSTSと科学批判」『科学技術社会論研究』15号，2018年。

2　公害問題と科学技術

冷戦型科学

1 核兵器

冷戦型科学とは，冷戦によって駆動された科学技術のことで，その支援システムや政治的背景も含めて言う。主に第二次世界大戦後のアメリカとソ連の対立と軍拡競争に伴う科学技術の展開を指している。

言うまでもなく，冷戦期の科学の中心は，核兵器の開発競争である。ただ，それを敵地まで運んで，正確な標的に命中させるテクノロジーがないと，味方も殺してしまう。だからこれは，航空技術がコンビネーションになっている。これも冷戦型科学技術の特徴と言ってよいだろう[1]。

冷戦開始後，人類は過剰な破壊力の獲得と人類にとって居住さえできない「外部」スペース（宇宙空間も含む）の拡大へ，技術的な飛躍を遂げてきた[2]。核爆弾はウラニウム・プルトニウムの核分裂による原子爆弾から，水素爆弾へとスケールアップした。それを支えるための原子力発電技術も世界中に広げて，核についての利用に関わるエンジニアや企業などを含む経済利権層の厚さを確保して，兵器としての核を下支えしながら，合理化・正当化を行ってきた。アメリカもソ連も，太平洋やシベリアで核実験を繰り返していた。

2 宇宙開発

アメリカとソ連の宇宙開発競争は，冷戦型科学のもう一つのハイライトである。核戦略を支える航空技術は，ジェットエンジンの時代であり，ミサイルの誘導技術や宇宙ロケットの開発も含まれる。宇宙開発は人類の夢とか科学のロマンとか，往々にして粉飾されているが，これこそ軍事競争の中心であった。1957年にはソ連の人工衛星スプートニクの成功がアメリカに大きな衝撃を与えた。それは軍事的な優位性が脅かされるということであって，アメリカはある種の心理的なパニック状態でもあった[3]。さらに1961年には初の有人宇宙飛行を成功させたボストーク１号からソ連の宇宙飛行士ユーリ・ガガーリンが「地球は青かった[4]」というメッセージを送って追い討ちをかけている。この年にＪ・Ｆ・ケネディはベトナムにアメリカ軍を派兵し，冷戦の最前線はますます泥沼化する。ソ連に対抗しようと企てられたアポロ計画[5]は膨大な研究開発費がつぎ込まれた。やっと1969年にはアポロ11号によって人類初の月面着陸がなされ，アメリカは優位を回復したかのように見られるが，惨状を極めるベトナムでは，

▷1　科学政策の面から見ていくなら，冷戦型科学のもう一つの重要な特徴は，基礎科学の重視だった。これはリニアモデルとも言われる。Ⅰ-1-1 を参照。

▷2　外部性というのは，かなり広く使える概念である。内部で矛盾があらわになってきた時に，解決を常に「外部」に求める。それはそもそもの植民地的拡大であり，アメリカの「フロンティア志向」でもあり，またゴミ捨て場がない場合，「外部」を求め続けることになる原発の廃棄物の行方であり，化石燃料の廃棄物を，大気中や海洋に投棄し続けることである。

▷3　アメリカの心理的なパニックは，冷戦下の典型的なメンタリティとして，ホラー映画であるヒッチコックの「鳥」などによく現れている。また科学教育の推進が，（つまり子どもたちに早くから科学を叩き込んで，宇宙開発などで遅れを取らないために，エンジニアやサイエンティストを養成するのだと），積極的になされたことは Ⅱ-5-23 などからも窺える。

▷4　「地球は青かった」というのは，けだし名言であって，そのように地球を「外から眺める」という視線が発見されたということでもある。ある意味で，「宇宙船地球号」というメ

アメリカの若者たちは心身ともに傷ついていた。これに呼応するように，反戦運動が盛り上がり，科学技術に対する根源的な批判も行われるようになる。[6]

3 ソ連の科学技術

では対抗した雄である，ソ連ではどうだっただろう？　体制の差異による科学技術のスタイルの違いは，様々に論じられている。ソ連については，自らが喧伝するような「先見性」や「社会主義の有効性（資本主義的な競争や市場がない科学の有益さ）」がある一方，逆に「東西技術移転」（悪い時にはスパイ説）や，「後発メリット論」などがある。往々にして論じられているのは，計画性の優位よりも，党による「テクノクラシー」や中央集権主義のデメリットだろう。それを推し進めた科学者にとって，それは良いシステムではなかった。ソ連での科学者のモチベーションの一つは「恐怖」だったとも言われているし，そのようなあり方は想像に難くない。

だが市川浩らの最近の研究によると，ソ連をめぐる「イデオロギーの茂み」を超えて，単純な全体主義的なモデルで理解するのではなく，いわば「集権的多元主義」とも呼べるような複雑さの中で，科学技術は営まれていたとされている。それは中央の計画が自己完結的に統御するものではなく，様々な産業連関や科学技術の現場での重層的な要因によって，制度的・技術的な折衝を繰り返す中で調整されてきていると言う。[7]

4 冷戦の後期における変容，そして冷戦以降のレガシー？

冷戦の後期には，すでに単純なリニアモデルも無理になってきており，核科学（量子科学）や宇宙開発という，いわゆる「物理帝国主義」から，情報科学（コンピュータ）で，処理能力が爆発的に増えること，ネットワーク化などをテコにして，バイオや情報についての科学技術が前面に出てくるようになった。これをアメリカの科学技術をめぐる制度で言うなら，NASA（アメリカ航空宇宙局）からNIH（国立衛生研究所）へ，中心が移ってきたと言っていいかもしれない。もしくはペンタゴンとハーバードから，シリコン・バレーやGAFAへ，ということも主要な〈場〉（サイト）移動である。それとともに，国家主導であったはずの「帝国」が，**アントニオ・ネグリ**[8]の言うようなグローバルなネットワークを股にかける〈帝国〉へと変質してきたことを象徴しているのだろう。

それでも，冷戦型科学の残していったレガシーは，グローバルなネットワークの現在にも，強い母斑を残している。その本質を見極める必要はありそうだ。

（塚原東吾）

タファーが使われるようになったり，ヒッピーのカルチャーの中で，「地球意識（ガイア）」が称揚されたりするのも，ここに淵源がある。

▷5　I-2-6 参照。

▷6　この頃のことを扱った科学政策の名著に『月とゲットー』という本がある。そのタイトルにあるように，メッセージはストレートで，以下のように言っている。「我々（アメリカ人）は，月に人間を送る優れた技術を持っているのに，なぜゲットー（貧困地区）の窮状は救えないのだ？」。1968年問題についてはI-2-3 を参照。

▷7　ソ連（ロシア）の科学技術については，市川（1996，2007）などを参照。

▷8　**アントニオ・ネグリ**（1933-）
イタリアの思想家。マイケル・ハートとの共著『〈帝国〉』で，新たな帝国主義論を唱えた。単なる覇権や強圧的な権力を振るう従来の帝国ではなく，これまでとは異なる脱領域的で脱中心的な現代社会の権力のあり方を論じており，グローバリゼーションへの重要な批判の切り口を示している。

参考文献

市川浩『科学技術大国ソ連の興亡』勁草書房，1996年。
市川浩『冷戦と科学技術』ミネルヴァ書房，2007年。
リチャード・ネルソン（後藤晃訳）『月とゲットー』慶應義塾大学出版会，2012年。

2　公害問題と科学技術

エコロジー

1　社会運動としてのエコロジーのはじまり

エコロジーは自然科学の一分野である**生態学**[1]（ecology）が，1960年代以降，自然環境と人間社会の調和を目指し環境破壊に対抗する運動・思想を指す語として用いられるようになったものであるが，生態学だけを基盤にしているわけではなく，様々な科学技術分野と関係している。また，「エコ」を接頭語とする数多くの派生語（エコフェミニズム，エコツーリズム，エコシティなど）があり，これらの派生語も含めて，エコロジーは非常に広い範囲に及んでいる。

エコロジーには単一の起源があるわけではない。19世紀以降，鉱工業を汚染源とする公害問題や健康被害，都市の大気・水質汚染などが各国で問題になり，それに対抗する社会運動が興っていた。自然保護・野生生物保護運動や巨大開発に対する反対運動も存在していた。レイチェル・カーソン『沈黙の春[2]』（1962年）は，有害化学物質が生態系において濃縮され，生物にも人体にも悪影響を及ぼすことを告発し，地球規模の環境汚染に警鐘を鳴らした。

さらに，自然の浄化能力に限界があることや，増大し続ける人口に比べて地球のエネルギー・食料資源が有限であること，廃棄物の増大に処理場が追いつかないことなど，大量生産・大量消費・大量廃棄型の産業構造や生活様式が批判されるようになり，頻発する核実験からの放射性降下物も問題視された。1970年には全米でアースデイが行われ，環境問題への社会的関心は，宇宙開発時代の幕開けや，当時高揚していた反戦・平和運動と呼応する形で一気に高まった。当時，生態学はこうした問題を解決するために依拠すべき科学と見なされていたことから，エコロジーという言葉が環境保護運動をも意味するようになった。

2　地球規模の課題としてのエコロジー

産業革命以来，世界人口は指数関数的に増大し，第二次世界大戦後には爆発的に増加した。ポール・エーリック（1968），ギャレット・ハーディン（1968，1974）らは，人口増大が地球環境問題の原因であり，人類の破滅を招くと考えた。その対策として，強力な人口制限，特に人口増加率が高い途上国の産児制限が必要であると説いた。それに対してバリー・コモナー（1971）は，途上国は先進国と同じように，生活水準の上昇や乳幼児死亡率の減少によって出生率を低下させることを望んでいるとし，強権的な人口制限に反対した。特に女性

▷1　**生態学**（ecology）
エコロジーという言葉の起源は19世紀末のヘッケルの著作による。しかし，生態学研究をヘッケルが主導したわけではなく，当時，生理学や動物／植物地理学において生態学という名前を冠さずに生物と環境の関係について探求する分野が興隆し，のちにその分野と生態学という言葉が結びついたものである。20世紀以降，資源管理，エネルギーや物質循環，進化論，動物行動学，生物多様性の保護などと関連しつつ進展している。

▷2　Ⅰ-2-2 参照。

▷3　**リプロダクティブ・ヘルス／ライツ**
性と生殖に関する身体的・精神的・社会的健康／権利。

の権利を主眼とした，人権としての**リプロダクティブ・ヘルス／ライツ**[◁3]は，ようやく1994年に明文化された。この概念に化学物質や放射性物質等による環境汚染が体内環境を通じて未来世代に及ぼす影響から免れる権利も含まれるという主張（上野・綿貫 1996）はいまだ十分に実現されていない。

1986年にチェルノブイリ原発事故が起こり，巨大科学技術の弊害を知らしめた。冷戦終結後，国際政治上の重要課題として環境問題が浮上し（米本 1994），1992年には国連環境開発会議（UNCED）が開催された。

3 科学批判とエコロジー

日本では，核兵器，放射能汚染，公害などに対抗する社会運動が科学批判と結合していた側面がある。そのため，「科学批判とエコロジーは一つのイデオロギーとして通底して機能し，あるいはエコロジストからすれば，科学批判はエコロジーに至る道への露払いであった」（中山編 1995）という見解もあった。環境問題は科学技術に基盤を置く文明がもたらしたと捉えれば，このような指摘も頷ける。しかし現在のエコロジーには，科学技術で環境問題が解決できるという**技術楽観論**[◁4]的な方向性もあり，一筋縄では解きほぐすことができない。

科学はエコロジーに対してどのような役割を果たせるのか。例えばある問題の発見について考えてみる。オゾン層の破壊や気候変動という地球規模の現象，有害化学物質が長期間にわたって生体に及ぼす影響など，感覚的に察知しにくい環境問題は，科学によってはじめて解明される。しかし，カーソンの告発が反発をもって迎えられたことや公害被害の隠蔽や矮小化をもたらす社会的構造（飯島ほか 2008）から考えると，批判的な視点や運動があって初めて問題として浮上するのであって，科学の力を過大評価することはできない。

エコロジーが「環境にとっての善」という価値を負うことは明白である。しかし望ましい環境とは何か，それはいかにして実現されるかということに関しては様々な立場がある（鬼頭 1996）。例えば19世紀末に興った自然保護運動は，特にアメリカで白人男性の価値観（例えば狩猟のための鳥獣保護など）に主導されたと批判されている。環境的正義の概念は，アメリカにおいて人種・性・階級におけるマイノリティが，環境破壊や公害の被害をより受けやすいという洞察から始まった。日本の公害問題においても同様の指摘がなされている。エコロジーは，レイチェル・カーソンが虫と人とが連鎖していることを明らかにしたような，石牟礼道子『苦界浄土』（1969年）が魚と草木と漁民が住む水俣から水俣病を描いたような地点に立つべきではないだろうか。

科学論は科学の「客観性」「価値中立性」に疑義を唱えてきた。それは現在の科学とは別の在り方があり得ることを示す。かつてリン・ホワイト（1999）が提起したように，科学技術が変わることによって，科学がエコロジーに寄与する方向に進むことが望まれる。

（篠田真理子）

特に女性の自己決定権を重視する。1994年カイロで開かれた国連人口開発会議において提唱された。II-6-8 側注2参照。

▷4 **技術楽観論**
科学技術の発達により，様々な問題が解消されるという考え方。エコロジーにおいては，現状の社会システムを変えずに技術の進歩により環境問題は解決されるとする。

参考文献

ポール・エーリック（宮川毅訳）『人口爆弾』河出書房新社，1968年。
石牟礼道子『苦海浄土』講談社，1969年。
リン・ホワイト（青木靖三訳）『機械と神』みすず書房，1999年。
バリー・コモナー（安部喜也・半谷高久訳）『何が環境の危機を招いたか』講談社，1971年。
米本昌平『地球環境問題とは何か』岩波書店，1994年。
中山茂編『コメンタール戦後50年〈第7巻〉科学技術とエコロジー』社会評論社，1995年。
上野千鶴子・綿貫礼子編著『リプロダクティブ・ヘルスと環境』工作舎，1996年。
鬼頭秀一『自然保護を問いなおす』筑摩書房，1996年。
飯島伸子・藤川賢・渡辺伸一『公害被害放置の社会学』東信堂，2008年。
Hardin, Garrett, "Tragedy of the commons", *Science*, 162 (3859): 1243-1248, 1968.
Hardin, Garrett, "Lifeboat Ethics: the Case Against Helping the Poor", *Psychology Today*, 8: 38-43, 1974.

2　公害問題と科学技術

6 アポロ計画

1 東西冷戦下の国家的使命

東西冷戦下におけるアメリカとソ連の宇宙開発競争は，1957年10月４日，ソ連が世界初の**人工衛星**[▷1]「スプートニク１号」の打ち上げに成功したことで本格的に始まった。アメリカが人工衛星打ち上げに成功するのは約４カ月後，1958年１月31日のことである。こうしてソ連の後塵を拝したことは，アメリカ国内で非常に深刻に受け止められた。人工衛星の打ち上げ成功は大陸間弾道ミサイル（ICBM）の技術の完成にも直結し，世界の覇権の行方を左右したからである。危機感をもったアメリカは，ソ連との中長期的な宇宙開発競争に備えて1958年10月１日，航空宇宙局（NASA）を設置する。

▷１　**人工衛星**
地球の周囲を回る天然の衛星として月があるが，地球から打ち上げられそのまま地球の周囲を回る人工の物体が人工衛星である。ただし，月は地球から約38万キロメートルの距離を周回するのに対し，人工衛星は通常数百キロメートルから数万キロメートルの距離を周回する。

非軍事目的の宇宙開発全般を担当することになったNASAにとって，当面の大きな目標の一つは有人宇宙飛行の達成であった。しかし1961年４月12日，ソ連のユーリ・ガガーリン飛行士が世界初の有人宇宙飛行に成功する。またもや３週間ほどソ連に遅れたアメリカは，巻き返しのための策を練る必要に迫られた。1961年５月25日，ケネディ大統領はアポロ計画を発表し，1960年代末までにアメリカ人を月面に着陸させ無事帰還させると宣言する。アメリカの国家威信がかかったこの計画にNASAは総力を挙げて取り組むこととなった。

2 NASAの総力戦

アポロ計画の目標達成への道のりは平坦ではなかった。どのような経路で宇宙船を月面まで運ぶのか，ロケットを本当に開発できるのか，当初は見通しがはっきりしていなかった。しかしNASAの技術者，そして数多くの契約企業の技術者らの努力により技術的課題は解決されていく。重量50トン，部品総数400万点のアポロ宇宙船や，それを宇宙空間に打ち上げる重量2700トン，全長110メートルのサターンⅤ型ロケットの開発が進んだ。８年間にわたる開発の過程では大きな事故も起きている。1967年１月27日，アポロ宇宙船の地上試験中の火災事故で３名の飛行士が命を落とした。だがNASAは態勢を立て直し，1963年に暗殺された故ケネディ大統領の公約の実現を目指す。そしてついに1969年７月20日，有人月面着陸が実現した。ニール・アームストロング船長が「これは一人の人間にとっては小さな一歩だが，人類にとっては偉大な飛躍である」と述べたことはよく知られている。

3 巨大科学技術への懐疑

図1 有人月面着陸の実現（1969年）

アメリカがアポロ計画に費やした総予算は200億ドル超と見積もられる。それは東西冷戦下のアメリカが，国家的要請を達成するために必要とした金額だった。しかし，ちょうどアポロ計画が成功した頃から宇宙開発予算は大幅に削減され始める。アメリカがひとまずソ連との宇宙開発競争に勝利を収めたのであれば，これ以上資金を投入する必要はなかった。むしろ当時のアメリカでは，貧困問題，環境問題など社会的な課題が山積しており，それらの解決が優先されるべきとの議論が高まった。また，ベトナム戦争が泥沼化する中で科学技術の負の側面も認識され始め，特に巨大科学技術とそれを生み出す**軍産複合体**[2]への懐疑の声が強まっていた。

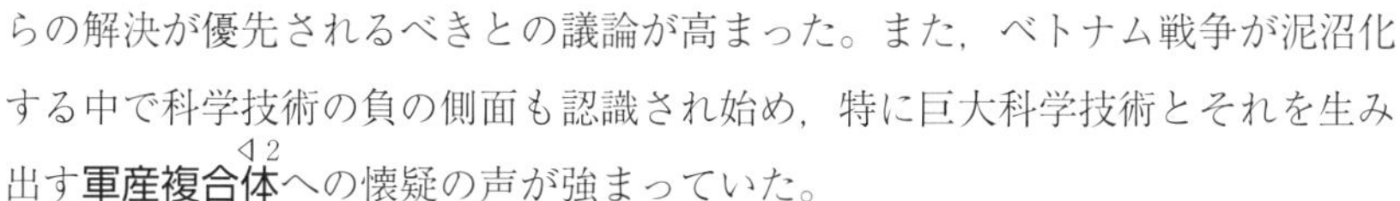

そもそも1960年代末以降，アポロ計画の原動力だった東西冷戦の緊張関係が緩んだ。1969年に大統領に就任したニクソンは，東西冷戦の雪どけ（デタント）を推し進め，ソ連との軍縮に取り組み，ベトナム戦争から撤退した。そのような環境下で，宇宙開発などの巨大科学技術に予算を投入する政治的意義は弱まった。代わりにニクソンは1971年，「**がんとの戦争**[3]」を宣言する。それにより生命科学分野の予算が大きく拡大していった。アポロ計画の成功は，アメリカの科学技術政策の大きな分水嶺であったとみることができる。

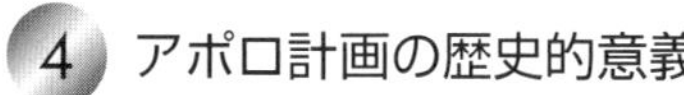

4 アポロ計画の歴史的意義

東西冷戦下のアメリカにとって，宇宙開発という大きな政治的・軍事的意味をもつ技術分野でソ連に敗北することは許されなかった。その意味で，アポロ計画がアメリカに計り知れない価値をもたらしたことは疑いない。また，アポロ計画では地質学分野などでの科学的成果や，コンピュータ分野などでの技術的なブレークスルーももたらされている。

それではアポロ計画の成果は，巨額の公共投資に見合うものであったといえるだろうか。ほとんど政治的・象徴的な意味しかもたないアポロ計画よりも，もっと有意義な科学的・実用的成果を得る資金の使い方があったという見方も可能だろう。しかし，アポロ計画は文化的意義をも帯びていた。人類が月に行ったという事実は，現在もなお一部の人々にとっては歴史的偉業と見なされている。アポロ計画は，東西冷戦下のアメリカが強い意思と情熱をもって実行した，人類の創造力の結晶だったとも言えるだろう。（佐藤　靖）

▷2　**軍産複合体**
軍と軍需産業の連合体。東西冷戦期には原子力，宇宙，コンピュータなどの科学技術分野で大きな役割を果たした。アイゼンハワー大統領は1961年の離任演説の中で軍産複合体が国家や社会に過剰な影響力を与え得ることに懸念を表明している。

▷3　**がんとの戦争**
がんの治療法の確立を目指すニクソン大統領の政策。それまで原子力や宇宙開発に向けられていた努力をがんの克服に向けるべきとした。生命科学への集中投資が始まったことでアメリカはその後長期にわたりこの分野を主導していくことになる。

参考文献

佐藤靖『NASAを築いた人と技術』東京大学出版会，2007年。
佐藤靖『NASA』中央公論新社，2014年。

2　公害問題と科学技術

7 反科学論

1 『反科学論』の衝撃

1973年，『反科学論』と題する一冊の書物が大きな反響を呼んだ。著者はオーストラリア在住の分子生物学者**柴谷篤弘**[▷1]である。1960年代後半から70年代にかけては，科学批判が噴出した時期であった。ベトナム戦争が長期化しつつあったアメリカの大学では，学生たちが**軍産学複合体**[▷2]に組み込まれた科学研究を告発する声を上げていた。産業界と結びついた科学技術は，公害問題をはじめとする様々な社会問題を起こしていた。現代の科学は，本当に人間のためのものになっているのだろうか。1968年に世界中で巻き起こった大学闘争においても，何のための学問か，誰のための科学かという問いが投げかけられた。この問いを受け止めて書き上げられたのが『反科学論』である。このとき柴谷はすでにキャリアを積んだ40代半ばの分子生物学者だった。ではなぜ柴谷は突然，科学研究から科学批判へと向かったのだろうか。

2 動的平衡系としての生命

柴谷篤弘は，日本における**分子生物学**[▷3]の立役者の一人である。1949年，柴谷は渡辺格や江上不二夫らとともに核酸研究会を設立した。この時期にはまだ，DNA（デオキシリボ核酸）が遺伝子であることは確定していなかった。ワトソンとクリックがDNAの二重らせん構造モデルを提唱したのは1953年のことである。1960年に柴谷は『生物学の革命』を出し，それまでの博物学的な生物学から分子生物学を中心とした新しい生物学へと転換しなければならないと訴えた。この書物に影響を受けて分子生物学に向かった研究者は少なくない。

だが柴谷自身は，核酸研究から出発したにもかかわらず，分子生物学の主流となった生命観を必ずしも共有していない。初期の分子生物学は，DNAからタンパク質がつくられるまでの化学メカニズムを詳細に明らかにした。だが柴谷が知りたかったのは，「生命とは何か」というもっと大きな問いであった。柴谷は自身の生命観を，最初の著書『理論生物学』（1947年）で論じている。そこで提示されているのは，動的平衡系としての生命である。生命は常に動き続け，生体内では絶えず無数の化学反応が起こっている。それと同時に生命は，秩序ある一定の構造を維持している。このようなシステムとしての生命の仕組みを明らかにすることが，柴谷が一貫して持ち続けた問題意識だった。

▷1　**柴谷篤弘**（1920～2011）
分子生物学者。ミノファーゲン製薬，大阪大学，オーストラリア連邦科学研究機構，ベルリン高等学術研究所などを経て，京都精華大学教授・学長などを歴任。

図1　柴谷篤弘

出典：金森修『科学の危機』集英社，2015年，175頁。

▷2　**軍産学複合体**
冷戦下のアメリカでは，国防総省から多額の資金が大学に流れ込み，科学研究を支えていた。1961年にアイゼンハワー大統領が「軍産複合体」の存在を指摘して以降，大学人のあいだでも軍事研究と科学の関係が問題とされるようになった。

▷3　**分子生物学**
20世紀半ばに登場した分子生物学は，すべての生命に共通する原理を追究しようとした。だが1970年代には，すべてをDNAから説明しようとする生命観は還元主義として批判され，組み換えDNAのような新しい技術も社会問題となった。

1960年代半ばになると初期の分子生物学の成果が出そろい，DNA を中心とする生命観が確立した。だがこの頃になると，分子生物学の内部からも，その行き詰まりを危惧する議論が出てくる。研究の場を日本からオーストラリアに移した柴谷も，もはや分子生物学は「無意味」で「羅列的な知識」を増やしているだけなのではないかと感じるようになる。柴谷が科学批判と出会ったのは，そのような時期のことだったのである。

3 システムとしての科学

『反科学論』は，その刺激的なタイトルから，科学そのものに反対して合理主義を批判していると受け止められた。確かに本書で柴谷は，カウンター・カルチャーに理解を示しつつ，人間の感性をもとに全体としての自然と向き合うことを提案している。しかし本書をよく読むと，柴谷が目指しているのは科学の否定ではなく，むしろ科学の変革であることがわかる。

柴谷が問題にしたのは，知識生産システムとなった科学が「自己増殖」しているのではないかという懸念であった。膨張する科学の中で，科学者の「無知」はむしろ増大していると柴谷は言う。なぜなら知識が膨大になればなるほど，一人ひとりの科学者はすべてを知ることはできず，狭い専門分野の細かいテーマに集中して成果を出していくしかないからだ。そこで科学者は生き残りをかけて，常に最大の速度で知識を生産し続けなければならない。こうして科学は，人間のためではなく，システムの維持と拡大のための装置となってしまうのである。

しかもそのとき科学は，自然そのものからもかけ離れていく。近代科学は自然から要素を切り取り，それらの関係を分析することで進められてきた。だが自然とは複雑な「非線形の系」であると柴谷は言う。特に生物のような複雑な自然現象の場合には，研究が進めば進むほど本来の自然の姿から離れていく。これは長年，分子生物学を研究してきた柴谷の実感でもあった。

そこで柴谷が提案するのは，**職業専門家**[◁4]の解体である。狭い専門分野に閉じ込められた科学者は，科学と社会の界面で起きている様々な問題に向き合っていない。科学者も一人の市民として，批判的に科学と向き合いながら，社会の中の科学のあり方を探っていくしかない。

その後の科学と社会の関係は，少なくとも表面的には，柴谷が望んだ方向に進んでいった。現在では，市民が科学研究に参加する**オープン・サイエンス**[◁5]が積極的に進められている。非線形の現象についても，複雑系の研究などで注目されている。だがその一方で，科学の自己増殖は現在もとどまることなく続いている。科学とは市民を巻き込み，科学批判をも飲み込みながら成長し続けるシステムだったのである。はたして科学は，本当に人間のためのものになっているのだろうか。柴谷の問いは現在でも生き続けている。　（瀬戸口明久）

▷4 **職業専門家**
科学者が一般的な職業となったのは19世紀のことである。この時期には大学に科学教育が整備され，科学研究に従事する者が増加した。そこで1830年代に科学者（scientist）という言葉が生まれた。科学者は細かい分野に分かれ，それぞれの専門学会を設立した。

▷5 **オープン・サイエンス**
インターネットが普及した2000年代以降に提唱された概念。研究成果をウェブ上で誰でもアクセス可能にし，研究データの収集に市民が協力できるようにする。かつての市民科学がオルターナティブな科学を追求していたのに対し，オープン・サイエンスは既存の科学を拡大しつつ社会に開くことを目指している。

参考文献
柴谷篤弘『反科学論』みすず書房，1973年。
柴谷篤弘『われわれにとって革命とは何か』朝日新聞社，1996年。

2　公害問題と科学技術

8 環境問題と市民

1 環境汚染問題／環境保護問題

「環境問題」は大きく，①基本的には人間を最終的な対象として想定した「環境汚染・被害の問題」と，②動植物や自然環境そのものを対象とする「**環境保護**[1]の問題」に分けることができる。そして①と②の中間に，③「生活環境についての意思決定の問題」が横たわっている。例えば，（汚染や保護の問題が厳しく対立する形で存在するわけではないが）町内を流れる川の護岸をコンクリートでしてしまうかどうか，といった問題である。

しかしこれらの問題は現実には必ずしも正確に区別できるものではない。例えば廣野・清野・堂前は，大分県で1997年に設置された「八坂川河川改修影響調査検討委員会」の活動を分析している[2]。この委員会では，蛇行する八坂川のショートカット工事（洪水等を防ぐ）にあたって，希少生物であるカブトガニの保護策が探られた。しかし地元にはカブトガニ保護に否定的で，治水優先を主張する市民も存在した。彼らは，行政が高潮被害がないと想定していた地区においても伝統的に高潮被害があることを熟知していたために，カブトガニに配慮して防災が疎かになることを恐れていたのであった。つまり，②の環境保護をすべての人が受け入れてくれるケースであれば問題になることはない。自らの生活の必要，あるいは経済活動への妨げになる可能性から反対が生じるのであり，人間への配慮と環境保護がぶつかるケースこそが問題になると言える。①の環境汚染・被害においても，汚染や被害への対策に抵抗が生じるからこそ問題になるのであり，それはやはり対策が他の市民の生活・経済活動に対してブレーキとなるからこそである。①環境汚染・被害の問題であれ，②環境保護の問題であれ，現実社会からの抵抗に直面するマイノリティの立場に置かれることに変わりはない。

▷1　**環境保護（自然保護）**
鬼頭（1996）は欧米の環境思想を概観し，欧米においては「手つかずの自然」をそのまま残そうとする傾向が強いことを指摘している。これに対し，自然との関わりを柔軟に捉える「社会的リンク論」を唱えた。

▷2　廣野・清野・堂前（1999）参照。

2 環境問題における当事者性

また今日，①と②の問題の不連続性が見えにくくなっているのは，「地球環境問題」がメジャーになっているからという側面もある。例えば地球温暖化問題では，海面の上昇や台風の巨大化という形で最終的には①環境被害の問題になると考えられているが，空間的・時間的スケールが大きすぎるため，多くの市民にとっては（当事者であることに間違いはないのだが）当事者性が強く感じら

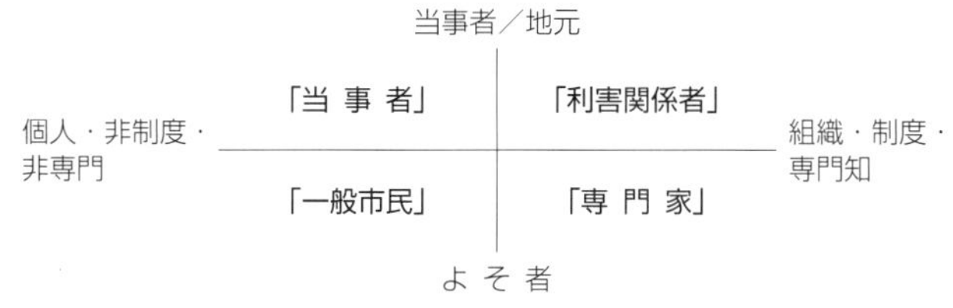

図1　政策形成の場における「参加者」のカテゴリー

出典：三上（2009，251頁，図6.1）を一部省略。

れず，②環境保護活動としての善意の実践にならざるを得ない面がある（“日々の暮らしの中でできるエコ活動”）。

これに対し地域的な環境問題においては，地域という限定が当事者性を成立させる。例えば定松は1990年代後半の所沢ダイオキシン問題を分析し，「ダイオキシン汚染」という科学的情報によって問題の所在を知らされた住民運動が，「(他ではない）自分たちが住む地域に産業廃棄物が集中的に持ち込まれている問題」として捉えなおすプロセスを指摘している[3]。「環境はみんなの問題」と言われるけれども，当事者として関わる市民の存在が決定的に重要ということである。しかしこのことは，当事者性の自覚が一般市民との感覚の隔たりを生じさせるジレンマも伴っている。東京湾の三番瀬の保護をめぐる円卓会議を分析した三上は，その参加者を「当事者」「利害関係者」「一般市民」「専門家」に区分することを提案している（図1[4]）。

3　環境 NGO・NPO

この点，とりわけ今日の地球環境問題においては NGO・NPO[5]という形で当事者性を担う社会的アクターが成長していることも見逃すべきではないだろう。例えば米本は，国際環境 NGO「グリーンピース」を分析し，「環境外交の場で，各国の国内事情や国益に左右されないで「環境益」だけのために影響力を行使しようとする環境 NGO の役割は，今後，考えられている以上に重要になっていく可能性がある」と指摘している。とりわけ「地球環境問題では，常に膨大な原著論文をレビューしその内容を編集する科学機関をもつ場合が多いのだが，この過程でしばしばバイアスがかかることがあり，これを発見して指摘することを，しばしば環境 NGO は行ってきている」と言う[6]。

もちろん課題もある。例えば環境 NGO の制度化はその官僚制化と紙一重であり，それは市民の立場からの乖離を意味する。金森はラディカルなアクティビスト集団である「アース・ファースト」の登場は，主要環境 NGO の官僚制化の裏がえしである側面を指摘している[7]。しかし，一般に労働市場の流動性の低い日本においては，むしろ NGO が専門性の高い人材をより多く確保できるかどうかという制度化（組織化）の面の方が課題だと言えそうだ。（定松　淳）

▷3　定松（2010）参照。

▷4　三上（2009）参照。

▷5　**NGO・NPO**
Non-governmental Organization（非政府組織），Non - profit Organization（非営利組織）の略。日本では1998年3月，「特定非営利活動促進法（通称 NPO 法）」が成立した。2011年6月には税制優遇措置を盛り込んだ改正がなされている。

▷6　米本（1998）参照。

▷7　金森（2014）参照。

参考文献

鬼頭秀一『自然保護を問いなおす』筑摩書房，1996年。

米本昌平「政治的パワーとしてのグリーンピース」『知政学のすすめ』中央公論社，1998年。

廣野喜幸・清野聡子・堂前雅史「生態工学は河川を救えるか」『科学』69(3)，1999年。

三上直之『地域環境の再生と円卓会議』日本評論社，2009年。

定松淳「所沢ダイオキシン公害調停運動におけるフレーム調整過程」『環境社会学研究』16，2010年。

金森修「エコ・ウォーズ」『新装版　サイエンス・ウォーズ』東京大学出版会，2014年。

高木仁三郎「専門的批判の組織化について」『市民の科学』講談社，2014年。

2　公害問題と科学技術

9 河川土木開発とその見直し

1 戦後の水害と河川総合開発

戦前の河川改修では，原則として，過去に起こった最大の洪水流量（既往最大流量）を計画対象としていた。しかし戦後は一連の大型台風によって全国の河川で既往最大流量が更新されてしまい，これを計画対象とすることが財政上困難となった。このため，既往最大主義に代わって，費用対効果を考慮した経済的合理性が治水計画の指導原理となり，水文データと確率論をもとに，「河川の重要度」と「経済効果」に応じて設定される**基本高水**[◁1]が導入された。

また戦後は内務省が解体され，治水行政は建設省が引き継いだ。一方1946年にはGHQ/SCAPの肝いりで経済安定本部が設立され，これを事務局として1949年に総合国土開発審議会が発足した。翌年には国土総合開発法が制定され，全国計画に先立って，特定地域総合開発計画が実施された。その中心となったのは多目的ダム建設による水資源開発であり，アメリカから大型機械を用いる新技術が導入され，土木工事の様相は一変した。これを機に，治水においても，戦前から検討されていた洪水調節ダムが本格的に導入されることになった。

一方，経済安定本部の資源委員会（後に調査会）の安芸皎一（あきこういち）や小出博は建設省とは独立の立場から治水政策への提言を行った。安芸は河道改修による洪水流量の増大やダムへの堆砂などの問題を指摘し，治水事業を行う際に流域全体を視野に入れる必要性を説いた。小出もダムによる洪水調節の限界を指摘し，**霞堤**や**水害防備林**[◁2]といった伝統的治水工法の再評価を提唱した。

2 ダム建設反対運動と水害訴訟

1950年代から60年代にかけて全国の山間部で大型ダムが次々建設されたが，これに対する住民の反対運動も次第に激しさを増していった。筑後川では1953年の水害の後，上流の下筌と松原に洪水調節ダムを建設する計画が立てられたが，地元住民は下筌ダム建設予定地の右岸に反対小屋「蜂の巣城」を築いて実力闘争を展開する一方，1960年には事業認定の無効を訴えて建設省を提訴した。この運動はメディアの注目を集め，戦後のダム建設反対運動の先駆けとなった。

一方1960年代から70年代にかけては高度経済成長に伴う公害問題も顕在化し，国や企業の責任が争われた四大公害裁判ではいずれも原告が勝訴した。この時期には水害に対する行政の責任を問う**水害訴訟**[◁3]も頻発するようになる。

▷1　基本高水
治水計画の対象となる洪水の流量を示したもの。河川の重要度に応じた治水安全度（降雨量の年超過確率で表される）から算定される。例えばA級河川である利根川の場合，治水安全度は200分の1であり，それに応じて毎秒2万2000トンという基本高水が設定されている。

▷2　霞堤と水害防備林
霞堤は下流の堤外（河道）側から上流の堤内側に向かって切れ目を入れた不連続堤の一種。洪水時には河水が逆流氾濫するが，河川の水位が低下すると氾濫水は自然に河道に戻るようになっている。水害防備林は越流が想定される堤防付近に設けられ，氾濫水の勢いを殺すとともに，泥水を濾過し，冠水による損害を減じる効果が期待された。

▷3　水害訴訟
水害訴訟の嚆矢となったのは1968年に始まった新潟県の加治川水害訴訟である。加治川は1966年と67年に同一箇所で破堤し，裁判では堤防復旧工事の妥当性が争われた。1984年には大東水害訴訟に対して，未改修や改修途上の河川に関しては「過渡的な安全性」で足りるとした最高裁判決が出され，これ以後水害訴訟では住民側の敗訴が続くようになった。

安芸皎一に師事し，下筌ダム訴訟では原告側の鑑定人も務めた東京大学の高橋裕は，1971年に『国土の変貌と水害』を著し，連続堤防によって河川流量が増大するという安芸以来の認識に加え，戦後の開発による流域特性の変化が水害頻発の要因であると指摘し，明治以来の治水思想の転換を求めた。

1976年建設省河川審議会に設けられた「総合治水対策小委員会」の中間答申では，河道の改修だけでなく，河川への洪水・土砂流出量の抑制，流域内の保水・遊水機能の維持を重視する総合治水の理念が謳われることとなった。

3 環境運動と河川法改正（1997年）

1980年代後半から日本でも地球環境問題が関心を集めるようになり，**長良川河口堰**や**諫早湾干拓事業**[4]などの問題がメディアによって盛んに取り上げられるようになった。その結果，それまで地域住民によって担われていた建設反対運動が，全国規模の環境運動に発展する傾向が見られるようになった。

高橋裕のもとで学位を取った大熊孝は1990年頃から専門家として新規のダムや河口堰建設反対の論陣を張るようになる。大熊はダムによる洪水調節の限界を指摘し，治水計画における超過洪水対策の欠如を批判する一方，地域の実情に合わせた技術を展開するための「技術の自治」の必要性を訴えた。

1997年に改正された河川法では，治水と利水のほか「河川環境の整備と保全」が目的に加えられ，河川整備の具体的計画に住民参加の道が開かれることとなった。また「樹林帯」が河川管理施設に加えられた。

4 「脱ダム」以後：新たなパラダイムの模索

戦後の河川土木事業を特徴づける多目的ダムは，国家主導の河川総合開発と工業化というケインズ・フォード主義的な経済政策のもとで発展した。したがってアメリカでは，この体制が動揺し始める70年代に巨大ダム見直しの機運が高まり，ポスト冷戦期が始まる90年代には「**脱ダム**[5]」の流れが生まれた。

日本でも2000年代から各地で脱ダムの動きが見られるようになるが，治水の新たなパラダイムが確立されたとは言い難く，政権交代や水害発生のたびに政策は二転三転し続けている。しかしこれは日本だけにとどまる現象ではない。

堤防やダムを建設することによって水害を完全に防ぐことができない一方で，それによる有害な副反応が生じうるという点で，治水をめぐる議論はワクチンをめぐる議論と同型であると言える。また治水事業によって守られるべきなのは流域住民の生命なのか，それとも川の恵みに囲まれた生活のクオリティなのかという論点は延命治療や安楽死に関する議論とも共通するものである。その意味で治水とはまさに権力が生政治を展開する場でもある。

気候変動の進展により水害の激化が警告されている21世紀にどのような治水を目指すべきか，今後とも世界中で模索が続くことになるだろう。（中澤　聡）

▷4　**長良川河口堰と諫早湾干拓事業**
長良川河口堰は，伊勢湾臨海工業地帯への工業用水供給と海水遡上による塩害の防止を目的として計画され，1988年から建設が始まった。諫早湾奥を潮受堤防で締め切る国営干拓事業は1950年代の長崎大干拓構想を起源とし，1989年に着工された。

▷5　**脱ダム**
アメリカでは1976年のテートンダム決壊事故をきっかけとして新規事業の見直しが始まり，ダム技術を先導してきた内務省開拓局はその機能の重点を水資源の開発から管理へと移した。1994年の国際大ダム会議総会冒頭での開拓局局長D・ビアードによる「ダムの時代は終わった」という趣旨の特別講演はこの流れを印象づけた。

参考文献

吉岡斉編集代表『「新通史」日本の科学技術』原書房，2011年。
篠原修『河川工学者三代は川をどう見てきたのか』農文協プロダクション，2018年。
中村晋一郎『洪水と確率』東京大学出版会，2021年。

2　公害問題と科学技術

10 科学史とグローバル・ヒストリー：ニーダムと日本の科学史研究

1 グローバル・ヒストリーとしての科学史

そもそも科学の起源は，ギリシアにあるとされてきた。数学ならユークリッドやピタゴラス，自然史のプリニウスや，自然哲学のアリストテレスが思い浮かぶ。しかし隆盛を極めたはずの古代文明は，中世という暗黒の中に隠れてしまう。その間，科学を研究し，発展させていたのはアラビア文明である。フワーリズミーの天文や数学，光学のイブン・アル・ハイサム，そして医学のイブン・シーナーなどが輩出する。[1]

▷1　アラビア文明と科学については［Ⅰ-3-1］を参照。

そのような成果をヨーロッパに再生させたのが，文字通りのルネサンスという文化運動だった。十字軍の遠征や大航海時代の波に乗って拡大したヨーロッパは，胡椒や金銀だけではなく，知性の吸収にも貪欲だった。デカルトやケプラーもアルハゼンらの著作から光学や数学を学び，アラビア錬金術は，ヨーロッパでの医学や化学の基礎となった。これだけでも，十分に立派でグローバルなヒストリーである。科学史の流れはギリシアに起源をもち，アラビアの知性を集め，ヨーロッパで花開いた。人類の歴史における金字塔である。

2 科学史はヨーロッパ中心主義

だがそのような見方に対して，科学史は様々な疑問を出してきた。あまりに単線的な発展史観や，ヨーロッパが終着点・達成の頂点にあるという見方は，確かにご都合主義的であると感じられる。

中でも重要だったのは，1950年代から続々と著作を発表した，ジョセフ・ニーダムの仕事である。[2]ニーダムは中国科学技術史を通じてグローバルな科学史の新たな見方を提出した。

▷2　ケンブリッジ大学出版会から刊行されている『中国の科学と文明』というシリーズは，アリストテレス以来の最大の著作ともされている。

図1　ジョセフ・ニーダム（1900〜95）

それまでは，ヨーロッパがほぼすべての発明や発見の地とされた。例えばフランシス・ベーコンは，1620年の『ノヴム・オルガヌム』で，ヨーロッパ近代を支えた火薬・羅針盤（磁針）・印刷術を三大発明と呼んでいる。後世では，これらをルネサンスの三大発明と呼ぶこともある。これらはヨーロッパの軍事的優位性を保証し，航海術による地理的拡大を支え，そして聖書の印刷によるプロテスタンティズムなど，確かにヨーロッパ近代の礎の一端は，これらの発明にあると考えていいだろう。

だがニーダムはそれに異を唱えた。それらがすべて，古代中国の発明品であることを歴史的に証明したのである。ニーダムはこれに紙を加え，四大発明とも呼んでいる。それはシルクロード経由の長い東西交流を通じて，インド・アラビア世界，そしてヨーロッパに入って，その後の発展を支えることになった。

ニーダムの仕事は，古代史を紐解いて，発明や発見のプライオリティ（先取権）が中国にあることを確認するだけにとどまらなかった。15世紀までは中国が科学技術史的な意味でヨーロッパに先んじていたこと，様々な文化交流や知識変容が世界の科学や技術の面で起こっていたことを明らかにした。

博覧強記を絵に描いたように，歴史を多言語（ポリグロッティズム）で検討する，そして数学から天文物理学，医学や生物学，化学や工学技術の細部にわたる科学全般を見通す圧倒的な力業で，ニーダムは，中国科学技術史を通じて，世界の科学史を語ったと言われている。科学史をグローバル・ヒストリーの俎上に押し上げた，と言ってもいいだろう。またそれまでの科学史は，「ヨーロッパの」科学史というように，地域限定をつけないといけなくなったのも，ニーダムが果たした20世紀後半での重要な功績である。

3 薮内学派と伊東文明論

日本でニーダムの研究に呼応していたのは，京都大学の人文科学研究所に蟠踞した，薮内清（1906～2000）のグループである。冷戦期に中国本土ではなかなかできなかった古典籍（漢籍）の研究や，厳密な数学的手法を使用して東洋天文学を見通すスタイルで多くの業績を上げている[3]。薮内学派は，中国古代の知性に深入りすることで，グローバルな知性の流れを見出していた。

東京大学で科学史を研究していた伊東俊太郎（1930～）の仕事は，もう一つのスタイルを提示したものである。伊東のアプローチは，アラビア語，ラテン語，ギリシア語などを駆使して科学の差異を検討するものだった。伊東学派の科学史は，ポリグロットで，マルチカルチュラルのものであった[4]。薮内スクールが中国語の漢籍に深く沈潜し，その深奥を垣間見んとしたとき，伊東はより広くシルクロードを縦横に走りめぐって，人類の科学史を大所高所から眺めようとしていた。

戦後日本の京都と東京では，このように，対照的なアプローチをとっていた。近年のユヴァル・ノア・ハラリやジャレド・ダイアモンドのグローバル・ヒストリーも，このような研究の上に書かれているものである。　（塚原東吾）

▷3　薮内学派は吉田光邦，山田慶児，矢野道雄らを輩出している。薮内とニーダムの協力関係も戦後史学の重要なエピソードであって，薮内の助手であった橋本敬造はニーダムの下で博士号を取得，またニーダムの下にいた中山茂は客分として受け入れられていた。

▷4　伊東の弟子筋には，ラテン世界の数学をものとする高橋憲一，ギリシア数学の斎藤憲，アラビア数学や錬金術の三浦伸夫らがいる。伊東はその後，比較文明論に展開した。伊東文明論についてはI-3-1を参照。

参考文献

ジョセフ・ニーダム編著『中国の科学と文明』（原著は1945～2004年，邦訳〔部分〕は全11巻，新思索社，1974～81年／新装版，1991年）。

薮内清『中国の科学文明』岩波書店，1970年。

3　広がるフロンティアとオルターナティブの追究

科学史における文明論

1　梅棹忠夫と「文明の生態史観」

梅棹忠夫「文明の生態史観」(1957年) の発表によって，日本で「文明」を軸にした比較文化論が活発化した。この「文明の生態史観」とそれに続く諸論考において，梅棹は旧来の「西洋と東洋」という区分を乗り越えるために「文明」という地域区分を掲げ，各文明圏における社会発展の仕方，すなわち「文明の歴史」を考察した。

そもそも「文明」とは何かを明確に定義するのは難しいかもしれない[1]。とはいえ，少なくとも「バビロニア文明」などにおける「文明」という用語の使用例が示唆するように，文明とは，ある都市空間で長い期間かけて育まれたものを指すことは明らかである。梅棹はこの「文明」という区分を採用し，生態学における「遷移（サクセッション）」の概念を使って文明の発展の普遍的なプロセスを記述する。すなわち，ある文明の参与者たちと環境との相互作用によって従来の生活様式では活動不可能となって新しい生活様式にかわっていくことで文明は発展するのだという。

この梅棹の「文明の生態史観」は学界のみならず幅広い読者層に大きなインパクトを与えた。諸文明圏の観点から各文化を比較することで，東西のヒエラルキーから脱却した新たな世界史を提示したのは特筆すべきである。この梅棹による「比較文明」の視点は，科学史界にも影響を与えた。すなわち，伊東俊太郎による比較文明の視点から見た「科学の世界史」である。

2　伊東俊太郎による比較文明論

伊東俊太郎は梅棹との対談[2]で，文明論に興味を持ったきっかけとして**12世紀ルネサンス**[3]期に編まれたアラビア語科学書のラテン語訳との出会いを挙げている。伊東は12世紀にイスラーム文明がヨーロッパへ深い影響を与えていたことに大きな感銘を受け，ヨーロッパだけが文明ではないとの認識を強くしたと言う。この諸文明圏への関心を科学史に適用することで，伊東は各文明圏での科学活動を比較し「科学の世界史」を展開しようとした。伊東の非西洋圏を含めた諸文明圏での科学活動への関心は，第二次世界大戦を支えた西洋近代科学という存在への反省を軸に発展した戦後科学史において，西洋も含めたグローバルな視点から近代科学の特質を考察しようとした伊東の教え子たちにも受け継

▷1　伊東俊太郎によると（『比較文明』），文化は「精神的，内面的，求心的，民族的，そして魂の問題」であり，文明は「物質的条件の改善発展であり，外面的，遠心的，普遍的」であると言う。それゆえ，人類の活動は文化と文明の両視点から捉えるべきだと言う。

▷2　伊東（2013）所収。

▷3　**12世紀ルネサンス**
キリスト教会が東西分裂することで（1054年），ヨーロッパはラテン語での聖職者養成に迫られることになった。その結果，専門家養成に必要なギリシアの学芸に関するラテン語での教科書を早急に編む必要が出てきた。そこでスペインを拠点として，アラビア語で書かれたギリシア科学に関する書物が大量にラテン語に翻訳された。これがいわゆるルネサンスに先駆けたヨーロッパでのギリシア文化の再発見にあたるため「12世紀ルネサンス」とよばれる。

がれ，西洋および非西洋での科学活動の総体への歴史研究が活発化した。さらに，伊東の比較文明の視座は科学のみならず様々な文化活動に利用できる可能性を示唆したため，伊東を初代会長として比較文明学会が創設された。

その一方で，これらの文明論の焦点は，日本などのある文明圏の特質を比較により浮き彫りにしようとするものだったことは注意すべきである。実際，伊東の「科学の世界史」は，科学史の中心課題である，ある特定地域の特定時期に起こった科学活動の歴史記述を目指すものではない。とはいえ，こういった科学史研究においても，伊東たちの文明論の視点は必要不可欠であることは疑いえない。

図１　文明交流の現場：図書館で議論する学者たち

出典：ハリーリー『マカーマート』挿絵，1237年，パリ国立図書館。

3 科学史における「文明」の役割

ある営為の歴史を記述するには，その営為の行われた場所と時代とを意識せざるをえない。すなわち歴史記述とは絶えずローカルで期間限定的なものとなる。その一方で，その営為は複数の参与者たちの相互行為によって成り立っている。そこでその参与者たちに目を向けると，参与者たちはそれぞれ多種多様なバックグラウンドを持っていることに気づく。科学活動もその例に漏れない。例えば，イスラームという宗教による地域支配体制を確立したアッバース朝（750～1258年）での，２代目カリフのマンスール（在位754～775年）による占星術利用を取り上げよう。

ペルシア人たちの協力のもとで成立したアッバース朝にとって，ペルシア人たちの祖国サーサーン朝ペルシア（226～651年）の伝統を無視できなくなった。そのためマンスールは，サーサーン朝ペルシアの伝統の一つである占星術を利用した国家運営を採用し，彼の宮廷に多数の占星術師たちを登用した。その一人のナウバフトはサーサーン朝ペルシアにルーツを持つ元ゾロアスター教徒で，マンスールの勧めに従いイスラームに改宗し，宮廷占星術師として活躍した。さらに彼を始祖とするナウバフト家は占星術師の名家としてアッバース朝宮廷で生き残っていった。まさにアッバース朝宮廷での占星術というローカルな営為は，イスラーム文明とペルシア文明との相互交流によるものだと言える。

以上は文明論の視点を意識して筆者（三村）が当時の状況を敷衍したものである。この例が示すように，科学史を彩る営為は局所的なものだが，その参与者たちの拠って立つ諸文明の交流を基盤としたものとして見るべきである。ある人は，ある都市空間で生まれ育つことで，ある文明下での文化を身につけ，さらに別の都市空間で時を過ごすことで別の文明下での文化を身につけうる。そういった多様な文化基盤を得たアクターたちが生み出した営為は，多彩な文明交流下の生産物であると言えよう。それゆえ科学という文化活動を歴史的に見る際にも，文明論の成果は今後も十二分に活用されるべきである。（三村太郎）

参考文献

梅棹忠夫『文明の生態史観ほか』中公クラシックス，2002年。

三村太郎『天文学の誕生』岩波科学ライブラリー，2010年。

伊東俊太郎『新装版　比較文明』東京大学出版会，2013年。

3　広がるフロンティアとオルターナティブの追究

2　2つの文化

1　スノーの生きた時代とその背景

1950年代には各国で科学が技術革新を通じて経済発展に貢献するというリニアモデルに基づく政策が本格化し，理工系学生の定員増加が始まった。冷戦期の軍事的緊張もその追い風となった。その一方で，19世紀末に制度化された文学部が，女性を含め，ますます広い層を集めていた。それは旧来のエリート層と異なるラテン語などの古典語の素養をもたない人々が，現代語による文学を学ぶことで学位を得られる場だったからである。

C・P・スノー[◁1]が「2つの文化」問題について講演したのはこのような時代である。1959年にケンブリッジ大学で行われたリード講演において，彼は「2つの文化」，すなわち物理学者を典型とする「科学的文化」と文学者を典型とする「文学的文化」の担い手たちが互いをよく知らないまま軽蔑しあっていると主張した。

なお，「2つの文化」はそのまま日本語の「文系」「理系」に相当するわけではない。スノーは「文学的文化」は主に**人文科学**[◁2]を，「科学的文化」は自然科学を念頭においているが，日本では「文系」と見なされる経済学や法学など，**社会科学**[◁3]の位置づけに関して具体的には言及していないのである。彼の議論は，19世紀後半のドイツでカントの後継者たちが展開した，自然科学と人文科学を対置する学問論などの延長線上にあった。

2　「2つの文化」論争

「2つの文化」の断絶を嘆く一方で，スノーは明確に「科学的文化」の担い手に肩入れしていた。彼は科学者の方が改革志向で，出自によらない能力主義の新しい社会を創り出していく存在であると見なしたのである。同時に彼は，「文学的文化」の担い手が時代の変化に後ろ向きであると批判した。実際には彼が「文学的文化」と見なしたものは19世紀末以降に成立した文学部の新しいあり方に多くを負っていたのだが，彼はそれをイギリスの支配者層であるジェントルマン階級の文化と重ね合わせて捉えた。そして，アメリカやソ連などの新興国家が理工系教育を重視していることに触れた上で，イギリスが旧態依然とした文化教養階級に支配されており，それゆえに科学技術教育においては出遅れていると危機感を訴えた。

▷1　**C・P・スノー**
（1905～80）
科学者としてキャリアを始めながら官僚となり，作家としても活動していた。

▷2　**人文科学**
日本語や英語の「人文科学」（英 Humanities）という概念は，20世紀初頭において，ドイツのH・リッケルトの Kulturwissenschaft（文化科学）という概念に影響を受けつつ定着した。リッケルトは「自然」と「文化」を対比的に捉え，後者には前者と異なる固有の領域があるとした。

▷3　**社会科学**
「社会科学」（social science）は経済学，法学，社会学，人類学など社会を観察対象とする体系的な学を指す表現であり，20世紀半ばに各国で定着した。それ以前は人間社会の法，倫理，経済，心理などを対象とする道徳科学（moral science）という語もよく使われていた。

実際，学問に「2つの文化」があるのかどうかを含めて，スノーの主張は広汎な論争を呼んだ。その内容は単なる学問分野同士の対立というよりは，20世紀後半のイギリス社会が抱え込んだ異なる価値観を体現していた。

技術官僚的な発想を持つスノーは，近代社会が産業文明の産物であると捉え，肯定的に評価していた。そして産業文明は近代科学の成果であり，経済の振興のためには科学のさらなる普及と教育が必要と考えた。科学により平等と経済の発展が進むという彼の考えは，比較的素朴な**進歩史観**◁4の延長線上にあった。

それに対し，彼の論争相手は全く違う価値観を提示した。例えばケンブリッジ大学文学部のF・R・リーヴィスは，近代社会を物質文明に支配された大衆化社会として否定的に捉えた。彼はそのような社会状況こそが戦前にファシズムの台頭を促したと考え，技術を通じて物質文明を助長する科学より，少数でも鋭い批判精神の持ち主を育てられる文学教育こそが社会に必要だと主張したのであった。両者の論争はイギリス社会の現状や歴史記述の方法論など広汎な話題に及んだ。

3 分断の助長（20世紀後半）

「2つの文化」論争に現れた対立図式は，単純な分野対立に還元できない要素を孕んでいた。しかしながら，一方に文学を中心とする人文科学を，他方に産業に貢献しうる自然科学を対置する二分法的な認識は，人間や資本の動きなどの要因と相互作用する形で，20世紀の間にむしろ強化されていったと思われる。まず，大衆化社会の進展により大学進学者が増えると，分野を問わない教養という考えが後退し，知識の上での分断が強まった。また，当初は人数自体少なかった女子学生が人文学に多く進学するようになる一方で，理工系分野，とりわけ数学や物理が「男性的な領域である」と見なされるようになっていった。その結果，一方に女性的で理想論的で「ソフト」な諸領域があり，他方が男性的で実務的で「ハード」な諸領域があるという，必ずしも実際の学問のあり方を反映しない偏見が広く共有されてしまった。

20世紀末からイギリスを嚆矢として各地で**新自由主義的な大学改革**◁5が進み，理工系を中心とする産学連携が促進された。その結果，市場に貢献すると見なされた分野と，そうでない分野との間で，政府および私企業からの資金投下において格差が開くことになった。改革が各分野に与えた影響は決して文系・理系の区分でくくれるものではないが，この時期以降，「市場的価値の創出に役立たない」人文科学を批判する言説が複数の国で見られるようになったのは事実である。日本もその例に漏れない。

「2つの文化」のような学問の二分法には定義の曖昧さがあり，何と何が対立するものとして語られるかは言語や時代ごとに少しずつずれている。しかしながら，そうした表現は諸学と経済・社会との関わりをめぐり，異なる立場が表明される際の参照項であり続けている。

（隠岐さや香）

▷4 進歩史観
歴史を人間社会のある理想的な形態に向かう発展過程と見なす歴史観。過去の歴史は現在の状態に至るための途中の段階として捉えられる。未来に実現したい目標を到達点と見なし，現在をその通過点と捉える場合もある。現状や，特定の政治的目標の正当化を伴うことの多い史観である。

▷5 新自由主義的な大学改革
新自由主義（ネオリベラリズム）自体は政府による規制の最小化と，自由競争を重んじる考え方である。その方針の下で行われる大学改革は，教育・研究の領域を可能な限り市場の原理で運営し，公費負担を減らすための措置を伴う。ただし，実態としては「公平な競争」実現のために様々なルールや基準作りが必要であり，むしろ規制の増大や官僚的機構の肥大化を伴うことも多い。

参考文献

隠岐さや香『文系と理系はなぜ分かれたか』星海社新書，2018年。

ガイ・オルトラーノ（増田珠子訳）『「二つの文化」論争』みすず書房，2019年。

Bod, Rens, *A New History of the Humanities*, translated by Lynn Richards, Oxford: Oxford University Press, 2016.

3　広がるフロンティアとオルターナティブの追究

戦後の高等教育

1　新制大学の発足（～1940年代）

学校教育法（1947年）による現行の教育制度を新制，それ以前の制度を旧制という。旧制には大学と専門学校という２種類の**高等教育機関**[1]があった。当時（1919年以降）の学校体系は，小学校６年，中学校５年ののち，専門学校３年，または高校・大学予科３年（中学校４年修了で入学可），大学３年である。高校と大学予科は一般教育ないし基礎教育を，大学と専門学校は専門教育を行う。1945年の在学者数は大学が10万人，専門学校が21万人であった。

戦後，アメリカを主体とした連合国軍総司令部の指令により，日本は非軍事化と民主化に向けて改革を進めた。1946年にはアメリカ教育使節団が来日して教育改革の基本的方向を示した。小学校６年，中学校３年，高校３年，大学４年という現行の学校体系を学校教育法に定め，大学には単位制，一般教育，課程制大学院，修士学位などアメリカ式の制度を導入した。審査の結果，旧制の専門学校の多くが大学に昇格して1948年に新制大学が発足した。

2　高等教育の拡大（1950～80年代）

①理工系ブーム：経済計画である国民所得倍増計画（1960年）の一環として理工系学生の増員が求められた。文部省は，教員の確保と施設の拡充が困難とみて慎重であったが，結果的に増員を受け入れて**大学設置基準**[2]の運用を緩和した。当初の8000人増募計画に続く２万人増募計画も，主に私立大学の拡大と定員超過によって達成された。当時は宇宙開発などで科学技術が世界的に注目され，就職も良好で理工系ブームと呼ばれた。これにより理工系人材の不足が経済成長を制約する事態は回避されたが，大学進学率の上昇を早め，私立大学などの教育条件を低下させて，1970年前後に発生した大学紛争の遠因となった可能性がある。

②大衆化の進行：大衆化とは進学率の上昇を指し，それが進行すると学生が多様化して高等教育の性格が変化する。**マーチン・トロウ**[3]は高等教育の進学率が15％までをエリート型，15～50％までをマス型，50％以上をユニバーサル型と名づけて，進学率の上昇を肯定的に捉えた。戦後の日本では進

▷1　**高等教育機関**
新制の高等教育機関は大学，短期大学，大学院，高等専門学校（高専）の４・５年次，専修学校専門課程（専門学校）である。

▷2　**大学設置基準**
大学の設置に必要な最低限の基準。教員組織，教員の資格と人数，学生の収容定員，卒業の要件，施設設備などを規定する。1956年に制定され，1991年に大綱化（規制緩和）された。

▷3　**マーチン・トロウ**
（1926～2007）
アメリカの社会学者，高等教育研究者。カリフォルニア大学バークレー校教授。
橋本鉱市「高等教育の大衆化とトロウモデル」橋本・阿曽沼，2021年，110-111頁。

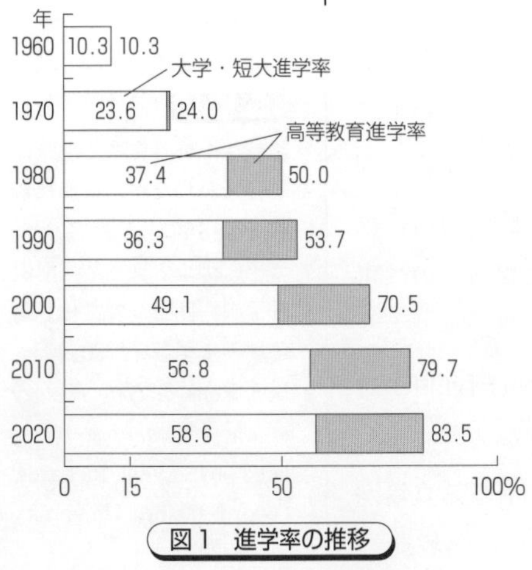

図１　進学率の推移

学該当年齢の18歳人口が大きく変動し，第１次**ベビーブーム**[4]により1966年に頂点を迎え，第２次ベビーブームによって1992年に再び頂点を迎えて，その後は減少している。図１のように，日本では1960年代にエリート型からマス型へ，1980年頃にマス型からユニバーサル型に移行した。

③高等教育政策の対応：1960年代は，**人材需要**[5]と**教育需要**[6]がともに膨張した高等教育の第１の拡大期であった。18歳人口が減少に転じた1970年代に入ると，高等教育政策は規模を抑制して質の充実をはかる方向に転換し，高等教育の全体的規模や地域別の収容力の計画的な整備に着手した。1975年には私立学校振興助成法を公布し，私立大学に対する経常費の助成を開始した。その際，学生数が定員を超過した大学には補助金を減額するなどの措置により教育条件の改善を促した。第２次ベビーブームによる18歳人口の急増と急減については，大学の入学定員をいったん拡大し，その半分は臨時的な定員増として減少期に解消する計画を1985年に作成した。このうち入学定員の拡大は実現したが，減少期の解消には成功しなかった。進学率が上昇しても大学入学試験をめぐる競争は激しく，緩和に向かうのは第２の拡大期（1985～2000年）であった。

3 大学改革の時代（1990年代～）

今日の大学改革の発端は，臨時教育審議会（1984～87年）における自由化論にある。その趣旨は規制緩和，競争原理の導入，大学評価などによる大学の高度化・個性化・活性化である。当初は戦後教育の総決算を目指す政治色もみられたが，1990年代以降は大学改革を求める社会状況があった。第１は1989年を株価の頂点とするバブル経済の崩壊である。不況による卒業生の就職難と企業内教育の弱体化に伴い，大学教育の充実が期待された。第２は大学の国際化ないしグローバル化である。冷戦終結（1989年）ののち，留学生の獲得や研究成果をめぐる大学間・国家間の競争が激化し，各国の頂点に立つ大学群の優劣が注目されるようになった。

日本の高等教育政策の一貫した問題意識の一つは，新制大学が画一的ではないかという点にある。その文脈は，大学と専門学校があった旧制との対比，大学教育の内容と社会が期待するものの不整合，大衆化による学生の多様化など様々である。21世紀に入ると国立大学が法人化され，高等教育の機能別分化，学生の学修成果に対する質の保証，**学士力**[7]の概念などが打ち出された。

さらに，2040年を展望した**中央教育審議会**[8]の答申（2018年）によれば，技術の急速な変化やグローバル化によって予測不可能な時代が到来する。そうした時代には，専攻分野の専門性を有するだけでなく，基礎的で普遍的な知識・理解や汎用的な技能など陳腐化しない学修成果を文理横断的に身につけさせることが高等教育には求められるという。STS（科学技術社会論）は文理横断的な領域の一つである。

（塚原修一）

▷4 **ベビーブーム**
出生数の一時的な急増。1947～49年の第１次ベビーブームは団塊の世代，1975年前後の第２次ベビーブームはその子である団塊ジュニア世代。

▷5 **人材需要**
卒業生を雇用したいという社会の需要。

▷6 **教育需要**
教育を受けたいという学生や親の需要。

▷7 **学士力**
学士課程の卒業者が専門によらず共通にもつべき能力。2008年に中央教育審議会が提言した。

▷8 **中央教育審議会**
教育の重要事項について文部科学大臣の諮問に応じて調査審議し，文部科学大臣に意見を述べる学識経験者の合議制の機関。

参考文献

児玉善仁ほか編『大学事典』平凡社，2018年。
竹内洋・佐藤優『大学の問題』時事通信社，2019年。
橋本鉱市・阿曽沼明裕編著『よくわかる高等教育論』ミネルヴァ書房，2021年。

3　広がるフロンティアとオルターナティブの追究

科学革命論

科学革命の歴史的な認知：戦後のこと

科学革命とは，コペルニクス，ケプラー，ガリレオらによる天文学・物理学で起こった大きな転換を言うのが一般的である。これは「17世紀科学革命」と称されている。コペルニクスの『天球回転論』によって，天動説（地球中心説）から地動説（太陽中心説）へ転換したことが，回転（レボリューション）と思想上の「革命」になぞらえられたものである。ケプラーによる精密な天体観測やガリレオの望遠鏡の発見なども有名であり，科学的理性の勝利の物語として人口に膾炙している。

ここでのヒーローは，誰よりもガリレオだろう。カトリック教会による彼への弾圧と裁判は，歴史のスペクタクルとさえ言えるような「大舞台」を提供している。ガリレオが語ったとされる「それでも地球は回る」という言葉のように，宗教権力による科学への弾圧と，それに対する抵抗の物語としても知られるようになった。ガリレオの物語はカトリックとプロテスタントの競合のみならず，ルネサンス以降の人文学・機械的な知性，そして大航海時代以降のヨーロッパ世界の広がりの中で位置づけられるものであり，ヒロイズムを差し置いても，魅力に満ちた科学史上のハイライトである。

だが，科学史の面から見るなら，この「科学革命」という用語は，ケンブリッジ大学の歴史家バターフィールドが1949年に提起した歴史用語で，意外に新しいものであることは注意しておかないといけない。バターフィールドによると，これは歴史上，ただ一回だけ起こった出来事で，近代の時代を区分するものであり，ルネサンスや宗教改革よりもこの科学革命の方がより画期的であるという[1]。

▷1　このころ科学史では，科学自体の内容の自律的発展を検討するインターリズム（内的科学史）と呼ばれる手法と，科学や科学者への社会的な立場や影響関係を検討するエクスターナリズム（外的科学史，もしくは科学の社会史）という手法がせめぎあっていた。前者はA・コイレをはじめとする数学史家が中心で，後者は「科学の社会的機能」で知られるJ・B・バナールら，マルクス主義的な手法で科学技術の「下部構造」を分析しようとするものだった。この論争はクーンの登場以降も引き続く。そしてポスト・クーン主義と呼ばれるグループや，「新科学論」と呼ばれる相対主義的な手法を得意とする学派が活躍して，STSの知的な祖先ともなっている。科学革命をどう見るかは，重要なテーマの一つである。

2　天文学上のモデルから世界像の変容へ

地動説は，コペルニクスが提出した時は，惑星の位置についてのモデルと計算方法の提起だけだった。世界観の変更までは求めていなかった。だが科学的なる手法は，そのような計算モデルの変更にとどまらなかった。観測に励んだケプラーはルドルフ星表を作り，精密な惑星の運行計算を示した。望遠鏡などの機械を用いて観測を行い，数学と実験によって自説を証明する方法が，ガリレオによって大きく進んだ。ガリレオは実際の観察・数学・実験を組み合わせることで，結果を数学的に記述し自説の正しさを証明した。[2]

このような機器を用いた経験的観察と精密で数値化されたデータ，数学的な定量化と定式化，そして実験的証明は同時に，純論理的な形而上学的原理を放棄させることにつながった。つまりガリレオに代表される新たな科学の手法は，従来のアリストテレス的で目的論的な自然観に変更をせまるものでもあった。これによって，地上のものと天上のものとを二分してきたキリスト教的世界観はくつがえされ，「有限世界から無限世界へ」（アレクサンドル・コイレ）と言われるような世界観が導かれることになった。これらの手法は哲学にも大きな影響を与え，ガリレオとほぼ同時代のデカルトの新たな思想，すなわち機械論的な物心二元論と呼ばれる思想を生み出したのである。このように，天文学・物理学で起こってきた科学は，当時の宇宙観・世界観の転換を引き起こすことになった。だから科学革命は，「理系」の内部の話だけではない。我々人類の歴史の流れを大きく変えた事象であると考えるべきだというのが，バターフィールドやコイレの見方である。

▷2 ガリレオの数学的手法についてはエドムンド・フッサールに端を発する批判がある。このことは，20世紀の思想，科学技術批判の上で，重要な観点を提起したものであることを忘れてはならないだろう。フッサールはガリレオの数学的手法を「隠蔽する天才」と論難し，近代の「危機」の淵源はそこにあるとしている。この見方はハンナ・アーレントなどにも継承され，現代の日本では科学史家の山本義隆らがかなり深い検討を行っている。ここに至って，科学革命とは，なかんずく数学的手法とは，悪しき近代を生み出した思想的な起点であるという解釈も可能になることになる。

3 複数形の科学革命

バターフィールドは，「この革命（科学革命）は近代世界と近代精神の真の生みの親」と論じ，科学革命の歴史的重要性を説いた。この概念が流布したのは意外と時間がかかり，特に日本では，1960年代以降である。例えば日本科学史学会の1960年のシンポジウムは記念すべきもので，その結果，『科学革命』（1961年）という本も刊行されている。この概念の検討が日本での科学史研究の一つの軸になっていたと言っても言い過ぎではないだろう。[3]

だが，科学革命という概念が再度盛り上がるのは，トーマス・クーンのパラダイム論[4]による。バターフィールドが「唯一の，近代を画す」ような「革命」としての科学革命（大文字での the Scientific Revolution）に対して，クーンは，複数で小文字の科学革命（scientific revolutions）を主張した。この伝で考えるなら，明確な科学の変革は17世紀の変革にあったと考えることはできるが，その後，18世紀の「化学革命」や，産業革命に連動している「第二次科学革命」，ダーウィンによる進化論などの諸革命が断続的に起こっていると考えられる。クーンは科学革命を，一回性の歴史上の革命ではなく，いわゆる「パラダイム転換」一般と考えたのである。

従来，科学はただ累積的に一方向にむけて進歩すると考えられていたが，クーンの言説は，「科学革命」によって研究の路線や科学の支持集団の変更を意味することを提示しており，一般思想界にも強い影響を与えた。科学革命をめぐる様々な論点は，現代の科学技術を考える上でも，いまだに重要な論点の一つでもある。

（塚原東吾）

▷3 このシンポジウムには，日本での本格的な科学史研究を担うことになる，湯浅光朝，青木靖三，伊東俊太郎，中山茂，山田慶児，廣重徹，板倉聖宣ら，錚々たるメンバーが参加している。

▷4 II-6-3 参照。

参考文献

日本科学史学会編『科学革命』森北出版，1961年。

トーマス・クーン（中山茂訳）『科学革命の構造』みすず書房，1975年。

バターフィールド（渡辺正雄訳）『近代科学の誕生』上・下巻，講談社，1978年。

3　広がるフロンティアとオルターナティブの追究

技術の社会史

1 社会史とは

科学技術史の分野では，科学や技術の社会的側面の歴史を「**社会史**」[1]とよぶ。旧来の科学技術史では，科学理論や産業技術そのものがどのように発展してきたのかという記述が多数を占めていた。航空技術を例にすると，機体が木製飛行機から全金属製飛行機へと変化し，動力がプロペラ機からジェット機へと移り変わったというような叙述である。こうした技術自体の変容を理解することは，もちろん大切であるが，人間の営みである技術の歴史の全体像を捉えるためには，開発を促した社会的背景などを考えることも重要となる。技術の社会史が取り扱う領域は，国家政策や制度，社会運動，国際関係などと幅広く，対象となる技術分野も多様であるが，本節では，戦後日本の航空機産業をテーマにして，技術と社会の関わりを紹介する。

2 軍事技術から民生技術へ

日本では，戦前戦中期に航空機産業が発展し，零式艦上戦闘機（ゼロ戦）など世界的レベルの飛行機を開発した。戦争末期の1944年には，生産数は２万5000機に及び，従業員数も100万人に達する一大産業であった。戦前に製造された飛行機のほとんどは軍用機で，航空機産業は，軍の支援を受けて成長した軍事産業だった。

敗戦によって連合軍の統治下に置かれた日本では，連合国最高司令官総司令部（GHQ）による航空禁止令を受けて，飛行機の運航，生産，研究など，あらゆる航空活動が禁止された。飛行機は軍用機だけでなく民間機もすべて破壊され，航空分野の二大企業であった三菱重工業と中島飛行機は，財閥解体の対象となった。

軍事産業の禁止は，民生技術への**スピンオフ**[2]をもたらした。職場を失った航空技術者たちは，自動車や鉄道などの他分野へと散っていった。中島飛行機は財閥解体により12社に分割され，一部は富士重工業（現在のスバル）となり自動車生産に乗り出した。また，1966年に日産自動車に吸収合併されたプリンス自動車も，もともとは中島飛行機の一部と立川飛行機の一部をもとにして生まれた自動車製造会社だった。

他分野へと移った航空技術者たちは，各分野の発展を通して，戦後の経済復

▷1　**社会史**
一般の歴史分野では，政治体制や国家経済などを基軸とした従来の歴史記述に対して，家庭や農村，都市などをテーマに民衆の側から歴史を叙述しようとするアプローチを「社会史」とよぶ。

▷2　**スピンオフ**
軍事技術から，日常生活を豊かにする民生技術が生まれることを「スピンオフ」という。詳しくはⅠ-1-10を参照。

▷3　**ボーイング777**
図１はポケモンのキャラが

興を担うこととなった。例えば，1960年代にトヨタ自動車で初代カローラを開発したのは，立川飛行機で戦闘機を設計していた元航空技術者であった。また，1964年に開通した東海道新幹線の開発でも，旧海軍出身の元航空技術者たちが大きな役割を果たした。

図1 ボーイング777

図2 F-2戦闘機

出典：図1・図2とも航空自衛隊ホームページ。

3 自主開発から国際共同開発へ

サンフランシスコ講和条約発効に合わせて，1952年に航空禁止令は解除されたが，この7年の間に，飛行機はプロペラ機からジェット機へと移り変わり，欧米諸国との技術格差は大きく広がってしまった。逆境の中，航空機産業は，防衛庁（現在の防衛省）が採用したアメリカ軍機の製造権を得て，ライセンス生産を行い，技術基盤を回復していった。そして，軍用機分野では1950年代末から国内での自主開発を開始し，1970年代には，三菱重工業が超音速ジェット戦闘機F-1を開発・生産するまでになった。

旅客機分野でも，1960年代には，日本政府と民間企業が共同出資して設立した日本航空機製造が，プロペラ機YS-11を開発し，さらに1960年代〜1970年代には，三菱重工業が小型のビジネスジェット機などを開発した。しかし，どちらも販売が伸び悩み，後継機を開発することなく撤退を余儀なくされた。その後長らく，日本企業を主体とした自主開発は行われることがなかった。

1970年代後半以降，日本の航空機産業は，アメリカのボーイング社が開発する旅客機ボーイング767，**ボーイング777**◁3，ボーイング787などの国際共同開発に参加するという形で航空機開発に携わってきた◁4。1995年に運用開始したボーイング777では機体の胴体部分を，2011年に運用開始したボーイング787では胴体部分に加えて主翼を担当するなど，重要な部品を担っている。

4 国産機開発のゆくえ

国際共同開発で形成した技術を基盤にして，近年，日本の航空機産業は，再び自主開発に挑戦している。三菱重工業の子会社である三菱航空機が開発する「三菱スペースジェット」は，国産初のジェット旅客機である。しかし，度重なる納入時期の延期とコロナ禍での旅客需要の激減により，プロジェクトは2020年に事業凍結となった。一方，本田技研工業などが開発した小型のビジネスジェット機「ホンダジェット」は，2015年に運用を開始し好調な売り上げを記録している。また，F-2戦闘機の後継機も，日本主導で開発を進めることとなっている。

（水沢　光）

ラッピングされた機体。設計や製造では，ピカチュウの描かれた前胴や中胴を川崎重工業が，ニャースの描かれた後胴を三菱重工業が担当した。

▷4　軍用機の分野でも，F-1戦闘機の後継機として1990年代に開発されたF-2戦闘機は，日米貿易摩擦のもとアメリカからの圧力を受けて，自主開発ではなく，アメリカの戦闘機F-16をベースとした日米共同開発で開発された。

参考文献

中山茂ほか編集『通史　日本の科学技術　全7巻』学陽書房，1995〜99年。

吉岡斉ほか編集『新通史　日本の科学技術　全5巻』原書房，2011〜12年。

3　広がるフロンティアとオルターナティブの追究

6 エジソンが切り拓いた「電気文明」

1 「電気文明」の起源

私たちは「電化」された社会に暮らしている。石炭，石油，天然ガス，再生可能エネルギーなどの一次エネルギーを電気エネルギーに転換し，送電網で遠方に送り，多様な機器類を動作させる。発電―送配電―電気利用を基盤とする**電力ネットワーク**[◁1]で支えられた「電化された社会」を「電気文明」という。

その歴史はわずか200年前に始まった。イタリア人科学者のヴォルタ（1745～1827）が電池を発明したのは1800年。電池の発明により，電流の熱，光，化学，磁気作用など，電気機器の基本原理が発見された。また，熱，光，化学，磁気の電気作用など，発電装置の基本原理も発見された。このように科学知識を基盤とした**科学依存型技術**[◁2]（Science based Technology）が登場した。電気文明はこのような技術に支えられている。

2 電力供給システムの起源は「エジソン・システム」

数ボルトの直流・弱電を用いた最初の電気技術は，鉄道用の電気通信である。100ボルト以上の直流・強電を使って，家庭や職場に電気エネルギーを送る電力システムがエジソン・システムで，今日につながる**技術的パラダイム**[◁3]となった。新型電信機の改良で発明家となったエジソン（1847～1931）は，次の電気利用として照明分野を選んだ。照明分野ではすでにガス灯が，工場照明や都市照明として利用されており，エジソンは，既存のガス灯を新規の白熱灯に技術更新させる道を選んだ。工学面では，アーク灯と白熱灯の２種類の電気照明の技術の中から，光を小さく分割できる白熱灯を選んだ。経営面では，都市型照明の主流となっていたガス灯システムを模倣した。つまり，ガス管をまね家庭・職場まで電気を送り，ガスの利用料金のように電気利用料金を請求し，またガスタンクの代わりに中央発電所を設置した。

3 システム論争

エジソン・システムを，工学的特徴で見ると，直流110ボルトを使った半径１キロメートルほどの電力供給範囲をもつので，直流低電圧近距離送電システムで表すことができる。石炭火力に代わる水力発電，直流に代わる交流を使った送電，電気照明利用に加え，鉄道や工場での電動機，電気炉や電解槽を用い

▷1　**電力ネットワーク**
多様な一次エネルギーで発電した電気を，複数の経路でつながる電力線により送電し，多様な場所でエネルギー利用する系統をいう。エジソンがニューヨーク市パール街に1882年９月から操業を開始した直流低電圧送電システムがその原形となった。

▷2　**科学依存型技術**
科学知識を応用することで生み出された様々な技術を指す。19世紀，綿工業における漂白工程で発展した酸アルカリ工業，鉄道電信として発展した電気通信工業が，科学依存型技術を用いた最初の工業となった。

▷3　**技術的パラダイム**
トマス・P・ヒューズが『電力の歴史』で技術的推進力（momentum）という用語を提示した。邦訳では単に「運動量」とされ，設備や方式が社会的インフラとして定着し，容易には変更できない力を意味する。ここでは，「技術的パラダイム」と表現しておく。

図１　エジソンの直流発電機

た電気化学産業へと発展するようになると，エジソン・システムは困難に直面した。つまり，水力で作った電力を遠方の消費地までどのように送電するかという問題であった。これを1890年前後に起きた「交直送電論争」あるいは「システム論争」という。この論争は工学面と経営面の２つの要素で進んでいった。

①工学面：直流送電では，1000ボルトを超える高圧であれば遠距離送電が可能だが，利用先での降圧にコストがかかり，交流では，変圧器を利用することで効率よく変圧できるが，交流理論の難しさや単相・二相・三相のどれを選ぶかなどで開発方針に混乱があった。この論争は，スイスのエリキン社が三相交流発電機，ドイツのAGE社が三相誘導電動機を開発し，1891年にイギリス電気学会がこれら三相交流を用いた実験を好成績（距離170キロメートル，送電電圧8000ボルト，平均効率70％）で終わらせたことで，決着した。

②経営面：エジソン社（EGE社）は，特許や設備が直流技術に偏在していたことや，高圧交流は電気椅子にも利用できる危険な技術であるとエジソンが強く主張したことで，交流技術への改良案を拒否した。結局はエジソンの希望に反して，取引銀行の意向で，EGE社は，交流技術を持つTH（トムソン・ヒューストン）社と合併し，1892にGE社が誕生し，三相交流がこの論争を制した。

こうした中，GE社の天才技術者のスタインメッツ（1865～1923）は，1900年に**スケネクタディ研究所**◁4を設立させ，技術研究開発の拠点を作った。組織的な研究が始まることになった。

4 電力ネットワーク

大電力をもたらす水力発電は，20世紀初頭に，新たな素材産業を誕生させた。２万Kwhの電力で１トンのアルミニウムが製造でき，4000 Kwhの電力で１トンの有機化学工業の原料となるカルシウム・カーバイドが製造できた。さらに１万1000 Kwhの電力で１トンの特殊鋼を製造できた。こうした新素材は，第一次世界大戦後には，国家戦略上の重要物資と見なされ，緊急時には他の発電所から電力を融通できる電力ネットワークを国家主導で構築することになった。1920年代から，イギリスのグリッドシステム，ソ連のゴエルロ計画，アメリカのスーパー・パワー・システムなどが先行した。今日の電気文明を支える電力ネットワークはエジソンが構築した技術的パラダイムの上で改良・発展してきた。

（河村　豊）

▷4　**スケネクタディ研究所**
科学依存型技術が拡大したことで，既存の科学知識を応用する形から，新技術開発を目的とした基礎研究が必要とされるようになった。これが研究開発（Research and Development）であり，そのための基礎研究を目的基礎研究とよび，学術的研究と区別するようになっている。GE社が設置したスケネクタディ研究所は民間企業による初めての目的基礎研究型の施設で，ATT社によるベル研究所などにつながる。

参考文献

トマス・P・ヒューズ（市場康男訳）『電力の歴史』平凡社，1996年。
高橋雄造『電気の歴史』東京電気大学出版局，2011年。
藤宗寛治『電気にかけた生涯』ちくま学芸文庫，2014年。

3　広がるフロンティアとオルターナティブの追究

7 コンピュータ，インターネット，AIの登場

1 コンピュータの登場

人間の社会活動，とりわけ経済活動や科学・技術研究をはじめとする知的営みは，情報処理によって支えられてきた。情報処理は科学研究に必要な計算から事務作業における文書作成まで多岐にわたるが，歴史的には古代から19世紀に至るまで手作業で行われてきた。情報処理の機械化は19世紀終わり頃から試みられるようになり，20世紀の前半には歯車などを用いた手動の計算機やタイプライター，電気機械式の事務用計算機，会計機などが普及し始めた。いわゆる電子デジタルコンピュータ（電子部品を組み込んだ計算機）は，第二次世界大戦における戦時技術開発（特に高射砲の弾道計算や原子爆弾の設計）で高速計算が必要となったことを背景に，1940年代半ば頃にアメリカを中心として登場した。これらは真空管やトランジスタを組み込んだ大型コンピュータとして1950年代に民生化・商用化され，1960年代には「メインフレーム」と呼ばれて，政府機関や研究機関，企業など，様々な場所に導入されていった。

1960年代に**集積回路**[◁1]が量産されるようになると，コンピュータは性能が上がっただけでなく，小型化も可能となった。1970年代の終わり頃には，個人が所有・使用できる小さなコンピュータが登場し，事務・教育・娯楽など多様な用途で普及し始めた。

2 インターネットの発展

一方，1960年代以降，米国国防総省の**高等研究計画局**[◁2]（ARPA）からの多額の助成金を背景に，大型コンピュータを複数の端末で同時に利用するタイムシェアリングシステムや，後にインターネットで用いられることになるパケット通信技術が開発された。コンピュータをネットワーキングさせるためのこういった技術研究の一環として，ARPA ネットと呼ばれるコンピュータネットワークも構築された。同様のネットワーキング実験はイギリスをはじめとした他国でも行われている。1970年代末から1980年代前半には，様々な大学や企業が独自のネットワークを構築するようになり，それらを相互接続する通信規約として1970年代に**TCP/IP プロトコル・スイート**[◁3]が開発された。1980年代を通じて様々なネットワークが TCP/IP を用いて相互接続したのがインターネット（the Internet）の始まりである。TCP/IP は現在に至るまでインター

▷1　**集積回路**（IC）
半導体で作られたチップの上に，トランジスタや配線で構成された電子回路を作り込んである電子部品のこと。1950年代末にジャック・キルビーとロバート・ノイスによってそれぞれ開発された。当初は高価であったが，1960年代初頭のミニットマンミサイル計画やアポロ計画で利用されたことを背景に，量産化が後押しされ，価格が下落し，民生化の道が開かれた。

▷2　**高等研究計画局**（Advanced Research Projects Agency：ARPA）
米国国防総省に所属する機関で，軍で用いる技術開発や研究を担当する。1957年に創設された。1972年から1993年まで，また1996年から2020年現在まではDARPA（Defense Advanced Research Projects Agency）と呼称している。

▷3　**TCP/IP プロトコル・スイート**
インターネット通信で用いられる，TCP（Transmission Control Protocol）とIP（Internet Protocol）という2つの通信プロトコル（通信の手順）のこと。この通信プロトコルに従うことで，互いに異なる機器のあいだであっても情報通信が行える。

ネット接続のデファクト・スタンダードとなっている。

当初は主に大学や研究機関しか接続していなかったインターネットが，一般利用者にも広がり始めたのは1980年代後半で，これは**パーソナルコンピュータ**◁4の普及と軌を一にしている。インターネットは，1990年代初めに開発された文書システムであるワールド・ワイド・ウェブ（WWW）の興隆と，1995年のWindows95 オペレーティングシステムの登場を背景に，爆発的に普及した。営利目的でのインターネット利用は1990年代前半まで制限されていたが，その後に電子商取引が可能となり，Yahoo!，Amazon.com，Google といったインターネット企業が登場した。

1990年代後半にはノートパソコンをはじめとした端末の小型化・モバイル化が進み，21世紀に入るとタブレットやスマートフォンが普及した。ユーザー同士が交流できる**ソーシャル・ネットワーキング・サービス**◁5も一般化し，インターネット上にますます情報が集積するようになった。インターネットにおけるプライバシーの問題は1990年代から問題となっていたが，検索サービスや電子商取引，SNS の浸透を背景に，近年より深刻さを増しつつある。

3 AI 研究のあゆみ

人工知能（AI）と呼ばれる研究領域は，主に計算機科学の一分野だが，その歴史は1950年代にさかのぼる。人工知能研究では機械に何らかの知的な振る舞いをさせる，もしくは自律的にタスクを遂行するシステムを作ることを目標にしており，研究領域への資金の流れの波に応じて，これまでに大きく三度の研究ブームがあった。

1960年代の第１次ブームでは，自然言語処理や推論・探索といった演繹的アプローチによる研究，人工ニューラルネットワークの基礎的研究が行われた。第２次ブームが起こったのは1980年代で，特定の専門領域に関して推論・回答を行うエキスパートシステムの開発が積極的に行われた。日本では通商産業省の主導で「第五世代コンピュータ」と呼ばれる研究プロジェクトが遂行された。21世紀に入り，インターネット上での情報の蓄積とコンピュータの計算能力向上を背景にビッグデータを利用できるようになると，機械学習を利用した技術の開発が進んだ。2010年代の第３次ブームでは，機械学習の一種である深層学習に注目が集まり，機械学習を用いた様々な製品が実用化されることとなった。また，自律的に動くロボットの開発も進んでいる。こういった技術の応用にあたっては，その兵器利用やサイバー犯罪利用の可能性も含め，倫理的課題が指摘されている。

（杉本　舞）

▷4　パーソナルコンピュータ
最初期の大衆向けパーソナルコンピュータ製品としてよく知られるものには，アップル社の Apple II，タンディ社の TRS-80，コモドール社の PET 2001 などがある（いずれも1977年発売）。1981年に MS-DOS が搭載された IBM PC が登場すると，その普及はさらに加速した。

▷5　ソーシャル・ネットワーキング・サービス（SNS）
人と人との社会的ネットワーク構築を促進するようなオンラインプラットフォームのこと。現実の人間関係を反映したものから，共通の関心でコミュニティを形成しているものまで，内容は多様である。世界的には Facebook，Twitter，Instagram などが代表的 SNS として知られる。

参考文献

喜多千草『インターネットの思想史』青土社，2003年。
ポール・E・セルージ（宇田理・高橋清美監訳）『モダン・コンピューティングの歴史』未來社，2008年。
Campbell-Kelly, Aspray, Ensmenger, Yost（杉本舞監訳）『コンピューティング史』共立出版，2021年。

3　広がるフロンティアとオルターナティブの追究

 8 科学技術と疎外論

1 そもそも「疎外」とは？

疎外というのは，何かを排除したり，嫌ってのけ者にしたりすることをいう。英語では alienation（地球外生物のことをエイリアン Alien というが，そもそもは異邦人・他所者，外国人のことを表す），またドイツ語では Entfremdung（fremd は strange，転じて foreign と同じ意味）という。そもそも，ここではない人やモノを表す語からきている。

この疎外という言葉が，哲学や社会科学で使われると，やや複雑になる。何から何を排除して，どうやって異物として外に押し出そうとしているのかを考える。例えばどうも自分で自分がフィットしてないなあ，とか，そういうことを深刻に捉えれば，それはヘーゲル的な「自己疎外」の状態でもある。

これを社会的な文脈に沿っていうなら，人間や人間の文明が作り出したもの（例えば機械や言葉，社会システムとか政治体制）が，それを作り出した当の人間やその社会を苦しめるということを，「社会的な疎外が生まれている状況」と言っている。圧政や何かに縛られる人間をみて，「こんなことは人間疎外だ」ということも多い。本来は自由で創造的な人間のあるべき姿が抑圧されている，という意味で，非人間的な状態を「疎外されている」という言葉で表現する。

このように考えてみると，科学技術は，人類文明の作り出した素晴らしいものだが，逆に，科学や技術は人間を縛っていないだろうか？　そこで苦しいという声が上がっているとなると，それは「科学技術は人間を疎外している」ということになる。

2 マルクスの疎外論：労働と技術

疎外論を本格的な社会科学に使ったのは，マルクスである[◁1]。若きマルクスにとって，この「疎外」という概念は，彼の論議の中心であった。マルクスは，資本主義は，人間を抑圧して「疎外する」のだと言った。つまり，資本主義的な貨幣（お金）とか経済的な再生産システムは，人間を豊かにしたりいい世の中をもたらすのではなく，それ自体が「外」のもの（エイリアン）となって，人間を支配するようになる。人間性を破壊し，本来の人間の持つものを抑え込む，疎遠なところからの力を持ってしまって，人間はそれに従わざるを得なくなる（だからそういうのは止めよう）というのが，マルクスの主張だ。

▷1　マルクスの疎外論はマルクーゼの『初期マルクス研究――「経済学＝哲学手稿」における疎外論』（未來社，1968年），良知力『ヘーゲル左派と初期マルクス』などから，植村邦彦『隠された奴隷制』（集英社新書，2019年）や，白井聡『武器としての資本論』（東洋経済新報社，2020年）など，様々な角度から再照射されている。

▷2　**廣重徹**（1928～75）
科学史家。科学は政治や経済から隔絶された，純粋に「知的」な営為というわけではなく，それを支える「制度」によって成り立つこと，科学は制度を作り出し，また制度に依存する歴史的なダイナミズムの中にあることを主張した。戦後日本の科学史研究の方向性を決定づけた人物。

▷3　**中岡哲郎**（1928～）
日本の技術史家・思想家。『科学文明の曲りかど』（朝日選書，1979年），『日本近代技術の形成』（朝日選書，2006年），などの著作があり，そのスタイルは，「中岡節」とも呼ばれ，多くの若者を引きつけた。Ⅰ-3

この疎外論を重要なステップに，マルクスは「労働」の分析に向かった。そこでは機械やお金に支配されるだけではなく，「技術論」も重要だった。チャップリンは，「モダンタイムス」という映画で，機械に操られることを面白おかしく演じていたが，そこには疎外に対する社会批判が織り込まれている。

3 廣重徹の「制度化論」と中岡哲郎の技術論『工場の哲学』

科学技術による疎外というキーワードで考えるなら，戦後日本の文脈に合わせて出現した２つの重要な議論を紹介しておきたい。

「科学」については，**廣重徹**[◁2]の主張が重要だろう。科学が「制度化」したことで，科学の持つ真理の追求や批判性とか公益性は失われ，国家などの制度を支えるだけのものになっている，そういうように科学は自己目的化して，科学者は制度に隷属する存在になっていると主張した。これはつまり，「科学の自己疎外」だと考えていい。廣重（1973）は日本の科学史を厚く記述したもので，その後の日本の科学史にとってのゴールデン・スタンダードになっている。

「技術」について思考を突き詰めたのは，**中岡哲郎**[◁3]である。中岡（1971）は，労働と技術の現場である「工場」をつぶさに観察し，技術イノベーションと，そこで働く者たちの技能や知識について検討した。また中岡（1974）では当時最先端であった石油コンビナートなどでの，まさに「技術によって労働が疎外されている」状況について活写している。歴史的な資料としても貴重な証言であり，ルポルタージュとしても読めるものである。疎外論の好例である。

4 人新世：疎外の結果？

そのような疎外は，今はどう考えたらいいのだろう。科学技術のみならず，「本来，それを目的として頑張ってきたのに，そこから排除されている」とか，「そのためにやっているのに，知らず知らずのうちに，そこから支配されて，苦しくなっている」というのは，あまりにも多くの例が考えつく。ブラックバイト，「生きがい搾取」や，ボランティア動員などが思い浮かぶ。科学について**金森修**[◁4]（2015）は，ポスト3・11の科学の状況を悲憤慷慨している。3・11で科学は本来の目的を失っていることが露呈した。なんたるていたらくだ，と。金森の主張は，「科学による人間疎外」の批判として読めるものだ。

最後に，地球環境問題と，「人新世」という時代区分を上げておこう。人類は，一生懸命に，豊かになろうと思ってやってきたのに，地球環境問題によって，「自分で自分の首を絞める」形になっている。そろそろ，この「人新世」という，まさに「疎外」によって作り出された状況について，根本的に，考え直した方がいいのではないだろうか。若い世代の**斎藤幸平**[◁5]（2020）は，マルクスの真髄に戻って，そう強く示唆している。

（塚原東吾）

-16 側注1も参照。

▷4　**金森修**（1954〜2016）
科学哲学者。フランス系のバシュラールやカンギレムなどの科学認識論（エピステモロジー）の研究から始め，STS（サイエンス・ウォーズ）への参入，また生命論やフーコーなど，より広い領域に関与した。特に2011年3月11日の震災と原発事故の後は，自らが不治の病に冒されていることを知りながら，科学者の堕落，制度の保存を優先し，公益性を顧みない「御用学者となっていること」への怒りを隠さず，多くの論考を世に送り出した。『科学の危機』と題された最晩年の金森の論考は，ナチスを「近代そのものの危機」と捉えたエドムンド・フッサールの歴史的な「危機論文」に匹敵するような趣がある。

▷5　**斎藤幸平**（1987〜）
哲学者。疎外論について，もっとも現代的でシャープな見解を持っている人物だろう。グレタ・トゥーンベリらに刺激されているヨーロッパやアメリカの若者の運動にも詳しく，新世代の旗手である。

参考文献

中岡哲郎『工場の哲学』平凡社，1971年。

廣重徹『科学の社会史』中央公論社，1973年（岩波現代文庫版は2002年）。

中岡哲郎『コンビナートの労働と社会』平凡社，1974年。

金森修『科学の危機』集英社，2015年。

斎藤幸平『人新世の「資本論」』集英社，2020年。

3　広がるフロンティアとオルターナティブの追究

戦後補償とODA，日本の技術移転

1　大東亜共栄圏の建設とアジアの解放

日清・日露戦争を皮切りに大陸に進出した大日本帝国の植民地政策は，**大東亜共栄圏**[◁1]の建設という**言説**[◁2]によって後押しされていた。この言説が主張するのは，「日本は抑圧的な支配者ではなく，欧米の帝国主義に苦しむアジアの国々を解放する役割を担う存在」ということである。このような「汎アジア」主義的な言説は，大日本帝国支配下の満洲国や朝鮮における水力発電所の建設の中に具体的に見出すことができる。

鴨緑江に建設された水豊ダムは，1940年代では世界第２位の大きさを誇ったダムであり，大東亜共栄圏の建設において重要な位置を占めるプロジェクトであった。このダムの建設に携わった朝鮮電業株式会社で社長を務めた**久保田豊**[◁3]は，日本を代表するエンジニアであり，戦後は経済協力という名のもと日本の技術移転を推進した人物である。

彼が水豊ダムの建設に際して強調したのが「総合技術」という概念である。総合技術とは，水力発電所の建設過程において，単に地域の産業に電力を供給するという目的だけではなく，河川の決壊対策，港としての利用など，より多様で相互に関連した目的を満たす開発を進めるというものである。総合技術によって開発された土地は，電力あるいは鉄道などのネットワークによってほかの地域と接続され，より大規模な大陸の開発に寄与するものとされる。つまり，総合技術によるダムの建設は，独立した地域ごとの開発ではなく，大東亜共栄圏というアジアの連帯を目指す帝国の権力が具現化したものであるといえる。

この「総合技術」と「汎アジア主義」の概念は，日本が敗戦国となり冷戦システムに組み込まれる新たな歴史的文脈の中で，確かな連続性をもって再び立ち現れてくる。

2　戦後補償と冷戦

戦後に設立された日本工営株式会社は，敗戦から立ち直ろうとする日本にとって，海外進出の嚆矢と期待された開発コンサルタントであり，会長には久保田豊が就任した。日本工営の前身は水豊ダムを建設した朝鮮電業株式会社であり，所属するエンジニアも植民地で働いた経験を持つ者が多く，戦前からの連続性は明白である。久保田は経団連や外務省に強い影響力を持っており，日

▷1　**大東亜共栄圏**
太平洋戦争中に日本が唱えた対アジア政策の標語。日本を盟主とする東アジアの広域ブロック化の構想とそれに含まれる地域を指す。1940年第二次近衛内閣以降45年敗戦まで唱えられ，東アジアにおける日本の侵略・支配を正当化しようとした。

▷2　**言　説**
フランス語のディスクール（discours）の訳語。本来「書かれたり，言われたりした言語の意味」を指すが，1960年代のフーコーの権力論以降，「言われたこと」「書かれたこと」を成立させた社会的・文化的文脈を分析する社会科学の用語として使用されるようになった。

▷3　**久保田豊**（1890～1986）
熊本県阿蘇に生まれ，東京帝国大学土木工学科卒業後，内務省で河川改修工事に従事する。日窒コンツェルンの長津江水電，朝鮮送電の取締役を経て朝鮮電業社長に就任。戦後は建設コンサルタント会社日本工営を設立し，自ら社長を務めた。

本の戦後賠償はインフラストラクチャー建設をもとにした経済協力により行い，日本企業が利益を享受できる形をとるべきだと提言した。

日本工営が請け負った開発事業の一つに，ビルマのバールチャン第二発電所がある。このダムの建設に際し，久保田は「総合開発」という言葉を使い受注の説得を試みている。総合開発の概念は，戦時中と同様に，効率的で全体と連動したダムの開発によって工業化を促し，新興独立国家ビルマの経済成長を助けるという目的が声高に唱えられた。植民地政策で培われた総合技術の概念が，戦後の経済協力の文脈で再び立ち現れてきたのである。

このようなインフラ事業における日本の役割は，冷戦という新たな文脈の中で再び汎アジア主義的な性格を帯びる。第二次世界大戦後，アメリカはソ連・共産主義の脅威を食い止めるため，アジアの国々の産業化を促し西側自由経済に組み込むことを画策していた。一方，バンドン会議で軍事的中立を宣言したアジア・アフリカの各国は，アメリカの軍事政策に懐疑的な目を向けていた。日本は，アメリカの軍事的同盟国として自由経済の確立を支援することを期待されると同時に，第三世界が示すそのような国民感情を理解し，彼らの立場を代弁しなければならなかった。

このような状況でダム建設の受注を試みた日本工営は，アジアの国々に同調し連帯を示すことで事業を正当化しようとした。日本工営のエンジニアたちは，自分たちの役割は協力関係に基づき繁栄するアジア共同体の建設の援助であるとし，日本はアメリカと，新興国家として経済的独立を求める第三世界の国々の仲介者であるとされた。脱植民地化した世界において，日本の汎アジア主義の言説も戦後に引き継がれたのである。

3 戦後補償からODAへ

このような枠組みで進められた戦後補償が1954年のコロンボ・プランへの加盟をきっかけにODAとして引き継がれ，現在へと続いている。日本のODAがアジアを重視しており，経済インフラに重きを置いていることの背景には，戦時中に植民地で帝国のエンジニアたちが発展させた開発システムを，再び海外進出の足がかりに利用したという事実がある。「戦時期と戦後で政治的・経済的断絶があり，経済大国として生まれ変わった日本が援助をする立場になった」という従来の歴史観は必ずしも正確ではない。

「**BHN**[◁4]分野への供与が少ない」「人権や環境に配慮していない」などとしばしば批判される日本のODAは，大東亜共栄圏の建設において重要な役割を占めていたダムプロジェクトに起源をもつ。また，資金援助で**タイド援助**[◁5]が多いという日本のODAの特徴も，日本企業への利益誘導を主張した久保田豊までさかのぼることができる。

（山品晟互）

▷4　**BHN**（Basic Human Needs）
人間が人間らしい生活を営む上で必要となる衣・食・住の基本的な要素を指す。

▷5　**タイド援助**
物資およびサービスの調達先が援助供与国に限定されるなどの条件が付くものを指す。「ひもつき」援助ともいわれる。DAC（Development Assistance Committee 開発援助委員会）は2001年5月，後発開発途上国（LDC）向けのODAのアンタイド化を進める勧告を採択した。

参考文献

アーロン・モーア（塚原東吾訳）「「大東亜の建設」から「アジアの開発」へ」『現代思想』43(12)，2015年。

アーロン・S・モーア（塚原東吾監訳）『「大東亜」を建設する』人文書院，2019年。

3　広がるフロンティアとオルターナティブの追究

10 リヴァイアサンと空気ポンプ

1 『リヴァイアサン』と空気ポンプとは

『リヴァイアサン』は，イギリス革命期の政治哲学者トーマス・ホッブズの主著と見なされる書物だ。1651年に英語で出版された。空気ポンプは，今の空気入れではなく，17世紀に発明された真空ポンプを指している。真空ポンプは，ドイツの技師にしてマグデブルク市の市長を務めたオットー・フォン・ゲーリケにより1647年から1650年にかけて発明され，大がかりな公開実験が行われ，世上を騒がした。王政復古の直前，オックスフォードにいた**ボイル**[▷1]は，非常に有能な機械技師ロバート・フックを助手として採用し，ゲーリケの真空ポンプの改良版を製作した。

▷1　**ロバート・ボイル**（1627～91）
ニュートンと並び17世紀後半のイギリスを代表する科学者。

リヴァイアサンと空気ポンプという対比は，同時代に活躍したこのホッブズとボイルの自然哲学に対する考え方の対比だ。ホッブズとボイルが真空ポンプを用いた実験について直接論争をしていたことは知られていたが，伝統的科学史においては今につながる正しい実験哲学の基礎を築いたボイルと，新しい実験哲学を理解することができず，勝利者史観のもと科学的には意味のない批判を行ったホッブズのことを，正面から研究する者はほとんどいなかった。

そうした中，1970年代からSSK（科学知識の社会学）[▷2]という研究伝統の担い手の中の2人，スティーヴン・シェイピンとサイモン・シャッファーがその時代の社会的・政治的文脈においてホッブズとボイルの論争を位置づけようという極めて意欲的な作業に着手した。その成果が1985年に出版された『リヴァイアサンと空気ポンプ――ホッブズ，ボイル，実験的生活』だ。この著作は，方法においても内容においても，すぐにSSKの代表的著作と見なされるようになった。実際この書物は英語圏の大学で，非常によく読まれた。

▷2　Ⅱ-6-4 参照。

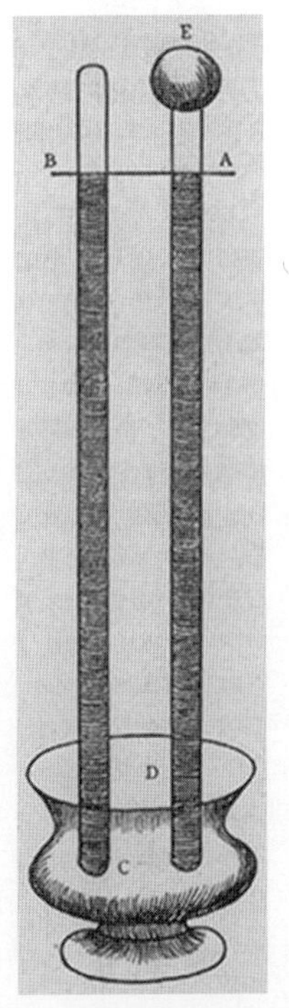

図1　トリチェリの真空

2 『リヴァイアサンと空気ポンプ』の内容

かいつまんで内容を紹介しよう。

中世を支配したアリストテレス哲学は，真空と原子を認めなかった。真空は矛盾した概念とされたし，原子論の文献は反駁するために引用する部分を除き，ほぼ消えていた。16世紀古代原子論の中心テキストが再発見され，17世紀ガッサンディによって復興されるが，文献研究のレベルにとどまり，目に見えるもの，実験によって示されるものとはならなかった。

真空は，17世紀初頭，目に見え，実験によって扱えるものとなった。ガリレオの晩年の弟子，トリチェリが1644年，ガリレオのもう一人の弟子，ヴィヴィアーニとともに，水銀槽の中に片側を閉じたガラス管を浸し，閉じた側を引き上げていくと，水銀は一定の高さまでしか上昇しないことを示した。ガラス管をどんどん引き上げても水銀の高さは一定にとどまった。この水銀に取り残された上部の空間が「トリチェリの真空」と呼ばれた。何人かの仲介者を通して，この実験を知ったパスカルは，大気圧の本質を見抜いた。

そうした流れとは別に，ゲーリケの手によって真空ポンプは生まれた。当時の技術水準では特にピストンとシリンダーの接合部，シリンダーと容器の接合部を気密にすることは難しく，多大な手間暇と製作費がかかった。空気の漏れを防ぐため，ゲーリケは，接合部を水中に沈めるという方策までとった。ドイツ人の報告によって，このことを知ったボイルは，助手フックに改良版ポンプを製造させた。ボイルは助手たちとこの真空ポンプによって多様な実験を行った。その成果は，『新実験』（1660年）として出版された。反応はすぐにあった。イエズス会士リヌスとホッブズが翌1661年ボイルを批判する書物を出版した。ボイルの対応もすばやく，リヌスとホッブズの批判に応える書物を1年後に出版した。

パリでメルセンヌサークルと交流のあった**ホッブズ**[▷3]は，旧陣営ではなく，新陣営に属した。ホッブズの新哲学は，国家までも機械の比喩で捉えるもので，新しい機械論哲学の一つの極限と呼べるものであった。ホッブズの批判は，ボイルの真空ポンプの弱点を鋭く突いていた。それは，空気の漏れの問題だ。当時の技術水準ではこの問題は根本的には解決不能であった。ポンプによって真空にされた容器の中は，本当に真空なのか？　デカルトもホイヘンスもライプニッツも真空とは考えなかった。大気圧に関係する通常の空気がわずかに残存することは除いても，容器の中を光も磁力も透過することは実験により明らかであり，光を伝える何らかの媒体や磁気を伝える何らかの媒体が真空とされた空間にも存在することを疑う者はいなかった。

ホッブズは，ボイルを創立の中心人物とする**王立協会**[▷4]には入ることができなかった。自然哲学の見解の相違だけではなく，社会的政治的背景が王立協会のメンバーとは異なった。

以上のような経緯をSSK的観点により分析して，シェイピンとシャッファーは，「知識は，国家と同じように人間の行為の産物」なのだと結論づけた。彼らによれば，科学知識も，人間の多くの知識の一つに過ぎないのだ。言い換えると，「科学も社会的構築物」であり，真理の集合体だとは言えないと主張した。これは，科学の社会的構成主義のとても強いメッセージだ。20世紀後半（執筆当時）の著者たちにとって「科学知識も，社会の成り立ちも，社会と知識の結びつきに関する伝統的な言明も，もはや当然のものとして受け取られていない」のだ。

（吉本秀之）

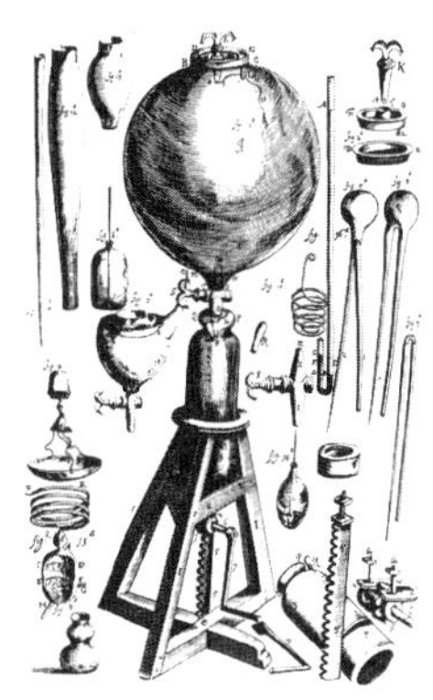

図2　ボイルの真空ポンプ

▷3　**トーマス・ホッブズ**
（1588～1679）
ジョン・ロックと並び17世紀のイギリスを代表する政治哲学者。自然哲学にも深い関心を寄せる。

▷4　**王立協会**
1660年に創立されたイギリス最古の自然科学の学会。

参考文献

R・ハレ（小出昭一郎・竹内敬人・八杉貞雄訳）『世界を変えた20の科学実験』産業図書，1984年。

S・シェイピン（川田勝訳）『「科学革命」とは何だったのか』白水社，1998年。

3　広がるフロンティアとオルターナティブの追究

11 戦争と農業

1 人を生かしも殺しもする技術

弓矢にせよ，刀剣にせよ，機関銃にせよ，兵器は，人を効率的に殺害し，敵軍を弱体化することを目的に技術革新が進められてきた。

一方，鎌にせよ，犂にせよ，農機具は，作物を効率的に育て，人間が良質な栄養を獲得することを目的に技術革新が進められた。農業技術は，少ない労力で土地の生産性を高め，収穫量を上昇させることが重要である。

石器も鉄器も，古来，丈夫かつ鋭利に改良され，狩猟や農耕など人を生かす技術にも，戦争や処刑など人を殺す道具にも使用されてきた。聖書にある「犂を剣に打ち替える」という言葉は，鉄という素材と，鉄を溶かして再利用する鍛冶屋の技術が，人の目的次第でどうとでも変更できることを示している。

農業技術と戦争技術は密接な関係にある。例えば，**ドローン**[◁1]は，田畑への農薬の散布にも用いられている。だが，刀剣や槍とドローンには根本的な違いがある。鉄器は手に持って用いられ，飛び道具としても敵を狙って使用する。田畑でも農民はそれらを手に握る。つまり，鉄器は対象との距離が近い。だが，ドローンは遠隔操作である。敵を撃つにせよ，農薬を散布するにせよ，対象との距離は遠い。こうした違いはいつ頃生じたのだろうか。

▷1　**ドローン**
遠隔操作によって動かす小型軽量の無人航空機のこと。一般的には，複数のプロペラを回転させ揚力を発生させて飛行させる機械のことを指すが，無人ヘリコプターや飛行船なども含むことがある。軍事用や農業用のみならず，配送やホビーとしても用いられる。

▷2　**内燃機関**
石炭を燃やして水蒸気を発生させ，その力でタービンを回す蒸気機関とは異なり，ガスと空気を圧縮したものを繰り返し爆発させて回転力を得るエネルギー機関のこと。蒸気機関より軽いため，自動車や飛行機や農業機械を飛躍的に進歩させた。

2 戦車とトラクター

1914年夏から1918年冬まで世界中の国を巻き込んで繰り広げられた第一次世界大戦を見てゆこう。この戦争は，工業生産力を背景に，物量戦となった。高性能の機関銃や大砲の登場で殺傷能力が格段に増え，それぞれが塹壕を掘って戦闘していたので戦線が膠着状態になったからである。この膠着状態を打ち破るために開発された３つの戦争技術こそが，さらに戦争を長引かせ，2000万人を超える膨大な死者をもたらした。実はどの技術も農業技術と深い関係がある。

図１　イギリスの戦車の試作品「リトル・ウィリー」

１つ目は，戦車である。有刺鉄線が張り巡らされ，ぬかるみの多い前線を突破するためにイギリスが開発した。ヒントになったのがアメリカの履帯型のトラクターだった。イギリスの軍と兵器産業はトラクターをモデルとして，銃弾の嵐の中であっても，あるいは不整地であっても前進できる戦車を開発した。**内燃機関**[◁2]はコンパクトであり，畑地でも戦地でも馬の代わりとして役立った。なお，第一次世界大戦後，各国で農業機械メーカーが次々に新しいトラクターを世に送るが，第二次世界大戦が始まると再びそれらのメーカーは戦車の生産も始めていく。これらの技術の登場によって，戦争も農業も石油なしには遂行できない時代が到来するのである。

3 火薬と窒素肥料，毒ガスと農薬

2つ目は，火薬である。機関銃と大砲が威力を発揮するためには，膨大な火薬生産量が必要であった。火薬生産には硝酸が必要であり，それはアンモニアから合成できる。ドイツはすでに第一次世界大戦の前，フリッツ・ハーバーとカール・ボッシュによって，膨大なエネルギーを用いて空中の窒素からアンモニアを合成し合成窒素肥料を大量生産する技術を開発していた。ボッシュは，第一次世界大戦中にドイツ政府に請われて，硝酸の工場を稼働させている。なお，第一次世界大戦後，合成窒素工場は，世界各地に建設され，各国の化学肥料と火薬の生産を担った。日本もその例外ではない。例えば，熊本県の水俣市に建設された日本窒素肥料株式会社[3]（現チッソ）は，窒素肥料も火薬も生産し，植民地朝鮮の興南にも朝鮮窒素肥料株式会社を建設し，帝国の拡大を支えた。

3つ目は，毒ガスである。塹壕から攻撃を仕掛ける敵軍を弱体化させるため，ドイツ軍はハーバーを毒ガス開発にあたらせた。ハーバーのチームは，フォスゲンという窒息剤，マスタードガスという糜爛剤，そして青酸ガスという血液剤の3種類の毒ガスを開発し，各交戦国もそれに準じた。だが，大戦終了後，各国で膨大に毒ガスが余る。アメリカの応用昆虫学者たちは，空軍の軍用機を用いて毒ガスを綿花畑に散布したところ効果があったので，これを農薬として生産する企業が急増した。また，ドイツの毒ガス開発者たちは，毒ガスがジュネーヴ協定で禁止されたあともモロッコのリーフ戦争で先住民に用いる毒ガス開発に関わったり，国内で消毒専門の会社を起業したりした。なお，その一つであるデゲシュ社がアウシュヴィッツ強制収容所で収容者の虐殺に用いられた殺虫剤ツィクロンBを開発した。また，ベトナム戦争で用いられた「**枯葉剤**[4]」もアメリカの農薬企業であるモンサント社が生産した。

トラクターと戦車，化学肥料と火薬，毒ガスと農薬という3つのデュアル・ユース[5]は，どれもが効果覿面であった。人を殺害することも，作物を生産することも，より効果的にかつ大量に遂行することを可能にした。どれもが遠隔操作的な技術であり，直接手に道具を握らなくても，これまでの時間と労力を一気に短縮させた。ただし，これらの技術は，農業を石油・石炭依存に変え，飼料，糞尿，堆肥という農場の物質循環を弱めた。2015年に国連が国際土壌年を立ち上げ，土壌劣化をくいとめるべきであると国際社会に訴えたが，その背景にはこれらの科学技術に頼りすぎた近代農業への反省が込められている。

（藤原辰史）

図2 フリッツ・ハーバー

▷3 Ⅱ-5-6 参照。

▷4 **枯葉剤**
ベトナム戦争で米軍が軍用機から散布した農薬のこと。森林を枯らしてゲリラ兵士を森からあぶり出すだけではなく，農地に散布して食料不足をもたらす意図もあった。枯葉剤が化学変化を起こしてダイオキシンとなり，多くの住民や兵士の健康を破壊した。

▷5 Ⅰ-1-10 Ⅱ-5-5 参照。

参考文献

藤原辰史『戦争と農業』集英社インターナショナル，2017年。
藤原辰史『トラクターの世界史』中公新書，2017年。

3　広がるフロンティアとオルターナティブの追究

12 「緑の革命」

1 高収量品種の開発と導入

「緑の革命」は20世紀半ばに起こった，穀物生産における技術革新，およびその結果としての単位面積当たりの穀物収量の劇的な増加を指した言葉である。1950年代にメキシコで行われた農業改革を端緒とし，1960年には南アジアにおける穀物収量を劇的に増加させた，と考えられている。「緑の革命」において中心的な役割を果たしたのは，アメリカの農学者ノーマン・ボーローグらが，**ハイブリッド品種**[◁1]を利用し開発した「高収量品種」である。

緑の革命に使われた高収量品種は，コメとムギについて，それぞれ短稈品種（茎の部分が短い品種）を改良することによって作られている。短稈品種を使うことによって，稔る種子の量が増えても倒れず，また植物が摂取した養分がより多く人間の可食部である種子に回るということでもある。こうして，単位面積当たりの収量を劇的に伸ばした「高収量品種」が可能になった。もちろん，この研究は遺伝子組み換え技術が実用化される以前に行われたものであり，膨大な数の交配を手作業で繰り返しての成果である。

ハイブリッド品種を生み出したような品種改良を，バイオテクノロジーを利用して行えば，さらに効率的にアフリカなどの食糧危機を救うことができると主張する研究者もいる。一方で，緑の革命は第三世界と先進国の格差を固定化し，環境問題を悪化させた，という批判もされている。こういった立場に立つ論者の多くは，むしろ伝統的な農業知識を復活させ，有機農法を推進させることこそが世界の食料問題と環境問題の解決の鍵であると主張する。本節では，この２つの主張について比較検討する。

2 「緑の革命は貧者を助けはしない」

「高収量品種」だけで収量の増加が可能になったわけではない。収量の増加には化学肥料・農薬の利用と，大規模な灌漑工事により水が大量に利用できるようになったことが関わっている。このハイブリッド品種であること，化学肥料と農薬への依存，大規模な灌漑工事のそれぞれが，「緑の革命」への反対派から厳しく批判されてきた。

環境活動家**ヴァンダナ・シヴァ**[◁2]は次のように主張している。①高収量品種だけが作付けされることで，伝統農業が維持してきた遺伝的な多様性が失われる。

▷1　**ハイブリッド品種**
遺伝的に遠縁の品種を掛け合わせて作られた品種を「ハイブリッド品種」と呼ぶ。一世代目には安定して優れた特質を得られるが，二世代目以降はそうした特質が失われてしまう。このため，農家は毎年種播きのたびに種苗会社から新たに種子を購入する必要がある。このことが現金収入の少ない第三世界の農家には大きな負担であるという批判がある。

▷2　**ヴァンダナ・シヴァ**
（1952〜）

図１　ヴァンダナ・シヴァ

出典：ヴァンダナ・シヴァ作製のドキュメンタリー映画『いのちの種を抱きしめて』パンフレットより。

インドの環境科学者。緑の革命やバイオテクノロジーへの根本的な批判で知られている。生物多様性を擁護し，多国籍企業の活動を「食糧テロリズム」・「バイオパイラシー」であると鋭く指摘，エコ・フェミニズムの中心的論客でもある。

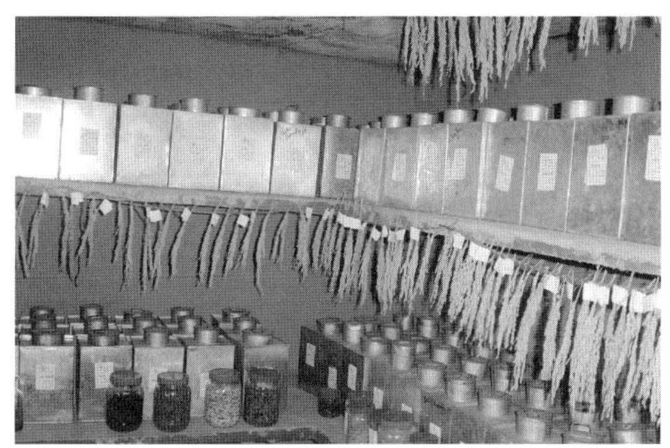

図2 シヴァのNGOが運営する種子バンク

注：緑の革命批判派は土着の品種の保存と利用促進のための種子バンクを各地につくっている。

農民の自発性や作物に関するローカルな知識も失われる。②化学肥料への依存によって土壌が疲弊し，農民の経済的負担は増す。また過剰な窒素・リンが農地外に流出し，環境問題につながる。③大規模な灌漑も塩害などの土壌破壊につながる。何より，水をどう引くかという問題は，大小様々なレベルの紛争につながる。しばしば，**水利権をめぐる紛争**◁3は石油などの埋蔵資源をめぐる紛争に匹敵すると指摘されるが，緑の革命はそれを助長してしまう，というのである。

第三世界の飢餓問題はベンガル飢饉が注目を集め，解決が急がれたが，**セン**◁4のように飢饉は生産力の不足ではなく，あくまで経済構造の問題だと指摘する論者もいる。

3 「永続的緑の革命」は可能か

こうした批判に対して，緑の革命を推進した側が十分に応えているとは言い難い。例えば，ボーローグ自身も批判に応答しているが，彼が問題の解決策と考えているのは，生産性や栄養価のより高い品種は開発可能である，ということである。批判派が主張しているのは，社会構造と先端技術の相互関係の問題であるが，推進派はその技術に内在する問題であると考えたがる傾向にある。

ボーローグとともにインドで緑の革命の普及に取り組んだモンコンブ・スワミナタンは推進派としては例外的に，緑の革命がもたらした負の側面についても積極的に発言している。彼は，先端技術を使うことを否定するのではなく，社会的・環境的な問題に配慮しつつ技術を修正していくことによって「永続的緑の革命」(Evergreen Revolution) につなげなければいけない，と主張する。いわば中間派である。しかし，こういった立場を支持する科学者は，現状では多くはない。スワミナタンはインド農学の重鎮と見なされているが，その彼にも科学者コミュニティから「疑似科学的だ」という非難が向けられることもある。

科学と社会の関係の中で技術を評価することは難しい。半世紀前に行われ，現在に至るまで論争の止まない緑の革命はそのことを教えてくれる。

（春日　匠）

現代の科学技術のあり方を考える上でも重要な思想家。

▷3　水利権をめぐる紛争
世界中で水をめぐる争いが増えている。例えばインドとパキスタンは数次にわたって戦争をしている。これは一般に宗教紛争と報じられるが実際は両国境にまたがる川の水利権が争点である。インド国内でもパンジャーブ地方のシク教とヒンドゥー教の紛争があるが，これも水利権がきっかけになっている。

▷4　アマルティア・セン (1933〜)
インドの経済学者。1998年ノーベル経済学賞受賞。『貧困と飢饉』ではベンガル飢饉を分析し，その主要因が不作ではなく，経済構造の変動によるリスクが弱者に押し付けられた結果だと分析した。

参考文献

ヴァンダナ・シヴァ（浜谷喜美子訳）『緑の革命とその暴力』日本経済評論社，1997年。

レオン・ヘッサー（岩永勝訳）『"緑の革命"を起した不屈の農学者 ノーマン・ボーローグ』悠書館，2009年。

アマルティア・セン（黒崎卓他訳）『貧困と飢饉』岩波現代文庫，2017年。

3　広がるフロンティアとオルターナティブの追究

13 科学による可視化／不可視化

1 原因不明の「からくり」

科学は見えないもの・見えにくいものを可視化する。例えば，目に見えない放射線を機器で検知，測定し，線量や核種を可視化する。疫学調査によって病気や死亡者の増加を捉え，直接は目に見えない因果関係を分析して，原因を明らかにする。このような科学による可視化の機能があるのに対して，逆に，「科学」の名の下になされる調査や研究によって，明らかになりつつあった被害やその原因・責任をかえって見えなくさせるように働くこと（科学による不可視化の機能）もしばしばあることに注意を払っておいたほうがよいだろう。そうした問題は，公害問題において典型的に見られる（宇井純による**起承転結論における「中和」**[1]を参照）。多くの公害・薬害などの問題が起こっていた1960年代にはすでに，**武谷三男**[2]編『安全性の考え方』において「原因不明のからくり」が解説されている。労働災害や公害をもたらした事故・事件の原因究明のための調査は，科学的な装いをもってなされるものの，調査委員会の編成の偏りや最初の調査計画の立て方に問題のあることがしばしばで，加害者側にとってはのぞましい「原因不明」という結論が導きだされる。因果関係の環が全部実証的に証明されないかぎり「原因不明」とし，いくつかある原因のうちで，本質的でないものを必要以上に強調することによって，真の原因を見えにくくさせるといった「疫学の悪用」も指摘されている。現代科学技術史において，同じような問題構造を剔出した研究の例をいくつか紹介する。

2 「がん戦争」と無知の構造

科学史家の**ロバート・プロクター**[3]は，がんの原因をめぐる論議に焦点をあてた歴史研究『がん戦争』（原著1995年，邦訳『がんをつくる社会』2000年）の中で，がんについては研究が進み多くのことがわかっているにもかかわらず，予防などの対策のほうに政策の重点を置くようにはならず，まだわからないことがあるからもっと研究が必要だという声が大きくなる。がんを引き起こす原因（発がん性物質，例えば，煙突の煤，精錬作業からの煙，X線などの放射線，アスベストなど，労働環境や生活環境の中で曝露し，大気や飲食を介して人間の体に入り込むことによる）はわかっているのに，危険性についての正反両方の見解が派手に唱えられ，業界団体が「不確実性」を悪用し，また必要ならつくりだすこと，つまり

▷1　**公害問題の起承転結論における「中和」**
宇井純が『公害の政治学』（1968年）で提唱した。「起」＝公害の発生・発見，「承」＝原因の究明，「転」＝反論や異論，「結」＝中和。公害の原因追究が進んでくると，加害者側（やそれを擁護しようとする御用学者）から反論や異論が数多く唱えられ，そうするとどれが真実か事情を知らない者には，正論と反論が「中和」して真実がわからなくなる，という展開をしばしばたどることを批判した。I-2-1 も参照。

▷2　**武谷三男**（1911～2000）
湯川秀樹や坂田昌一らと原子核・素粒子論の研究を進めた物理学者であり，三段階論や意識的適用説を提唱し，科学論・技術論において一時期大きな影響力をもった。原子力問題や公害問題などについて，人権を重んじた科学技術論でも長い間活躍した。『武谷三男著作集』全6巻（勁草書房，1968～70年），『武谷三男現代論集』全7巻（勁草書房，1974～77年）など。I-1-9 側注1も参照。

▷3　**ロバート・プロクター**（1954～）
米国スタンフォード大学教授。20世紀の科学史・医学史を専門とし，とくにナチスの医学史やタバコ産業の

「無知」や「不確実性」が生産され，広められることがある。タバコ会社が内部文書で「疑いこそがわが社の製品である（Doubt is our product）」と述べていたことが暴露されたのは，有名なエピソードである。また，真実とはいえとるに足らない働きを科学に結びつけ，現実の動きから目をそらせようとすることを「煙幕効果」と呼んでいる。プロクターは，こうした社会における**無知の構造**[4]を研究する必要性を提唱し，その後，「無知」が政治的・文化的に作り出される過程の学際的研究を「アグノトロジー（agnotology）」と名づけ，他の研究者とともに様々な事例について研究を進めている。

3 疑念を売り込む商人

ナオミ・オレスケスら（2011，原著は2010年）は，地球温暖化，アスベスト，タバコの喫煙，酸性雨，オゾンホールなどの環境や健康のリスク問題をめぐって，それらの問題に取り組む科学を標的にして，時には事実でないことを主張したり，他人の研究・評判を貶めるように攻撃したり，科学論争の一つの「陣営」であるかのように見せ，疑念を売りつけ，混乱をまき散らす科学者たちを「疑念を売り込む商人（merchants of doubt）」と名づけている。

一般には，地球温暖化に対する「懐疑論」の存在が有名である。マートンのCUDOS[5]に「系統的懐疑主義」があげられているように，科学知識を権威主義的に振りかざすのではなく，批判的吟味を重視するという意味での「懐疑」であれば，科学的な態度として望ましいものといえるが，「疑念の商人」による懐疑論はそのようなものではなく，公害問題における「中和」と同様，特定の業界などから資金援助を受けて，意図的に混乱させることを目的とする。

4 つくられる不確実性

科学によって原因やメカニズムのすべてが解明されているわけではないため，もっと研究が必要であるとしつつ，加害・被害の事実を認めず，さらなる被害の拡大を放置し，対策をとらない言い訳にするという構造には注意が必要だ。現代の環境問題などでは，かつての公害事件のように加害者と被害者がはっきりとは見えにくい，区別がしにくい問題も多いという指摘もあるが，依然としてここで取り上げた問題構造をしばしば見出すことができる。

科学の不確実性や不定性があることを強調し，科学だけでは答えが出せないのだからコミュニケーションが重要であるという議論がしばしば見られるが，科学により確実性の高いことがわかっている場合でも，社会的な問題の場合には科学だけで決めればよいというものでもない。当然社会的な論議は必要であるし，本節で見たように，意図的に無知や不確実性がつくられ，被害を見えにくくしたり，対策を遅らせたりすることがあることに注意を向ける必要がある。

（柿原　泰）

問題を追究する著書が知られている。『健康帝国ナチス』（草思社，2003年，文庫版，2015年）。

▷4　**無知の構造**
プロクターは，無知の型を3つに区別している。①（ふつうの意味での）知識の欠落，②選択的に失われ抑圧された知識，③意図的につくり出された無知。本節では，③の意図的につくり出された無知に関する研究を取り上げたが，②の意味での文化的に抹殺された知識についての研究として，科学史家ロンダ・シービンガーの『植物と帝国』（工作舎，2007年）では，植民地からヨーロッパに伝えられた植物学の中で，女性が抵抗手段として用いていた中絶薬となる植物の知識がいかに伝えられなかったのかについて，ジェンダーの観点からその歴史を明らかにしたものがあげられる。

▷5　II-6-1 を参照。

参考文献

武谷三男編著『安全性の考え方』岩波新書，1967年。
ロバート・N・プロクター（平澤正夫訳）『がんをつくる社会』共同通信社，2000年。
ナオミ・オレスケス，エリック・M・コンウェイ（福岡洋一訳）『世界を騙しつづける科学者たち』楽工社，2011年。

3　広がるフロンティアとオルターナティブの追究

14 生命科学の現代史

1 機能タンパク質・DNA 解析から細胞の動態把握へ

生命科学は，生態系，個体，細胞という多様なレベルを対象とする生物学の中で，ミクロ領域を研究する諸分野の総称である。そこでの現代史のスタートは，1953年，ワトソンとクリックによる。2人は，当時あったDNAに関する知識とデータをもとにして，遺伝物質としてのDNAが，二重らせん構造をとる高分子であることを提唱した。

この二重らせんモデルの出現をきっかけに，分子生物学が急速に展開していく。現在の「常識」を構成する「遺伝子」をめぐる知識や認識は，その展開の中で生み出され累積され，1960年代までに確立された。この領域では，世代を通して伝えられる遺伝情報は，化学物質DNAに刻まれ保持される，と説明された。基本的には，DNAの「塩基」部分の一次元的配列がその実体だ。この遺伝情報が細胞内で「はたらき」として立ち現れるには，まずmRNAの塩基配列へと転写される。次に，mRNAの塩基配列からリボゾームの機構によりアミノ酸の連鎖としてのたんぱく質へと翻訳される。こうして作られたたんぱく質は，化学的物理的ルールに従い立体構造をとる。そのたんぱく質が細胞内ではたらくと，一定の生命現象が見出されることになる。こうして，生命現象を起こすたんぱく質に対応するDNA塩基配列が，「遺伝子」と理解された。

現代生命科学の初期には，遺伝子は，ある座に固定的な連続線状態と捉えられていた。しかし，60年代後半になると原核生物で転移因子が見つかるようになった。70年代には，転移因子＝**トランスポゾン**◁1への注目が高まり，「遺伝子」が動く場合もあるという認識が共有されていく。

1961年のオペロン説が示した調節遺伝子という概念をはじめとして，70年代後半以降は，先のトランスポゾンを含めて，細胞内での様々な動態が明らかになっていく。真核細胞での**スプライシング**◁2の発見（1977年）と触媒機能をもつRNA **リボザイム**◁3の発見（1982年）は，細胞内動態の理解にとって特に意味をもつ。また，90年代の半ばからエピジェネティクスと呼ばれる世代を超えた伝達可能性をもつ非塩基的調整機構も把握されてきている。つまり，生命科学は，DNA塩基配列から転写翻訳され機能するたんぱく質による生命過程という把握から，DNA，RNA，たんぱく質という要素の相互作用の動態把握とその動態の個体への現れの記述分析理解へと進んできた，と要約できる。

▷1　**トランスポゾン**（transposon）
ある生物の全遺伝情報のDNA配列内で，あるいは，染色体上で，自らの位置を変えることができるDNA配列をいう。「ジャンピング遺伝子」とも呼ばれた。マクリントックが1940年代半ばに発見し，1953年に発表した。1983年，マクリントックはこの業績でノーベル賞を受賞した。

▷2　**スプライシング**（splicing）
真核生物で，たんぱく質をコードしているDNAから転写された初期mRNA（mRNA前駆体）から，翻訳されない配列（イントロン）が切り取られ，翻訳される配列（エクソン）よりなる成熟mRNAへと編集される過程をいう。

▷3　**リボザイム**（ribozyme）
長い間触媒機能はたんぱく質に特異的と考えられてきたが，1982年に，酵素活性（触媒機能）をもつRNAが存在することが見出され，リボザイムと命名された。リボザイムは，RNAと酵素（エンザイム）からの合成語である。

2 現代生命科学の2つのプロジェクト

ところで，この生命科学の現代史には，さらに2つの重要な思想・技能的軸が存在する。ここでは仮にプロジェクトと呼ぶ。

一つは，遺伝子の人為的操作というプロジェクトだ。遺伝子の人為的操作というアイデアは，もともとは品種の人為的改変を先駆としていた。育種学がそれに当たる。20世紀に入り，メンデルの法則の再発見と，遺伝子概念の鋳造，遺伝子を研究する遺伝学という分野形成が進む中で，遺伝子の人為的操作は一つの目標となった。1927年，X線が突然変異を誘発することが発見されると，人為的操作がすぐにできるという観測もあったが，現実には，さらに40年以上の研究期間を必要とした。

この技術は，放射線という物理的力でも，反応系による化学的力でもなく，細胞の動態や細胞とウイルスの関係の探求から工夫された道具立てで実現する。遺伝子組み換え技術といわれ，1972年，制限酵素とプラスミドを使い，大腸菌において確立し，漸次，拡大していった。1975年2月に開かれたアシロマ会議で，この技術を制御する指針が示され，生物的・物理的制限の中で実験が進められるという枠組みが確立した。

このプロジェクトでの次の大きな展開は，ゲノム編集技術の第三世代として，**CRISPR-Cas9**◁4 が発表された2012年に生じた。このゲノム編集ツールの出現で特に重要なのは，遺伝子の人為的操作が格段に簡易化されたことだ。現在では非常に幅広い生物種のゲノム編集に利用されてきている。

CRISPR-Cas9 によるゲノム編集技術活用の広がりは，実は，第二のプロジェクトに支えられている。塩基配列情報の可視化というプロジェクトだ。

スタート地点は，1977年，塩基配列決定に関するサンガー法の確立だ。塩基配列を解析したい一本鎖 DNA に**プライマー**◁5を付け，さらに DNA ポリメラーゼでの合成が塩基特異的に中断するよう，各塩基のジデオキシヌクレオチドを使い合成した様々な長さの DNA 鎖を電気泳動して，塩基配列を読む技術である。

1985年，DNA 増殖法に革命をもたらした PCR 法が公表され，塩基配列の可視化は急速に省力化・短時間化された。こうした状況下，1990年，ヒトゲノムの全塩基配列を読むという計画が公式に提案され実施に移された。ヒトゲノム計画である。シーケンサーという配列を読む自動機器の開発と高性能化もあって，2003年4月14日，ヒトゲノム計画の完了が宣言された。

ヒトの塩基配列は可視化された。今後の展開としては，個体（個人）の配列の可視化，全生物ゲノム配列の可視化，配列と細胞動態の紐づけが，大きな課題として残されている。

（斎藤　光）

▷4 **CRISPR-Cas9**
CRISPR-Cas9 は，DNA 鎖を切断する Cas9 と Cas9 を特定の塩基配列へと導くガイド RNA とからなる。ガイド RNA を適切に制作すると，目標 DNA へと Cas9 が導かれ，DNA 鎖が切断される。適当な処理をすると，想定された塩基配列の修復も可能だ。II-5-9 も参照。

▷5 **プライマー**（primer）
DNA が複製されるときに，鋳型となる一本鎖の複製開始起点に対合する20塩基程度からなる短い（短鎖の）RNA または DNA をいう。PCR を使う場合は，DNA プライマーが用いられる。

参考文献

飯野徹雄『新しい遺伝子像』中央公論社，1983年。
渡辺政隆『DNA の謎に挑む』朝日新聞社，1998年。
ネッサ・キャリー（中山潤一 訳）『ジャンク DNA』丸善出版，2016年。
ジェニファー・ダウドナ，サミュエル・スターンバーグ（櫻井祐子訳）『CRISPR』文藝春秋，2017年。
斎藤光「「遺伝子」概念・「細胞」概念のゆらぎと拡散」香山知晶・斎藤光・小松美彦・島薗進・安藤泰至・轟孝夫・大庭健・山極壽一『〈いのち〉はいかに語りうるか？』日本学術協力財団，2018年。

3　広がるフロンティアとオルターナティブの追究

 ウラニウムとプルトニウムの現代史

1 巨大なエネルギー源としてのウラニウムの発見

今日核兵器の原料や原子力発電の燃料としてよく知られるウラン鉱石はもともと蛍光ガラスの染料程度にしか利用されていなかった。しかし，1789年に**クラップロート**◁1によって元素としてのウラニウムが発見されると，1896年に**ベクレル**◁2はそれが放射性物質であることを特定した。そして，20世紀初頭に原子核の崩壊から膨大なエネルギーが取り出せる可能性が提示されると，ウラニウムに特別な関心が集まっていった。第二次世界大戦が始まるとウラニウムの分離・濃縮による新型爆弾の実用化を企図する研究をアメリカやドイツ，日本などが軍事作戦として秘密裏に進めた。そして1945年のアメリカ軍による広島・長崎への原子爆弾の投下によって，世界はウラニウムが巨大なエネルギー源であることを現実に知ったのである。戦後，国際社会が冷戦体制に移行していく中で，アメリカをはじめソ連やイギリス，続いて中国，フランスなどは国家の軍事・安全保障政策の重要な柱として核開発を進めると同時に，その原料となるウラニウムを自国もしくは植民地内で確保しようとした。「戦略的資源」としてのウラニウムの価値は，一連の科学的発見とその技術的利用法の確立，そして政治的意思が交わった結果として確立されたといえる。

2 ウラニウムの「原子力性」

1945年以後現在に至るまでウラニウムはその「**原子力性**◁3」をめぐって科学技術と政治・経済が交差した文脈に置かれ続けている。1949年にソ連が核実験に成功して米ソ間で核兵器開発競争が始まると，ウラニウムは単なる天然鉱物資源とは異なるものであるとされ，その保有量などの情報は核兵器の開発技術とともに国家機密として秘匿されることとなった。一方，1953年のアイゼンハワー米大統領による「平和のための原子力」演説を契機に，国際原子力機関（IAEA）の主導で原子力発電の世界的な普及戦略が展開された。そこでは，燃料としてのウラニウムは他のエネルギー資源と同じ単なる商品であると見なされ，（一定の管理下に置かれながらも）需要と供給に基づく市場原理が適用される国際取引が可能になったのである。核エネルギーが軍事利用としての「核」と平和利用としての「原子力」という二面性をもたされてきたように，ウラニウム自体にも政治・経済的な目的によって，あるときはその「原子力性」が強調

▷1　**マーティン・ハインリッヒ・クラップロート**（1743～1817）
ドイツの化学者。ウラニウムという名前も当時新しく発見された惑星であった天王星にちなんで彼がつけた。なお後述のプルトニウムを発見したのはアメリカの化学者シーボーグ（1912～99）である。

▷2　**アンリ・ベクレル**（1852～1908）
フランスの物理学者。1895年のレントゲンによるX線の発見を受けて蛍光物質であったウラン塩と太陽光の関係を研究していた際，ウラニウムに放射線を出す性質があることを発見，その功績からキュリー夫妻と共に1903年にノーベル物理学賞を受賞した。

▷3　**「原子力性」**（Nuclearity）
アメリカの科学史家ガブリエル・ヘクトによる概念。ある物質や場所はその存在自体が「原子力性」をもつのではなく，政治・社会・文化的な文脈に応じたアクターの意図によって「原子力性」が付与されることで「核／原子力」に関連するものとして認識されるようになると論じた。

されたり，あるときはそれが曖昧化されたりしてきたと言える。

3 プルトニウムの利用

プルトニウムは1940年アメリカ・カリフォルニア州バークレーの実験室で人工的に合成され発見された。ウラニウムと同じく原子爆弾の原料になるこの物質は非常に強い毒性をもつことから世界でもっとも危険な元素の一つであると言われている。プルトニウムは自然界にはほとんど存在しないが，ウラン燃料を用いて発電を行えば必然的に生成される。この副産物を含んだ使用済み燃料を再処理して軽水炉や**高速増殖炉**[◁4]で燃料としてもう一度利用しようとすることを核燃料サイクル構想と呼ぶ。プルトニウムの生産と利用に関してはすでに多くの論争がある。1974年のインド初の核実験で使用されたプルトニウムが国内の原子炉で生成されたものであったように核兵器製造への転用リスクは言うまでもない。平和利用とされる高速増殖炉についても技術的な制御の難しさとそれに伴う深刻な事故の可能性が指摘できる。高速増殖炉は技術的・資金的な問題から世界でもいまだ実用化は遠い。日本では原型炉「もんじゅ」が1995年に発電を開始したが，同年ナトリウムの漏洩事故を起こし，2016年廃止が決定された。核物質の利用はそれ自体に大きなリスクを孕んでおり，それを管理するために情報や人間の行動を強力に統制することがますます正当化されかねないだろう。

4 ウラニウムの様々な形態

核兵器開発技術をもつ国々は，国内のマイノリティの住む土地や植民地において低賃金で過酷な労働を強制しウラニウムを調達した。この帝国主義的な構造は現在も変わっていない上，ウラン鉱の開発自体が環境汚染源となりうることや採掘する労働者や付近の住民の放射線被ばくによる健康被害が問題となっている。また，採掘した天然ウランから核兵器や核燃料に使用するために核分裂性のウランを濃縮すると大量の**劣化ウラン**[◁5]が生まれる。これを対戦車用兵器として軍事転用した劣化ウラン弾が1991年の湾岸戦争で大規模使用された。劣化ウランは放射性物質であるだけでなく重金属毒性を有しており，使用された地域に入った兵士や周辺住民の健康被害が報告されている。また原子力発電におけるウラニウム資源の有効活用という名目で劣化ウランとプルトニウムを混合したMOX燃料が軽水炉で用いられているが，その経済性，技術的安定性，環境汚染リスクについて論争が続いている。さらに，原子力発電の使用済み燃料に代表される高レベル放射性廃棄物に関してはいまだ確実に安全な処理方法が見つかっていない。これらはウラニウムがその利用の過程で多様に姿を変えて私たちの社会の中に存在していることを示している。（井上雅俊）

▷4 **高速増殖炉**
高速中性子を用いて核分裂連鎖反応を起こす炉形。理論上は発電の際に非核分裂性のウラニウムをプルトニウムに変えることで消費した以上の核燃料を得ることができるとされ，「夢の原子炉」と呼ばれる。

▷5 **劣化ウラン**
核分裂性をもつウラン同位体235の比率が低いウラニウムのこと。自然界に存在するウラニウムには同位体ウラン234・ウラン235・ウラン238が含まれるが，その天然ウランからウラン235の比率を高めた濃縮ウランを作る際に生まれる残りかす。

参考文献

高木仁三郎『プルトニウムの恐怖』岩波書店，1981年。

嘉指信雄他『劣化ウラン弾』岩波書店，2013年。

井上雅俊・塚原東吾「ウラニウム」桃木至朗責任編集・中島秀人編集協力『ものがつなぐ世界史』ミネルヴァ書房，2021年。

Hecht, Gabrielle, *Being Nuclear: Africans and the Global Uranium Trade*, MIT Press, 2012.

3　広がるフロンティアとオルターナティブの追究

16 巨大事故の時代

1 事故の技術論

工場などで発生する事故はこれまでに膨大な事例があり，それらを分析・検討する事故論も数多くある。それらの中で，科学技術史家の**中岡哲郎**[1]は，事故の原因を技術的な問題にのみ帰するのではなく，人的なミス（ヒューマン・エラー）は事故の引き金ではあっても，真の原因とはいえないこと，現代技術のシステム化という特徴を挙げ，その中での技術と労働との接点に着目しつつ，技術と政治・経済がたがいに影響を与えあいながら展開する過程を分析するという「事故の技術論」を提起している。さらにその後の時代性も視野に入れて，ここでは，「巨大事故の時代」という視点を紹介する。

2 巨大事故の時代

1970年代後半から1980年代に起こった，世界的にも大きな衝撃を与えた事故を取り上げ，**高木仁三郎**[2]（1989）は「巨大事故の時代」と呼んだ。巨大で複雑なシステムとなっている科学技術による事故であり，その影響も広く甚大なものであった事故として，特にソ連のチェルノブイリ原発事故（1986年）を中心的に検討し，その他にアメリカのスリーマイル島原発事故（1979年），日航機墜落事故（1985年），スペースシャトルのチャレンジャー号事故（1986年），イタリアのセベソ（1976年）やインドのボパールでの化学工場事故（1984年）の事故も分析し，それらを総合して論じている。高木は，社会学者ペローの「**ノーマル・アクシデント**[3]（定常事故）」概念を参照して，技術の発達が遅れているから事故が起こるのではなく，先進的な現代技術のシステムの本質的特徴として複雑な相互作用と緊密性があるからこそ，起こるべくして起こったと考える。

20世紀後半，冷戦体制における軍拡競争のもと，二大超大国の米・ソをはじめとして開発が進められた核・原子力技術や航空・宇宙技術において，この時代に巨大事故が起こっていることは象徴的である。また，この時代は，先進資本主義諸国が，オイル・ショックを経て，経済・財政が厳しくなり，新自由主義（ネオリベラリズム）が台頭しつつあった時期（英サッチャー政権，米レーガン政権の時代）でもあり，公共的な事業が民営化され，安全性が軽視されたという時代背景も考慮に入れておくべきだろう。

▷1　**中岡哲郎**（1928～）
科学史，技術史，科学論，技術論に関する著書多数。『工場の哲学』など，技術と労働を論じた著作も有名である。『日本近代技術の形成』など技術史の著書も多い。「事故の技術論」は，『技術を考える13章』（日本評論社，1979年）所収。Ⅰ-3-8 側注3も参照。

▷2　**高木仁三郎**（1938～2000）
専門は核化学，1970年代半ば以降，原子力業界から独立した立場から原子力について批判的な分析・提言・警告を続けた。NPOの原子力資料情報室代表も長く務めた。1997年ライトライブリフッド賞受賞。『高木仁三郎著作集』全12巻（七つ森書館，2001～04年）。

▷3　**ノーマル・アクシデント**（定常事故：normal accident）
Ⅰ-4-2，Ⅱ-5-3 も参照。

3 巨大事故の特徴

高木はいくつもの**巨大事故**から共通する**10の特徴**◁4を導き出した。原発事故の例をもとにそれらの特徴を見てみよう。

スリーマイル島原発事故は，冷却水の循環が止まり，炉心が空焚き状態になってメルトダウン（炉心溶融）が起こったが，格納容器が破壊されるところまでは至らなかった。チェルノブイリ原発事故は，低出力での実験を行おうとしたところ，出力暴走が起こり，原子炉で大爆発が起こった。これらの原発事故は，それぞれ当時史上最悪の原発事故であった。

このような原発事故は，巨大科学技術であるがゆえの事故の規模や影響の大きさという現代的性格をもつと同時に，事故が起きるまでの経過や原因はごくあたりまえの物理・化学現象によるという側面ももつ。事故は何か一つの決定的な出来事によって引き起こされるというより，それら複数の要因が絡み合い，重なることによって巨大事故に至っている。事故はあらかじめ懸念されていたにもかかわらず，事故を防ぐための安全対策や防災対策を十分に備えておらず，（想定しておくべきことを想定から外していたという意味での）想定外の事故に至る。事故で放射能を放出したことによる被害は，放射線の影響が見えづらいことから，また事故調査による解明も不十分なため，被害の訴えがあっても，顕著な異常が起こるはずのない程度の放射能しか出ていないという前提が立てられてしまい，被害はなかなか認められない。原発事故の場合，長期間にわたって放射能汚染が残ってしまい，事故の影響を消し去ることはできない，後始末ができないという特徴も顕著である。

4 巨大事故の時代は続く

『巨大事故の時代』の出版後，1990年代以降も巨大事故は続いている。日本では，特に1995年に，阪神・淡路大震災，地下鉄サリン事件，高速増殖炉もんじゅ事故が起こり，時代を画するような年になった。その前後にも，薬害エイズ事件，諫早湾干拓や吉野川河口堰などの公共事業の問題化など，多くの事件・事故が集中して起こっている。

日本の原子力においては，もんじゅ事故の後も東海再処理工場の火災爆発事故（1997年）などが続き，1999年にはJCO社のウラン加工施設にて臨界事故が起こり，現場作業員に死者も出た。高木（2000）は，自己検証や批判的議論のない，閉鎖的な日本の原子力の行政，産業界，技術者（原子力ムラ）の根本的な問題を死の直前まで指摘し続けた。

そして21世紀の現在に至るまで，重大な事故は続いており，2011年には東京電力福島原発事故が起こってしまうが，上に見た巨大事故の特徴のほとんどを有した事故であったことが見て取れる。

（柿原　泰）

▷4 **巨大事故の10の特徴**
①事故はまぎれもなく現代的な事故である。
②事故はすぐれて古典的である。
③事故には複合的な因子——とくに機械と人の両面のミスが関与する。
④事故は予告されていた（事故には先がけがあった）。
⑤事故は解明し尽されない。
⑥運転者は事故に十分備えていない。
⑦住民は事故にまったく備えがない。
⑧事故の巨大さは軍事技術に根をもつ。
⑨被害が目に見えない。
⑩事故の完全な後始末はできない。

参考文献

高木仁三郎『巨大事故の時代』弘文堂，1989年。
高木仁三郎『原発事故はなぜくりかえすのか』岩波新書，2000年。
斉藤了文『テクノリテラシーとは何か——巨大事故を読む技術』講談社，2005年。

3　広がるフロンティアとオルターナティブの追究

17 女性と科学技術の歴史

1 科学からの女性の排除

18世紀末に研究分野としての科学が形成され始めた当初から，科学はその領域から女性をしめ出してきた。科学は男性の占める領域であり，女性の科学者はほんの一握りしか存在しなかった。それから2世紀あまりを経て状況は改善されたものの，今日でもその傾向は依然として強い。人文・社会科学に比べると，自然科学の分野における女性の研究者や学生の数は際立って少ない。こうした科学からの女性の排除は，**ジェンダー**[◁1]化された社会のあり方と密接に関連している。近代化の過程で，社会は政治や経済の場である「公的領域」とそれ以外の家族の場である「私的領域」に分かれた。そして最初に市民権を有したのが男性のみであったことからも明らかなように，男性は公的領域に，女性は私的領域にそれぞれの居場所を持つことになった。ゆえに公的領域に属していた科学からも女性はしめ出されてきたのであり，わずかな女性科学者でさえ私的領域での役割から自由ではなかった。それだけでなく，こうした公的領域から女性を排除する一翼を担ってきたものこそが，科学技術なのである。

▷1　**ジェンダー**
一般的には，生得的な身体的特徴に鑑みた性別をセックス（sex）というのに対し，社会的および文化的に構築された性別をジェンダー（gender）という。ジェンダーはあらゆる社会制度に浸透し，「男／女らしさ」を規定する。

2 「自然」な「母性」

シービンガー（2002）によると，科学は社会的なジェンダーの慣習を理論と実践に取り入れ，強化し，自然化した。例えば18世紀の植物学者である**リンネ**[◁2]は，法律上女性が男性に従属するという構造にしたがって，植物について雌の部分を雄の部分の下位におくような分類を行った。そしてこの「自然な」植物分類は，公的領域で生きるための市民権を女性には付与しない社会の創出に影響を与えたのである。それにとどまらずリンネは，動物分類学で「ママリア（Mammalia）〔哺乳類〕」という用語を生み出し，社会における母親としての女性の役割の形成に影響を及ぼした。当時貴族や中産階級の間では**乳母制度**[◁3]が主流であったが，この制度のもとでは乳児の死亡率が高かった。そのような社会的背景にあって，リンネは当該動物の雌の乳房のみに注目して哺乳（乳で哺（はぐく）む）類という語を採用し，哺乳類に属する人間も女性が自ら母乳で子どもを育てることが「自然」なのだという考えの正当化に一役買ったのである。こうして母となる女性は生物として「自然」に子を愛し育てるのだという「母性」を科学の名においてつくり上げた。そして科学に裏打ちされた「自然」な「母性」は，

▷2　**カール・フォン・リンネ**（1707～78）
スウェーデンの植物学者。動植物を属名と種名で表す二名法を確立し，分類学の父と呼ばれる。Ⅰ-3-18 側注1も参照。

▷3　**乳母制度**
乳母は母親の代わりに乳児の世話をする女性。18世紀頃のヨーロッパでは授乳を下品で恥ずべき行為だと見なす風潮が強かったため，中・上流階級の多くの女性は授乳を拒否し，乳母を雇うか子どもを乳母のもとへ里子に出していた。

家庭で育児を一身に担う主婦としての母親を生み出したのだ。

3 家事労働の機械化と「主婦」の誕生

科学技術が公的領域からの女性排除に加担した別の例としては，**家事労働**[4]の機械化が挙げられる。そもそも西洋の工業化以前の家庭では，老若男女問わず家族の全成員が家事労働に参加していた。男性はまき割りや家畜の屠殺などの力仕事を担当し，女性は料理や裁縫を行って，子どもは親の手助けをした。ところが工業化によってまきの要らないストーブや製粉機が発明されると，そうした家庭用の機械を購入するために男性は家庭外で賃労働をするようになった。そして，家庭内での男性の仕事は機械にとって変わられた。加えて近代化によって教育が重視されると，子どもも家事を担う存在ではなくなった。そのため私的領域には，結果として女性のみが取り残されたのである。つまり家事労働の機械化は重労働であった男性の仕事を減らしはしたが，その代わりに機械化された仕事を含めて女性の家事労働の負担を増やすことになった。洗濯や掃除も機械化されると，いよいよ女性は家事労働を一人で全般的に担う「主婦」となったのである（コーワン 2010)。科学技術は家事労働を軽減しても，家庭に労働者がいることを前提としている。そしてその労働者は，不釣り合いにも女性に偏っている。

4 日本の主婦と家電製品

日本でも1960年代の高度経済成長期を経て近代化が完了し，家庭外で賃労働をする夫と家庭で家事をする主婦を伴う家族が一般化した。上野（2009）によれば，近代的な家事労働は主婦の存在を前提として発明された高い生活水準を維持するための労働であり，主婦の大衆化によって「主婦が行う労働」が家事労働だと定義されるようになった。そしてこの家事労働の標準化は，科学技術による家事の機械化による。例えば1950～60年代において豊かな生活の象徴であった「三種の神器」や「3C」[5]が一般家庭に普及すると，人々の家庭内での生活は高水準ながら似たり寄ったりのものになった。しかしこれらの機械は家事労働の負担を軽減しても，家事労働から主婦である女性を解放するものではなかった。それどころか，家事の機械化で達成された生活水準を維持するためには家電製品の購入が必要であり，そのため主婦も労働市場へと追い立てられた。ゆえに機械によって家事の一部が代替されても，家庭のために女性が費やす時間は減ることがなかった。[6]

このように科学技術は，ジェンダーによって異なる規範や役割を構成する社会の一部として成り立っている。ゆえに科学自体もそこから産出される知識や技術もジェンダー化されており，決して客観的で中立的なものではない。そしてジェンダー化された科学の理論や実践は，翻って社会を形作ってゆくのである。

（村瀬泰菜）

▷4 **家事労働**
マルクス主義フェミニズムが発見した概念。家事は交換価値のある商品を生産するわけではないため労働ではないという考えが従来は強かったが，この概念では家庭内で主婦が行っている家事を無償での労働だと見なす。

▷5 「三種の神器」は冷蔵庫，洗濯機，白黒テレビの三種の家電を指し，新たな三種の神器として流布したクーラー（cooler)，自動車（car)，カラーテレビ（color television）は頭文字をとって「3C」と呼ばれる。

▷6 このことは農業機械の購入により「機械化貧乏」に陥ることとパラフレーズできる。

参考文献

ロンダ・シービンガー（小川眞里子・東川佐枝美・外山浩明訳）『ジェンダーは科学を変える!?』工作舎，2002年。

上野千鶴子『家父長制と資本制――マルクス主義フェミニズムの地平』岩波書店，2009年。

ルース・シュウォーツ・コーワン（高橋雄造訳）『お母さんは忙しくなるばかり――家事労働とテクノロジーの社会史』法政大学出版局，2010年。

柏木博『家事の政治学』岩波書店，2015年。

3　広がるフロンティアとオルターナティブの追究

18 人種と科学

1 人種とは物象化された語彙である

科学は人種を発見したのではなく，物象化した。人種は人種差別を正当化するために捏造された人間の類型であるにもかかわらず，まるで客観的な公準のように独り歩きして，今度は人間の認識を縛りつけるようになった。分類指標としての肌の色は，髪や目の色と同じ遺伝子的形質の表現型（phenotype）に過ぎない。しかし人種は，肌の色に加え骨格，顔相などの見た目に関わる言説が，知性，能力，言語，習俗，信仰，気候風土に合わせた慣習など文化的属性の優劣や進化の度合の階層性と関連するという論理のもとに構成されてきた。だから，「人種の存在は科学的に証明できない」と言っても不十分である。科学的に証明できるなら人種は存在するかもしれないという予見を残してしまうからだ。「遺伝的多様性は人種とは関係ない」と言っても不十分である。あくまでも人種の存在を想定した上で遺伝的多様性との非関係性を指摘しているだけだからだ。「ゲノム情報による人種の区別が差別につながらぬように留意すべし」という論理そのものも倒錯している。人種とは，差別するために作り出された「不条理（absurdity）」に過ぎないからだ。人種は科学とは一切関係がない。ただ人種を欲望する凡庸な知恵があるのみである。

▷1　**カール・フォン・リンネ**（1707～78）
スウェーデンの博物学者。既知の動植物を階層的に分類する方法を提唱。I-3-17 側注1も参照。

▷2　**イマヌエル・カント**（1724～1804）
プロイセンの哲学者。人種について「美と崇高性の感情に関する考察」（1764年，『カント全集』第3巻，岩波書店，2000年）で論じている。理由は定かではないが日本語版では人種差別的な記述が削除されて訳されている。

図1　ニグロの少女を抱き去るオランウータン

出典：リンネ（1794）。

2 文明と野蛮，真の人間と下位人間

分類学の祖と言われる**リンネ**[▷1]の『自然の体系』（1794年）がイギリスで再編集された際に挿入された挿絵「ニグロの少女を抱き去るオランウータン」には，ヨーロッパ啓蒙時代の知識人によるアフリカ人像だけではなく，人種差別の要素が含まれている。この絵が示唆するのは，アフリカ人は「下位人間（sub-human）」として進化の途上にあるということだけではなく，オランウータンとの近親性が人種単独ではなくジェンダーやセクシュアリティに関わる交渉を通じて表象されているということだ。分類の方法や基準の違いはあれ，**カント**[▷2]など啓蒙期の知識人たちは，黒い肌を知性や理性の未熟さの原因だと考えたのである。

19世紀半ば以降，ダーウィン的な進化論が人口に膾炙する一方で都市化産業化により労働者階級が出現し，植民地主義により非ヨーロッパとの遭遇が進むと，進化の逆＝退化（degeneration）への関心が高まってくる。**ゴビノー**[3]は人種混交が文明を退化させると警鐘を鳴らし，**ロンブローゾ**[4]は「犯罪者」の顔相や骨格には生来的な劣化が認められると説き，貧困ゆえに罪を犯す者も多かった移民や他民族を排斥する論拠を提供した。こうした退化の理論は解剖学と形質（自然）人類学の知見に基づいており，優生学へと道を開いた。

3 人種と身体スケールの観察

人の「種」の違いは，それを「真実」として詳らかにする技術とその技術によって可能になる認識と認知の枠組み（レジーム）から切り離せない。近年の人種的差異の表象の舞台は，ナノ・テクノロジー分野での分子構造や染色体，遺伝子の情報（ゲノム）へと移っている。数字データとしてだけではなく，CT（コンピューター断層撮影），NMR（核磁気共鳴分光法），MRI（磁気共鳴画像法）によって視覚イメージ化される身体の一部は，肌のメラニン濃度から筋肉や骨の成分，染色体の構造まで，人種的差異を示す根拠として提示される。

身体観察のスケールの変容に伴い，人種的差異を定義する根拠も変容しているように見えるが，遺伝子と人種的差異の相関関係そのものが証明されていない。だが，特定の分子構造が特定の人種的特徴と必然的に照応するかのような言説がいまだに形成されている。人種は「真実」として構成され，形而上学と技術を結びつける有効な手段として重宝されているのである[5]。

4 表皮化

肌の色であろうがゲノムであろうが，視覚化された身体情報が人種の指標とされていることに変わりはない。**ファノン**[6]は，視覚と視線を優先させることで人種を現象学的に理解しようと試み，身体の特徴を内面の質に転化させ，身体に上下関係や優劣の意味を備えさせる仕組みを「表皮化（epidermalization）」と名づけた。それは，本来必然的な照応性のない身体情報と「内面」の間を無理矢理埋める作用である。

ファノンによれば，人間を肌の色で意味づけしていく知の体系化は，植民地主義的な社会関係の中で存在し続けることを強いられる「下位人間」と，その関係性を俯瞰する立場に立てる「真の人間」との非対称性を繰り返し強固に固定化する。近代植民地主義による資本の原始的蓄積はそのための資源として管理される労働力を必要としたが，搾取の正当化のために考え出された論理は多様に波及し，現在も差別を生み出す原理となっている。 （小笠原博毅）

▷3 **アルテュール・ド・ゴビノー**（1816～82）
フランスの小説家・外交官。白人至上主義を唱えた。著書に『人種不平等論』（1853～55年）。

▷4 **チェーザレ・ロンブローゾ**（1835～1909）
イタリアの精神科医・犯罪学者。著書に『犯罪人論』（1876年）。

▷5 他方で，差別を生み出す否定的な根拠づけのみならず，特定の能力を肯定的な証明として遺伝子や内臓器官能力のデータを提示する動きもある。アフリカ人ランナーには「長距離遺伝子」があり，脂肪酸からエネルギーを生み出す特別な酵素のおかげで最大酸素摂取量が相対的に多いという仮説もその一例だ。しかし例えば，五輪や世界選手権のマラソンや長距離で圧倒的な強さを誇るケニア高地のカレンジン族ランナーの遺伝子を解析しても，彼らが長距離走に適していると結論づけられるデータは得られなかった。

▷6 **フランツ・ファノン**（1925～61）
仏領マルティニーク出身の精神科医・思想家。第三世界主義に大きな影響を与える。

参考文献

忠鉢信一『ケニア！』文藝春秋，2008年。
アンジェラ・サイニー（東郷えりか訳）『科学の人種主義とたたかう』作品社，2020年。
フランツ・ファノン（海老坂孝・加藤晴久訳）『黒い皮膚・白い仮面』みすず書房（原著1952年，邦訳新装版2020年）。

4　ポスト神戸と3・11

ライフラインと減災：神戸の経験から

天災と人災

1995年の神戸の震災，そして2011年の東北の震災は，大きな被害をもたらした。多くの場合，実際の天災による被害だけではなく，そこにある人工物によって被害が増大した。神戸では，木造住宅の梁や家具の下敷きになった人々がいた。家具を固定さえしていればと今でも悔やんでいる遺族は多い。東北では原子力発電所を津波が襲って，制御が不可能な状態になった。これらのことを想起すれば，人工物が被害を増やしたという例には事欠かない。同時に人工的に何らかの処置をすることで，被害を未然に防いだりもできることに期待をかけたいところでもある。

このように災害は「天災か人災か」という議論にもなるので，科学技術論として災害を検証しておくことが必要だ。天と人についての神学論争や運命論・文明論さえ呼び起こしそうだが，少し具体的に，科学技術と社会の関わりという枠組みから，まずは神戸の震災で何が学べたかを確認しておきたい。

2　神戸で注目されたこと：ボランティア，防災から減災へ

神戸の震災の経験は日本における「ボランティア元年」になっていた。災害の後，市民社会が救援に動き出した。東北の震災や熊本地震，そして台風や洪水の際にも，神戸で培ったノウハウや，避難所・仮設住宅などの運営に生かされている。災害後に多発した性暴力やジェンダー・ハラスメントの問題も，神戸で指摘されたことで，その後の予防的措置につながっている。

ボランティアが機能したことは，神戸の震災が都市型の災害であり，人材や物資の補給路（ロジ）が確保できていたがゆえに実現していたということが指摘できる。神戸の都市機能はほぼ壊滅したが，大阪は通常稼働していた。また海からの補給路が確保できたことも，破壊された都市へ「ヒト」を流し込み，救援することが可能になった要因だ。小規模で集中的な壊滅を受けた神戸に，豊富な物資と人材が集中したことが，ボランティアのインフラであった。

またこの頃から，「防」災ではなく「減」災へと主張されるようになってきた。◁1 ここで忘れてはならないのは，京都大学防災研究所の河田恵昭の仕事だろう。奇しくも東北の震災が起こる直前の2010年12月に，河田は『津波災害――減災社会を築く』という本を刊行している。スマトラ沖地震津波の記憶も冷めやら

▷1　「防」災から「減」災というのは，漢字の言葉遊びのようにも聞こえるが，その違いを厳密に説明しようとすると，漢字熟語のキャッチワードだけでは言葉足らずで，やはり少し難しい。英語で防災は disaster prevention（予防），disaster management（マネジメント），減災は，disaster reduction, disaster mitigation, disaster risk reduction（DRR）など。Damage/hazard control, もしくは damage reduction という翻訳もある。

▷2　河田と同様の例として，神戸大学の教授であった石橋克彦は，『科学』1997年10月号で論文「原発

ぬ中，河田は，日本列島も津波に襲われる可能性が十分にあると警告している。◁2 そこで河田が主張しているのは，被害をいかに最小限におさえるかという「減災」の視点であった。

このことから，この頃には防災という概念，つまり予知や，災害を完全に「防ぐこと」は無理になってきたと読むこともできるだろう。すでに災害が起きることが「前提」となっていて，その上で，建物の耐震・防火化から避難訓練，復興準備までをあらかじめ行うべきだという。◁3

3 減災と予防的な対策とはトータルな軍事化か

神戸の経験に科学論的な考察を加えておこう。「減災」で重要なことは発生前にいかに被害を減らすための方策が取れるかだ。となると重要になるのは，やはり「予測」ということになる。だがそれは，災害そのものの発生を予測するのではなく，どのように被害の最小化が可能かということになる。いわば，広義の危機管理（クライシス・マネジメント）である。◁4

すでにそのような災害や事故の予測は一般化しており，地域行政・街づくりなどでのハザードマップ・防災マップも広く共有されるようになっている。

だが，これらを制御し統括しようとする場合，その基本は，結局のところ，「上から目線」で組織されたものになることは注意しなくてはいけない。いわゆる軍事的なＣトリプルＩ（Command Control Communication Intelligence）をどう貫徹するかが，災害マネジメントでは重要視されている。つまり緊急事態，いわば非常事態・例外状態のマネジメントは，戦線指揮とロジスティックスのシステム構築思想がベースになっているから，軍事組織・警察や公安の機動力に依存することになるし，権力の野放図な濫用も懸念される。市民の安全を守る，災害にあらかじめ対処するということは，中央集権的なコマンドシステムによって稼働されることになる。つまり軍事化に直結するものである。いうならば，減災や安全安心の掛け声のもとに，平常時は非常時，通常状態は例外状態というジョージ・オーウェルが予言した社会への歩みが進んでしまうとも言える。

その意味で，新型コロナウイルスの蔓延というある種の緊急事態に直面した際に，全体主義国家モデル・監視システムがより有効である可能性が示唆されている。そうなると，完璧な防災国家とは，完璧な軍事統制国家でもあると考えられる。ブラックな想定であるが，問題は，国家の存続と繁栄を先に考えるのか，それとも市民を守るのかの基本的な思想の違いであることは，何度でも確認しておかないといけないだろう。

（塚原東吾）

震災――破滅を避けるために」を発表。大地震によって原子力発電所が炉心溶融事故を起こし，地震災害と放射能汚染の被害が複合的に絡み合う災害を「原発震災」と名づけて警鐘を鳴らした。「原発震災」への懸念は，2011年の東日本大震災で引き起こされた福島第一原子力発電所事故で現実のものとなった。

▷3　この頃，自然災害についての学問的な対応も，徐々に変化しつつあり，予測・予知についての概念も決定論的予知ではなく，確率論的予測へと変容しつつあった。例えば，地震学会では，2012年に，地震「予知」から「予測」へという定義の変更があった。

▷4　それ自体，事故の発生さえもゼロとされ，事故想定の演習さえ避けられた原発プロパガンダの例を考えるなら，悪いことではないだろう。防災タイムライン（避難計画・防災行動計画），事故現場指揮システム（インシデント・コマンド・システム）や，緊急事態マネジメントシステム（インシデント経営体制）も，自治体レベルで計画されている。また国家レベルの大規模イベントではテロ対策やオリンピックなどのマネジメントでもこのような想定がされている。

参考文献

石橋克彦『大地動乱の時代』岩波書店，1994年。

ジョルジョ・アガンベン（上村忠男・中村勝己訳）『例外状態』未來社，2007年。

河田恵昭『津波災害』岩波書店，2010年。

4　ポスト神戸と3・11

構造災

1 なぜ私たちは科学技術に関する失敗を繰り返すのか

事故や災害など，科学技術に関する「失敗」を目の当たりにしたとき，私たちはしばしば，我々の科学的知識や技術的対処が不十分であったことを嘆き，その改善を図ることで問題を乗りこえようとするか（**科学技術決定論**[◁1]），あるいは，科学技術そのものに帰責せずに，それを適切に使いこなすべき私たち人間の側の問題，典型的には個人の倫理的堕落や制度の不備などを原因として特定し，その是正をもって問題を乗りこえようとするか（**社会決定論**），いずれかのナラティブ（語り口）を用いがちである。

しかし，私たちは過去，数多の「失敗」においてそれら両方のナラティブから問題解決に取り組み，再発防止を誓ってきたものの，それでもやはり，新たな科学技術の「失敗」による公益の毀損（例：人命や健康，あるいは財産上の重大な損害）は繰り返されてきた。科学技術決定論と社会決定論の狭間に落ち込んでいる事柄にこそ真因があるのではないか。松本三和夫（2002）は，科学社会学の立場からこの点に着目して「構造災」概念を理論化してきた。

▷1　**科学技術決定論と社会決定論**
原子力発電所（原発）の炉心損傷事故を例に取る。科学技術決定論は，技術的な不備の改善を図ろうとするだろう。社会決定論は，何らかの社会経済的な利害（例：政治的反発，保身，企業収益の最大化，等）による不作為が原因と見て，関係者への制裁や倫理の徹底，あるいは，原子力利用の中止を求めるだろう。

2 科学と技術と社会の界面で起こる災害

松本（2012）は，「構造災とは，簡単にいうと，科学と技術と社会のあいだの界面（インターフェイス）で起こる災害をさす」と述べている。問題の所在を「科学と技術と社会」のいずれかに帰すのではなく，それらの相互作用，より正確に言えば，それらの相互作用が生じる「仕組み」に求めようとする立場が重要だ。

松本は同書で「構造災」の特徴を以下の５点に集約している。

① 先例が間違っているときに先例を踏襲して問題を温存してしまう。
② 系の複雑性と相互依存性が問題を増幅する。
③ 小集団の非公式の規範が公式の規範を長期にわたって空洞化する。
④ 問題への対応においてその場かぎりの想定による対症療法が増殖する。
⑤ 責任の所在を不明瞭にする秘密主義が，セクターを問わず連鎖する。

これらの要素には，科学・技術を対象とした社会学の先行研究の影響が認められる。重要概念である組織社会学者C・ペローの「**定常事故**[◁2]」（Normal

▷2　**定常事故と逸脱の常態化**
ペローの「定常事故」（normal accident）概念は[Ⅱ-5-3]を参照。ヴォーンは長時間をかけて職場集団における「標準」がずれて危険性を無自覚に増大させる「逸脱の常態化」（normalization of deviance）を定式化した。

▷3　**無限責任**
松本（2009）は無限責任の典型例として原発から生じる高レベル放射性廃棄物を挙げる。そのリスクは数万

Accident）概念（上記の②に深く関連）や同じく組織社会学者のD・ヴォーンの**「逸脱の常態化」**概念（上記の③や⑤に深く関連）の影響も見受けられる。あるいは，①や②は，広く社会科学において今や古典的で一般的な概念である「経路依存性」概念の応用ともいえる。これらの見方に共通するのは，「科学・技術・社会の界面」で起こる現象を，安易に誰かの過失とか何かの不備とかに帰さずに，まさにその界面で起きる「仕組み」として機構論的に捉えていることや，その結果導かれる問題解決の処方箋もまた，「仕組み」のレベルでの見直しを求めるものである。

3 STS 批判と「負の自己言及」

松本はSTSにおける一連の研究あるいは実践への不満も隠さない。

例えば，科学・技術における不確実性が政策形成・決定の場面に投入された際に，それを科学技術決定論のステレオタイプで覆い隠すことの問題性（原発の「安全神話」などが思い浮かぶ）を指摘しつつも，返す刀で，STSが典型的な答えとする市民参加論への批判も行っている。

すなわち，ある不確実性を政策プロセスにおける関与者の増大による政治的な正当性に拠って解決しようとするならば，当該の不確実性がもたらす**無限責任**◁3を範囲の拡大した関与者全員が引き受けねばならなくなるが，それでよいのか。STSが奉じる市民参加論は，責任所在を雲散させ，誰もが無限責任と向き合わない状況を作り出すだけということにならないか。それは社会決定論の変種（あるいはそのもの）ではないのか。だからこそ責任や過誤が特定され，正されることなく同種の失敗が繰り返されるのではないか。

松本は「**負の自己言及**◁4」を，こうした知的な無限後退を断ちきる重要な鍵と位置づける。自らの主張を現実に当てはめた場合にどのような逆機能や不備が顕わになるかを常に自覚し，それを明らかにし続けることを要求するのである。松本はSTSがそれを欠いてきたことを，およそ主要なSTS論者のほとんどの主張を挙げて批判し続けてきた。

4 「構造災」の今日的意義

松本自身が主張する処方箋は，立場や社会的責任が常に自覚的に明示あるいは分配された上で，万人が内実を検証可能な（現代風にいえばトレーサブルな）**公的議論や研究資源配分の仕組みを構想**◁5することである。

その穏当さに拍子抜けする向きもあろうが，知的な理非が衆目のもとで常に競われ，問われ，後から間違いと気づけばすぐにそれが検証され，過誤が正されるプロセスの実現はそう容易ではない。それどころか，2020年代の社会にはむしろ，そうした理念型からいよいよ離脱する気配も感じられる。松本が説く王道の意義は改めて省みられてよいはずだ。　（寿楽浩太）

年から数百万年にわたって考慮される必要があるとされる。有力な処分方法とされる「地層処分」の成否は誰にも語れない一方で，将来の人々が不意に重大な損害を蒙る可能性が常に残る。すなわち，責任の範囲や重さが無限大に発散し，誰もそれを背負いきれない。

▷4　**負の自己言及**

STS問題の解決にはしばしば，学際的あるいは超域的な「異種交配」が呼びかけられるが，その際には，各分野が「構造的に抱え込む問題点，あるいはめざす知のあり方と現実……との隔たりにあえて自己言及する営み」（松本，2002）が必須だとする立場。それを欠くと，見かけ上の「相互豊穣化」（同）の期待とは裏腹に「相互不毛化」（同），すなわち欠陥をお互いに覆い隠す状況が現出するという。

▷5　**公的議論や研究資源配分の仕組みの構想**

松本は，科学コミュニケーションにおける「立場明示型のインタープリタ」（松本，2012）や学術における「立場明示型の研究助成」（同），あるいは，万人が重要な判断や決定の根拠を確認するための「機微資料公文書館」（松本，2002）等，公明正大で検証可能な知の基盤的仕組みの具体例を提案している。

参考文献

松本三和夫『知の失敗と社会』岩波書店，2002年。

松本三和夫『テクノサイエンス・リスクと社会学』東京大学出版会，2009年。

松本三和夫『構造災』岩波新書，2012年。

4　ポスト神戸と3・11

廃炉と核のゴミ

原子炉の「寿命」

現在のところ原子炉の「寿命」について世界的に見ても一律の基準はない。技術的な観点からいえば，多くの機器が組み合わされた巨大で精密な機械システムである原子力発電所を運転するにあたって，部品の消耗や老朽化に対する定期的なメンテナンスが当然必要である。その上で，長期間の使用によるパーツや性能の劣化に係る**高経年化対策**[1]にもかかわらず原子力発電所全体としての安全性や経済的効率性が損なわれていると判断されたとき原子炉の停止が決定される。

日本では2011年３月の福島第一原子力発電所事故を受けて「核原料物質，核燃料物質及び原子炉の規制に関する法律」が2012年に改正され，法律によって原子力発電所の運転期間を使用前検査に合格した日から原則40年とすることが決定された。ただし，原子力推進派から40年を超えると技術的不具合が増加するという科学的根拠がないという主張がある一方，反対派からは**原子力規制委員会**[2]が認めれば一度だけさらに最長20年延ばすことができるという例外規定が改正法の施行後相次いで適用されていることからこの「40年ルール」は予防措置として形骸化しているという批判もある。

2 原子力発電所を解体する

運転を終えた原子力発電所では原子炉および建屋を解体する廃止措置が実施される。使用済み燃料の搬出，原子炉や周辺設備の解体，建屋の解体・撤去，安全確認といったすべての工程を終えるまで一般におよそ30年必要であるとされている。原子力発電所の解体におけるその特殊性は使用済み核燃料の取り扱いと長期間の運転によって放射化した原子炉の構造材や部品の汚染状況の確認・除染の必要性にある。運転を停止した後も原子炉は一定の間放射性物質を放出し続けるため，十分に安全を期した慎重な作業が要求される。国内においては日本原子力研究所（現在は日本原子力研究開発機構に改組）の動力試験炉**JPDR**[3]が唯一廃炉を完了した事例である。また，廃炉措置は正常に運転を停止したものだけでなく，重大事故を起こしたものについても実施しなければならない。1986年に事故を起こしたチェルノブイリ原子力発電所では，「石棺」と呼ばれるコンクリート製の構造物で損傷した炉を燃料が入ったまま封じ込めた。しかし老朽化による放射性物質の漏洩が懸念されたため新たにその石棺ご

▷１　**高経年化対策**
特に運転開始から30年以上経過した原子力発電所に対して，通常の保守点検に加えて長期間の運転に伴う機器・性能の劣化に対する追加の安全性検査・計画的な機器の取り替えなどを実施すること。

▷２　**原子力規制委員会**
福島第一原子力発電所事故を経て，原子力利用の「推進」と「規制」機能を分離するために新しく設置された，安全規制を一元的に担う環境省外局組織。原子力規制庁はその事務局。

▷３　**JPDR**
Japan Power Demonstration Reactor のこと。1963年10月26日，国内で初めて原子力を用いた発電に成功した。1976年に運転を停止し，1986年から1996年にかけて廃炉措置・解体された。

と覆う鋼鉄製のシェルターが2016年に設置された。ただし，廃炉自体についてはいまだ目処が立っていない。福島第一原子力発電所では，事故後の廃炉作業は政府と東京電力の「**中長期ロードマップ**◁4」によると2041年から2051年頃に完了することが目標とされている。しかし，汚染水の処理や溶融した燃料の取り出しに関する技術的な困難さに加え，機械トラブルなどによって作業が計画よりも遅れている。

▷4 **中長期ロードマップ**
正式名称は「東京電力ホールディングス(株)福島第一原子力発電所1～4号機の廃止措置等に向けた中長期ロードマップ」。2011年12月に初めて策定され，2019年末までに5度改訂されている。ただし現在までどのような状態をもって廃炉措置を完了したとするのかという点については具体的に示されていない。

3 核のゴミの処分

原子力発電の利用や運転を終えた原子炉の廃炉措置の過程で生まれる放射性廃棄物は，使用済み燃料そのものおよび再処理の際に出る廃液のガラス固化体を指す「高レベル放射性廃棄物」と放射性物質で汚染された制御棒や炉内構造物，その他部品などの「低レベル放射性物質」の2種類に分別される。このうち，高レベル放射性廃棄物については安全な最終処分方法がいまだ確立していない。というのも，廃棄物に含まれる放射性物質が無害化するまで数千年から数万年もの時間を必要とするからである。この意味で原子力発電の利用は「トイレなきマンション」と比喩される。これまで海洋投棄，宇宙処分など様々な方法が世界中で検討されてきたが，今日最も現実視されているのは**地層処分**◁5と呼ばれる方法である。しかしながら，環境・技術的な安定・安全性の観点から数万年という長期間いかに廃棄物を管理し続けるのか，そもそも可能であるのかについて疑問が呈されている。さらにどこに埋めるのか，どのように最終処分場の建設地を決定するのかという問題は科学的評価のみに基づく決定を超えた政治的な議論が必要である。現に埋設施設建設候補地では住民間での対立や反対運動がある。現在のところ，フィンランド・オルキルオト島の「オンカロ」と呼ばれる最終処分場が世界で唯一建設段階にある。

▷5 **地層処分**
高レベル放射性廃棄物を人間の生活環境から隔離された地下深くの岩盤の中に閉じ込めること。自然災害や社会変動などの影響を受けにくいことと地下深部の環境的な安定性によって他の処分方法よりも優位とされる。

4 核の時代における世代間倫理

2020年8月の時点において，日本国内の商用発電炉24基について運転が停止され，廃炉にする方針が決定されている。国内で原子力発電の利用が始まってから半世紀以上を経た今，日本は「大量廃炉時代」に入ったとも言われる。今後，原子力発電所を利用し続けるにしても脱原発に舵を切るにしても，すでに存在している「核のゴミ」の処分問題は避けては通れない。そこでは，どのような処分方法を取るのか，どこを処分地として決めるのかについて現在世代の間で合意を見つけなければならないことに加えて，数万年間にわたる管理の必要性から既存の時間の枠組みを大きく超えた思考，特にまだ生まれていない世代を危険にさらす可能性についての世代間倫理に立脚した議論が要求されるだろう。仮に核エネルギーの利用を止めることにしたとしても，人類は当分の間「核の無い時代」に戻ることはできないのである。（井上雅俊）

参考文献
ジュヌヴィエーヴ・フジ・ジョンソン（舩橋晴俊・西谷内博美監訳）『核廃棄物と熟議民主主義』新泉社，2011年。
映画：マイケル・マドセン監督『100,000年後の安全』アップリンク（日本配給），2010年。

4　ポスト神戸と3・11

核軍縮問題

1 アメリカ大統領の「核のボタン」

2016年5月27日，現職のアメリカ大統領として初めて，被ばく地・広島を訪れたバラク・オバマ大統領は演説で，「死が空から降ってきた」と述べ，アメリカの原爆をまるで自然災害であったかのように語った。オバマ氏は被ばく者に謝罪することなく，被ばく者と抱擁を交わす場面が世界に発信され，アメリカと日本の「和解」が演出された。広島は，オバマ氏引退の花道を飾る「貸座敷」（平岡敬・元広島市長）にされたと受け止めた市民も少なくない。被ばく地でも，大統領には，「**核のボタン**[1]」を携えた軍人が随行した。

あとを継いだドナルド・トランプ大統領は，2018年2月の**核態勢見直し（NPR）**[2]で，低出力の「使える核兵器」の開発を進める方針を示し，実際に米海軍の潜水艦に配備した。偶発的に核戦争が始まるリスクが高まっている。

2 核不拡散条約と核兵器禁止条約

1970年に発効した核不拡散条約（NPT）は，アメリカ，ソ連（ロシア），イギリス，フランス，中国の核兵器保有を容認しつつ，誠実に核軍縮交渉することを義務づけた。世界にはなお1万3000発以上の核兵器が残っており（2021年7月現在），米ソ冷戦の終結をもたらした**中距離離核戦力（INF）全廃条約**[3]からもトランプ大統領は一方的に離脱して，2019年に条約を失効させた。NPTの枠外のイスラエルやインド，パキスタン，北朝鮮といった国々への核拡散も進んでいる。

停滞する核軍縮への不満から生まれたのが核兵器禁止条約である。2017年に国連で122の非核保有国の賛成多数で採択された。NPT体制では，核兵器は国家安全保障の「必要悪」だと正当化している。これに対して核兵器禁止条約は，核兵器を「絶対悪」と見なして廃絶するよう，国際社会に思考の転換を促している。放射線の人体影響に触れ，核開発で汚染された環境修復も求めた。しかし，核保有国やアメリカの「**核の傘**[4]」に安全保障を委ねる日本政府はこれに背を向けている（2021年7月現在）。

3 核大国はヒバク大国

ロシアとともに世界の9割以上の核兵器を保有するアメリカは「ヒバク大

図1　広島市の平和記念公園で，被ばく者の坪井直さんと握手するバラク・オバマ米大統領

出典：2016年5月27日，筆者撮影。

▷1　**核のボタン**
アメリカ大統領に随行する軍人が携える緊急対応カバン（「核のフットボール」と呼ばれるブリーフケース）の中には，核攻撃オプションのメニューや認証コード入りのカード，防護電話が入っており，大統領はいつでもどこでも米国防総省に核兵器の発射命令を出せる。

▷2　**核態勢見直し（NPR）**
5年から10年先を見据えた，アメリカの核兵器をめぐる政策の大まかな方針を示す米国防総省の文書。冷戦後（1990年代以降）は政権がかわるごとに策定されてきた。

▷3　**中距離離核戦力（INF）全廃条約**
1987年にロナルド・レーガン米大統領とソ連のミハイル・ゴルバチョフ共産党書記長が署名し，翌年発効し国」でもある。広島・長崎に進駐した米兵20万人以上のほか，太平洋のマーシャル諸島や米ネバダ核実験場などで核実験に従事したり，放射性降下物を浴びたりして被ばくしたアメリカ人は100万人とも言われる。だが，広島・長崎への原爆攻撃を正当化しつつ，核開発に向かう中，アメリカ人自身の被ばくの実態は見えにくい。

米政府は原爆開発「マンハッタン計画」の３拠点であるロスアラモス，オークリッジ，ハンフォードを2015年に国立歴史公園に指定した。長崎原爆の材料となるプルトニウムを生産したハンフォードの「Ｂ原子炉」を博物館として公開し，原爆は「勝利の兵器」「アメリカの科学と労働者の誇り」と語られている。原爆によって第二次世界大戦が終わり，日本本土侵攻作戦が回避され，100万人のアメリカ兵が救われたとする「100万人神話」が根強い。ハンフォードでは冷戦期も核開発が続けられ，原子炉の風下で被ばくして健康被害を受けた数千人が集団訴訟を起こしたが，救済は遠い。

4 トモダチ作戦，もう一つのフクシマ

新たなアメリカ人ヒバクシャも裁判を起こしている。2011年３月11日の東日本大震災と東京電力福島第一原子力発電所事故の直後から約１カ月，東北沖に展開したアメリカ海軍の原子力空母「ロナルド・レーガン」などで「**トモダチ作戦**◁5」にあたった兵士ら約400人が，がんや白血病など様々な健康被害を受けたと主張している。兵士らは，原発事故による高レベルの放射性プルーム（雲）にさらされた外部被ばくのほか，空母内で海水を脱塩した水を飲んだりシャワーを浴びたりしたことによる内部（体内）被ばくを訴えている。

これに対して米国防総省が2014年６月に連邦議会に提出した報告書は，「トモダチ作戦でレーガン乗組員らが浴びた推定被ばく線量はきわめて少なく，健康被害が出るとは考えられない」と否定した。この否定の論拠を支えたのは，国連放射線影響科学委員会（UNSCEAR）の基準であった。UNSCEAR は1955年に，「マンハッタン計画」を源流とする米原子力委員会の科学者らを中心に設立された経緯がある。そのためこれは，中川保雄（1991）によると，「核・原子力開発のためにヒバクを強制する側が，それを強制される側に，ヒバクがやむをえないもので，我慢して受忍すべきものと思わせるために，科学的装いを凝らして作った社会的基準であり，原子力開発の推進策を政治的・経済的に支える行政的手段」による否定と考えていいだろう。（田井中雅人）

た。米ソの地上配備型の中距離核ミサイル（射程500～5500キロ）を全廃するもので，米ソ冷戦の終結を後押しした。

▷4 **核の傘**
核兵器保有国とその同盟国に対して，第三国から武力攻撃があれば，核兵器によって報復するとの威嚇をすることにより，そうした武力攻撃を抑止するという概念。

▷5 **トモダチ作戦**
アメリカ軍の25隻の艦船や多数の航空機によってアメリカ兵約１万7000人と日本の自衛隊員らが参加し，東北地方の被災地で行った人道支援活動。米国防総省は，日本にいたアメリカ軍人・軍属ら約７万5000人の個人被ばく線量を記録し，データベース化している。

参考文献

中川保雄『増補　放射線被曝の歴史』明石書店，2011年（初版は技術と人間，1991年）。

朝日新聞取材班『ヒロシマに来た大統領』筑摩書房，2016年。

田井中雅人『核に縛られる日本』角川新書，2017年。

田井中雅人，エィミ・ツジモト『漂流するトモダチ　アメリカの被ばく裁判』朝日新聞出版，2018年。

ウィリアム・ペリー，トム・コリーナ（田井中雅人訳）『核のボタン』朝日新聞出版，2020年。

5 カウンター・テクノクラシー

1 テクノクラシーとは何か

テクノクラシー[1]とは，もともとは戦間期のアメリカで特に具体化した考え方であり，社会全体を技術専門家がその専門的知見に基づく合理性基準にしたがって管理・運営することの必要性・正当性を説くものである。産業技術の高度化のもとでは，公共的な課題も，技術的専門性の支え無しには検討・判断できようもないとの見方がこの考え方に説得力を与えてきた。

具体的には，理工医薬などの諸分野において，自然科学上の専門知識と法制度や政策に関する知識の双方を有する専門的行政官（技術官僚）が，関連企業や関連分野の研究者などと緊密に結びつき，利害の共有や調整を行いつつ，政策立案・調整，さらには事実上の決定の仕組みを掌握し，科学や技術，あるいは専門性の名のもとに公共的な意思決定を先導・制御する状況が想定される。

旧ソ連の計画経済方式や，ナチス・ドイツの「国家社会主義」もテクノクラシーの具現化と言えよう。

▷1 **「テクノクラシー」の定義**
科学史家の柿原泰は，「意思決定が技術的合理性の観点から行われる統治であり，専門知識を動員して権力的支配がなされることが社会的に合理的であるという意思，思想を表しているような体制」（柿原 2001）と定義している。和訳すると「技術による支配」，あるいは「技術官僚支配」とも。

2 テクノクラシーの隆盛

その後，テクノクラシーは第二次世界大戦後の主要国の経済成長の駆動力となったとされる。基礎的な科学研究をその応用である技術開発へと計画的に発展させて軍事・産業・経済上の成果を獲得し，その恩恵を国民経済・生活の福祉向上に役立てるという見取り図（いわゆる**リニアモデル**[2]）は各国を科学技術振興政策へと駆り立て，国家的な関与のもとでの科学研究・技術開発の展開という枠組みが当たり前のものとなっていった。

上記のように，旧ソ連を中心とする社会主義諸国もテクノクラシーをその基礎に据えていたわけだから，世界はさながらテクノクラシーの成果競争の様相を呈したと言ってよい。宇宙開発において米ソがしのぎを削ったことや，核軍備競争が展開されたことはその典型例である。

言うまでもなく，敗戦による壊滅的損害から急速に復興し，高度経済成長を遂げた日本は，戦後世界におけるテクノクラシーの「成功例」でもあった。

▷2 **リニアモデル**
大戦中の連合国における「マンハッタン計画」での原子爆弾開発の成功という象徴的な実例の記憶も鮮やかな中，戦後すぐにV・ブッシュによって取りまとめられた「科学――終わりなきフロンティア」報告書はアメリカにおけるこの考え方の定着を方向づけた。Ⅱ-6-17 も参照。

3 テクノクラシーへの疑問

しかし，テクノクラシーの「成功」は科学技術の光と影の両面をもたらした。

早くも1950年代から，各国で健康被害や環境破壊（日本で言う「薬害」「公害」が典型的）といった問題が認識され，とりわけ1970年代以降，それに対する異議申し立てが強まった。テクノクラシーは科学技術の「光」を振りかざして「影」を直視しようとしない権力作用として批判の対象となり，それがそもそも民主的な政治・行政のあり方と本質的な緊張関係を持つことが改めて強く問題視された。多くの批判がなされたが，テクノクラシーが強固な権力作用であるならば，むしろその内側から矛盾を暴き，その転換をはかるという批判の戦略が見出された。それが「カウンター・テクノクラシー」である。

4 カウンター・テクノクラシーの構想と実践

科学史家の吉岡斉は1990年代以降，日本におけるテクノクラシーの極北とも言うべき原子力政策について，「テクノクラート的な論法を用いて，政府の従来の政策の誤りを立証し，それと異なる政策の採用を提唱する」批判を精力的に行った。原子力技術やその利用について**外在的な批判**[3]を行っても，政府側も公益擁護・増進を錦の御旗としているので，異なる公益の間の神学論争にしかならず，結果的には権力作用によって批判は拒否あるいは無視される。

そこで，吉岡は政府の原子力政策が，まさにテクノクラシーが奉じる「技術的合理性」に照らして誤っていることについて，該博な技術・政策上の知識をもとにした**内在的な批判**[4]を鋭く行い続けることで，政策正当化の論理を破綻させ，テクノクラシーを内側から突き崩そうとした。

あるいは，同じく科学史家の米本昌平は，大学や公的研究機関がまさにテクノクラシーの権力作用を支える構造の一部に堕していることを強く批判し，在野のまま政府の政策や通念的な科学受容，技術の産業利用を厳しく吟味し，生命倫理の分野を中心に対抗的な学術的発信を続けた。

5 カウンター・テクノクラシーの意義と限界

政府側は吉岡を批判的有識者として原子力に関する各種審議会に継続的に招き続けてその言説に留意したし，米本も次第に関連学界に認められ，請われて大学にも籍をおいた。彼らの戦略は一定の成功を収めた。しかし，カウンター・テクノクラシーはそもそも，テクノクラシーが設定した言論や政治の枠組みの中での批判としかなり得ないうらみがある。むしろ，次第にカウンター側の論者や言説までもが権力作用に取り込まれてしまう懸念も尽きない。

属人的な活動ではなく，市民社会の側に**カウンター・テクノクラシーの組織的主体**[5]を別途に用意して問題を乗りこえる提案も出されてきたが，本質的には同様の懸念や限界を抱え込む。権力作用のダイナミズムの中で当初の狙いどおりに批判性を発揮し続けているか常に留意し続けることが，カウンター・テクノクラシーの今後の展開においても必須であろう。　（寿楽浩太）

▷3　**外在的な批判**
例えば，批判者が「原子力発電は軍事核利用と一体であって平和主義の観点から公益に反するので受け入れられない」と述べても，推進者は「電力安定供給は公共の福祉の前提であり，原子力はそれに貢献している」と別の重要な公益を持ち出すことができ，論破されることを避けられる。

▷4　**内在的な批判**
例えば，原子力発電はその資本集約性から自由経済下での民間発電事業としては，経済性の面で他電源より劣位であることを定量的に批判する，安全性向上の努力をすればするほど，経済性問題はより深刻化して発電手段としての優位性を失わせる，といったもの。

▷5　**カウンター・テクノクラシーの組織的主体**
吉岡斉が取り組んだ原子力の分野で言えば，高木仁三郎が1975年に立ち上げた「原子力市民情報室」はそうした主体の一例と言える。また，2011年の福島原発事故後，吉岡自身が「原子力市民委員会」の座長となったが，これは組織的なカウンター・テクノクラシーの取り組みとみることもできよう。

参考文献

ラングドン・ウィナー（吉岡斉・若松征男訳）『鯨と原子炉』紀伊國屋書店，2000年。
柿原泰「ネオリベラル・テクノクラシー批判」『現代思想』2月号，2001年。
吉岡斉『新版　原子力の社会史』朝日新聞出版，2011年。

4　ポスト神戸と3・11

感染症と社会

1 感染症と人間社会

感染症流行はしばしば，人間が自然を改変した結果，生態系から受けるリバウンドとして発生してきた。古くは農耕と定住による人口増加の結果として感染症の持続的流行の条件が生まれ，野生動物を家畜化することで人獣共通の感染症が発生した。19世紀以降に欧米植民地などでマラリアなどの感染症が問題化したのも，植民地開発の一環として大規模な自然の改変を試みたためである。感染症のこのような側面を指して「開発原病」という。さらに，イギリスによるインドの植民地化は，交通手段の発達による世界の一体化（グローバル化）と相まって，インドのベンガル地方のローカルな感染症であったコレラを，19世紀に繰り返される世界規模のパンデミックへと導くことになった。

人類の歴史上，感染症が死因の多くを占める時代は長く続いた。この状況が徐々に変化し，悪疫や飢饉による大量死が減少し始める時期は国や地域によって異なり，またその要因も複合的である。死亡率の低下と寿命延長には，医療や公衆衛生だけではなく，近代化＝経済発展による栄養状態の改善や，教育の影響も大きい。一方で経済発展は都市化や人の移動や交流を促して，病原体への曝露機会を増やすとともに工業化初期の都市の衛生環境を悪化させ，コレラや腸チフスなどの感染症流行の要因ともなった（**アーバン・ペナルティ**◁1）。

2 ワクチンと公衆衛生

人間が感染症の脅威に対して初めて手にした有効な医療的ツールは，ワクチンであるといってよい。19世紀後半の病原体の発見と細菌学説の確立以降，数多くの病原菌が特定されたことは，18世紀末にジェンナーが開発した牛痘種痘のメカニズムの裏づけともなった。しかしイングランドでの種痘の法制化反対運動から今日に至るまで，**反ワクチン運動**◁2は世界中で根強い力を保っている。ワクチン接種が「個人の自由」である一方，集団免疫の獲得という点で「共同体の安全」に影響することが，対立の基本的な構図を作っている。

一方，ワクチンや治療薬によらない非医療的な感染症予防の技法として，ヨーロッパでは，14世紀以降のペスト（黒死病）流行の際，検疫や交通遮断・患者の隔離などの手段が取られた。こうした技法は，コレラを迎え撃つ際の近代的な公衆衛生の基礎となった。また，上下水道整備などインフラ整備による

▷1　アーバン・ペナルティ
都市化が進むと，病原体への曝露機会が増大し都市部での感染症罹患率が高まる。工業化初期に，農村から都市へと引きつけられてきた人々が都市で病気になり，若くして命を落とす現象は「都市墓場」「都市蟻地獄」とも呼ばれる。

▷2　反ワクチン運動
19世紀後半のイギリスでは，強制種痘に対し強い反対運動が起きたが，その背景には，ワクチンの「反自然」性への反発，医療や政府の公衆衛生部門への不信など，現在の反ワクチン運動と共通する点も多くあった。日本では，HPV（ヒトパピローマウイルス）ワクチンが有害事象を引き起こすと主張する運動や報道の影響により，2013年に厚生労働省が思春期の少女への積極的勧奨を差し控え，WHOから警告を受ける事態となっている。

▷3　ハンセン病
らい菌によって起こる慢性感染症。しばしば強調されるほど感染力は弱くないが，正常な免疫応答能をもつ個人は発病しないこと，「かかりやすさ」の形質は遺伝するものの，後天的因子の影響下で発現する。したがって感染力が弱いとか遺伝病ではないといった説明

環境改善も重要視された。

3 感染症と患者の人権

古くから日本国内で流行し定着していた天然痘や麻疹に対し，コレラやペストなどは，世界的パンデミックが波及する形で，幕末以降に初めて日本に襲来した「新しい」感染症であった。明治政府は喫緊の課題であったコレラなど急性感染症への対策として，隔離や消毒などの西洋医学の公衆衛生の技法を導入したが，地域社会には近世以来の伝統社会の枠組みによる対応も見られた。

20世紀に入ると，**ハンセン病**◁3や結核，梅毒などの慢性感染症対策のための法制化も進められた。慢性感染症の流行は，労働環境や生活水準など社会問題や社会構造と結びついており，急性感染症対策とは異なる対応が必要となる。

ハンセン病者は日本でも近代以前から社会的差別の対象であったが，その一応の受け皿となっていた**近世身分制**◁4の解体に伴って，患者の処遇が改めて問題となった。1907年法律第11号「癩予防ニ関スル件」は，居場所を失った極貧のハンセン病者の救済を主眼として制定されたが，徐々に患者を隔離することによる社会防衛的意味合いが強調されるようになった。戦後，ハンセン病は治療可能な病となり，療養所からの軽快退所者も相次いだが，ハンセン病者の施設収容を規定した法律は，戦後に制定された「らい予防法」の廃止（1996年）まで存続した。2001年のハンセン病国家賠償請求訴訟熊本地裁判決では，1960年以降の法の存続を憲法違反と認定し，国は元患者らに補償金を支払った。ハンセン病問題の解決を目指す活動は，市民運動としても模索が続いている。

ワクチンや患者隔離のように，公衆衛生的介入においては，絶えず「個人の自由」と「共同体の安全」との衝突が起きる。また感染の恐怖や病気への無理解は，罹患者やその家族，医療従事者などへの差別や排除を生む。ハンセン病者差別が続いた原因を，国家の政策だけに帰すことはできない。感染症患者差別の解決は，行政の施策によってのみなされうるものではなく，社会が過去の経験を参照しつつ理性的な対話と判断を重ねられるかどうかにかかっている。

4 終わらない感染症

コレラや天然痘など急性感染症の脅威が去り，ハンセン病や結核などの慢性感染症も減少すると，先進国の主な死因は慢性疾患と生活習慣病へと転換し，公衆衛生における感染症の重要性は低下した。1980年に世界保健機関（WHO）が天然痘の根絶を宣言したとき，感染症克服の未来は楽観視されていた。しかし，**HIV/AIDS**◁5の出現はその楽観を打ち砕き，2020年，新型コロナウイルス感染症が世界を席巻した。社会から感染症がなくなることはない以上，過去の経験を参照することの意味が失われることはないだろう。（廣川和花）

は医学的に不正確であり，それを差別撤廃の根拠とすることには別の倫理的問題が生じる。隔離推進の中で感染性が過度に強調されたといわれることも多いが，感染力の「弱さ」を説く啓蒙言説は，むしろ戦前以来，隔離推進の立場から繰り返し強調されてきたものである。

▷4　**近世身分制**
近世日本の社会では，個々人は様々な身分集団（村や町，職業集団など）に属し，身分集団は一定の役負担を担うことで社会的に公認されていた。ハンセン病者は「物吉」などの身分集団を形成する場合もあったが，大多数は居住町村での生活を継続し，身分集団内での救済を受けたと考えられる。

▷5　**HIV/AIDS**
ヒトに免疫低下を起こすウイルスと，その感染による後天性免疫不全症候群。1980年代に謎の疫病として表面化し，欧米では当初，男性同性愛者間での流行が可視化され，特定の属性をもつ集団が危険な存在としてスティグマ化（烙印を押される）された。

参考文献

ジェイムズ・ライリー（門司和彦ほか訳）『健康転換と寿命延長の世界誌』明和出版，2008年。
廣川和花『近代日本のハンセン病問題と地域社会』大阪大学出版会，2011年。
ポール・オフィット（ナカイサヤカ訳）『反ワクチン運動の真実』地人書館，2018年。
秋田茂・脇村孝平編『人口と健康の世界史』ミネルヴァ書房，2020年。

4　ポスト神戸と3・11

人新世

1 人間活動に由来する地質時代

人新世（Anthropocene）とは，21世紀初頭に提案された地質時代の名称であり，人文社会科学の分野に環境学の視点から思想的影響を与える概念である。地球に対する人間の影響を地球史の枠組みで捉えようとする考えは19世紀末から散発的に存在したが，体系的な共通認識を形成するには至らなかった。人間活動が地核から大気に及ぶ地球システムを変化させたことにより完新世が終了し，新たな地質時代が到来したという考えを**クルッツェン**◁1が2000年「人新世」の語とともに訴えたことが転換点となり，様々な学者や環境活動家がこの語を用いるようになる。地質年代に関する権威を持つ地質学・層序学の分野では，人新世という概念は地球の時間スケールに対する人間活動期間の短さから直ちに受け入れられなかったが，こんにち人間社会が地球環境に地質学的規模の変化を加速度的にもたらしている現状に対する懸念がその妥当性を後押しした。2012年には人新世作業部会が国際層序委員会内部に設立され，2016年に人新世を公式な地質時代として提案することを決定した。しかし人新世の登場に関する一貫した合意は2021年7月時点において得られておらず，国際層序委員会，またその上位組織である国際地質学連合は人新世を公式な地質時代としてまだ承認・確定していない。

▷1　**パウル・クルッツェン**（1933～2021）
オランダ出身の大気化学者。オゾン層に関する研究の業績に対し，1995年にノーベル化学賞受賞。2000年，地球圏・生物圏国際共同計画（IGBP）の会議中に「人新世」の語を提案。

2 人新世はいつ始まったのか

人新世の開始時期は，どのような指標をもって人新世を定義するのかによって異なる。そのため自然科学・人文社会科学の双方で複数の説が存在する。例えば地質学者は地層中に物的痕跡が確認できることをその証拠としている。この見方に沿う人新世作業部会が直近の票決で採用したのは人新世の時期を**グレート・アクセラレーション**◁2と一致させる20世紀半ば開始説で，第二次世界大戦中の核実験を発端に，放射性同位体の痕跡が地層中に確認できるようになったことを根拠としている。作業部会はこれを前提に調査を進め，2021年までに正式な提言をなすことを目標としている。人新世を地球システムが人間活動の変化を反映したものと考え大気汚染に着目した場合，石炭の利用拡大が温室効果ガスの排出量を劇的に増加させる要因となったことから，人新世は19世紀半ばの産業革命とともに始まったと考えることができる。気候変動に関する政府

▷2　**グレート・アクセラレーション**
「大加速の時代」とも呼ばれる。世界人口数，オゾン層の破壊率，人工合成肥料の消費量，また絶滅する生物種の数など，人間活動そのものとその生態系に対する影響が第二次世界大戦以降，爆発的に増大したことを指す。

間パネル（IPCC）で決められた世界の気温上昇を２度以内に抑えるという目標も，産業革命以前の気温を指標としている。そのほか，人類は新石器時代から農耕や牧畜によって地球の気候に影響を与えてきたという説，また大航海時代に始まる**コロンブス的交換**[◁3]に重きを置く説もある。人文社会科学では，人間活動が地球に多大な影響を与える契機となった思想や政治，社会のあり方を探る形で人新世が分析されている。例えば産業革命は石炭利用の拡大だけでなく，熱エネルギー利用に依拠する工業社会の発端でもあったことが重視される。また，人新世を招いた人為的要因の核となる活動や制度を強調する目的で資本新世，プランテーション新世など様々な呼び名が提唱されている。

3 環境問題と社会の公正性

人新世が想起する地球の時間スケールは，人類を一つの生物種として集合的に見なす解釈を促した。環境破壊を招く要因が様々な人間活動にあったとしても，地球という惑星の規模で考えれば，人間の存在は今後数十万年に渡って地球に残す痕跡のみからしか理解できない。歴史学者の**チャクラバルティ**[◁4]は，このように惑星規模で環境問題を捉え直す必要性を訴え，気候変動に関する政治的問題，また人文社会科学が分析してきた社会経済の構造や歴史的出来事，さらに社会階級，文化，経済格差，ジェンダーといった人間の多様性や不平等性の問題は無意味にならざるを得ないと考えた。チャクラバルティによると，貧富の差をなくすため貧困層の生活水準を上昇させれば環境汚染はさらに悪化するのだから，人間は格差にかかわらず環境汚染の責任を負っているという。

しかし，環境問題に解決の糸口を見出そうとするならば，資本主義的な工業社会が生み出す人間の間の不平等な構図を等閑視するわけにはいかないだろう。それこそが競争原理を生み出し，他者搾取の構造を正当化し，資源を使い果たす産業活動のために生態系を壊していることに留意する必要があるからだ。つまり人新世がもたらす現在進行中の問題や結果のみではなく，その原因に目を向けることが重要になる。このような問題意識の転換は環境問題についての政治政策のあり方にも大きく影響を及ぼす。倫理性に欠如した政策は，政治的影響力の高い富裕層を優遇し，環境被害を様々な形で被るリスクがすでに高い貧困層をさらに困難な状況に陥れかねない。

人新世の地球システムは，限界寸前，あるいは限界に達した**臨界点**[◁5]で溢れており，その先にどのような変化が訪れるのかはデータや計算モデルでも予測しきれない。不確実な状況の中で必要なのは一時しのぎの政策や技術的解決策よりも，社会の不平等性に着目し，公正さを追及する姿勢だろう。

（野坂しおり）

▷3 **コロンブス的交換**
アメリカの歴史学者アルフレッド・クロスビー（1931～2018）が提唱。1492年にコロンブスがアメリカ大陸に到着して以来開始された交易により，世界中の植物相と動物相，さらに細菌やウイルスが多大に交換されたことで生態系が地球規模で変化したことを指す。

▷4 **ディペシュ・チャクラバルティ**（1948～）
インド出身の歴史学者。もとはベンガル地方の労働運動史を研究し，社会的不平等に研究関心を持つ学者だった。2000年代以降，人間活動の分析は社会的な次元から地質学的スケールへと認識を変化させることが不可欠だと述べる。

▷5 **臨界点**（Tipping points）
気候変動などにより徐々に変化していた生態学的・気候学的要素が，一定の段階を超えることで，地球システム全体に後戻りのできない急激な変動をもたらすことを指す。温室効果ガスの排出，リン酸塩の循環など複数の要素に対し臨界点が想定されている。

参考文献

ナオミ・クライン（幾島幸子・新井雅子訳）『これがすべてを変える』（上・下）岩波書店，2017年。
クリストフ・ボヌイユ，ジャン＝バティスト・フレソズ（野坂しおり訳）『人新世とは何か』青土社，2018年。
ブルーノ・ラトゥール（川村久美子訳）『地球に降り立つ』新評論，2019年。

4　ポスト神戸と3・11

8 脱炭素と気候正義

1 脱炭素と気候正義の関係

地球温暖化の最大の要因は，二酸化炭素（CO_2）であり化石燃料の燃焼だ。パリ協定が掲げる「1.5度目標」の実現には，エネルギー転換を軸とした脱炭素（カーボン・フリー），CO_2排出量の実質ゼロ化が不可欠だ。しかし実現は容易ではない。化石エネルギー利用の便益はもちろん，一連のプロセスで生じる負担が，国際的にも国内的にも等しいものではないからだ。

気候変動枠組条約が締約国間の「共通だが差異ある責任」に留意するように，気候変動は公正，衡平，正義などと訳されるjusticeという論点と強く関わる。そのことを端的に表す「気候正義」（climate justice）という用語は，法や倫理，政治といった観点から気候問題を考察する際の規範的理念である（宇佐美 2019）一方で，社会運動が気候における不正義を批判し，オルターナティブな社会像を探究する際の実践的理念でもある。

2 実践的理念としての気候正義

気候運動は，気候変動が既存の権力や富・資源の不平等な分配を浮き彫りにし，かつ拡大しているとの認識のもと，その抜本的な是正を訴える。この意味での気候正義の概念は1990年代末，環境正義運動の文脈で，温暖化対策を妨害する石油業界への批判から生まれた。この概念を通じて，先住民や貧困層などの劣悪な境遇が，気候変動で悪化することが指摘されると同時に，気候変動の根本原因である経済社会開発や企業活動，資本主義の抜本的見直し，化石燃料からの移行などが論じられるようになった。また「気候ではなくシステムを変えろ」というスローガンや，排出権取引など市場型の気候変動適応策，環境破壊を止めない資本主義を鮮明に批判する2010年にボリビアで開催されたコチャバンバ気候変動会議のような立場もある。

2000年代を通じ，一連の論点は締約国会議（COP）や関連する国際会議の内外で，特に先進国や産業界，多国籍企業，既得権益層が主導する手ぬるい気候政策への異議申し立てを通じて深められていった。2014年のニューヨークでの気候行進では気候正義と先住民の権利が一大テーマとなった。そして2015年のパリ協定では「先住民，地域社会，移民，児童，障害者及び影響を受けやすい状況にある人々」の権利とともに，気候正義にも言及がなされた。しかし削減

▷1　グレタ・トゥーンベリ（2003～）
気候活動家。2018年8月20

公約の実施が任意にとどまり，気候変動の損害や被害の責任や補償は定められないなど，運動側の主張は一部しか認められなかった。

2018年後半，世界は再び力強く動き出した。**グレタ・トゥーンベリ**[◁1]による単身座り込みはIPCC「1.5報告書」発表後，数百万人が参加する世界的運動へと一気に拡大した。またExtinction Rebellion（絶滅への反逆）などのグループによって大都市のインフラをブロックする非暴力の市民的不服従行動も世界各地で取り組まれている。

3 気候運動と脱炭素：カナダとドイツの事例

2000年代を通じて，気候運動は社会の各層を集める裾野の広い動きに成長した。化石燃料は採掘・加工・運搬・燃焼・処分に伴うプロセスで，膨大な自然破壊や健康被害を生じさせる。その影響を不釣り合いに大きく被るのは，先住民やマイノリティ，女性，地方住民，貧困層，グローバルサウスの人々である。気候運動が捉える「脱炭素」とは，CO_2排出の実質ゼロにとどまらず，気候をめぐるこうした不正義をただすことである。

ラディカルな動きでは，オルタグローバリゼーション運動が合流して2000年代後半に登場した**気候キャンプ**[◁2]があり，このスタイルを取り入れるドイツのエンデ・ゲレンデ（Ende Gelände）は，脱石炭と褐炭採掘反対を訴える非暴力直接行動で知られている。また先住民主体の抵抗運動では，カナダ先住民ファーストネイションズの闘いや，アメリカでダコタ・アクセス・パイプラインに反対する先住民スタンディングロック居留地での運動など，オイル（タール）サンドやシェールガス・オイルなど非在来型石油の開発が争点だ。

オイルサンドの世界的埋蔵地であるカナダ・アルバータ州は，数十年の露天掘りとパイプライン敷設による環境破壊が続く。ファーストネイションズはみずからの生活と権利を守り，健康・環境破壊を防ぐ闘いを，パイプラインが通過する各地の先住民とも連帯して取り組んでいる。これらに先立つ中南米各地での**採取主義**[◁3]反対の闘いなどの非暴力直接行動は，**ナオミ・クライン**[◁4]（2017）により「抵抗地帯」（blockadia）として知られている。

再エネが5割を超えるドイツでは脱石炭の実現，特に安価な国産のエネルギー源である褐炭採掘の停止が大きな課題だ。燃焼による汚染はもとより，露天掘りによる採掘は，日本の大型ダム開発を想起させる規模で，数万人の生活や歴史を周辺環境ごと破壊してきた。2010年代後半には，ケルン郊外の鉱山拡張で危機に瀕するハンバッハの森の保全が，脱石炭の争点となった。地元住民や環境NGO，ツリーハウスによる占拠，大規模デモ，非暴力直接行動など多彩な運動が世論を喚起し，2018年には連邦石炭委員会で森の保全が決まったが，現在も鉱山採掘は続く。また近くのガルツヴァイラーⅡ鉱山の拡張に伴う集落破壊計画が見直されないなど課題は多い。

（箱田　徹）

日金曜日，当時中学生のトゥーンベリはスウェーデン国会前で単身座り込みを開始し，政府にパリ協定の履行を求めた。同年春のアメリカの高校生による銃規制要求デモに着想した「気候ストライキ」の呼びかけは「未来のための金曜日」の世界的な動きを生んだ。

▷2 **気候キャンプ**（Climate Camp）
2006年，イギリス最大の石炭火力発電所への抗議行動で登場した市民的不服従・非暴力直接行動の一つ。1週間程度のキャンプを運営し，発電所や採掘現場などの占拠やデモをメインとし，イベントも行う。

▷3 **採取主義**（extractivism）
世界市場での商品化を目的とした天然資源や生命圏の大規模開発と，それによる自然環境や社会経済状況への巨大な負の影響を指す用語。植民地主義という歴史的文脈とグローバル化および経済の金融化という今日的状況が意識される。

▷4 **ナオミ・クライン**（1970～）
カナダ出身のジャーナリスト・活動家。1990年代末のオルタグローバリゼーション運動を背景に登場し，多国籍企業の活動や惨事便乗資本主義を論じて新自由主義批判の旗手となる。現在は気候運動を中心に執筆・活動を行う。

参考文献

ナオミ・クライン（幾島幸子・荒井雅子訳）『これがすべてを変える』岩波書店，2017年。
宇佐美誠編『気候正義』勁草書房，2019年。

4　ポスト神戸と3・11

9 科学批判学とメタバイオエシックス

1 科学の危機

科学思想史家の金森修は晩年，ポスト3・11の世界に来るべき学として科学批判学を提唱した。それは「科学の危機」を前にした現代社会への金森の遺言でもあった。ここで「科学の危機」とは，科学が公益性も公共性も失い，科学の名に値しないものへと変質してゆく事態を指す。

科学の知識は普遍的で客観的，実証的であり，それゆえに人々の役に立つ公益性と，誰しもに関わる公共性をもつ。だからこそまた科学者は，私的利益とも国家権力とも無縁に，ただ真理を探究する自由で自律的な個人でなければならない──19世紀に完成した古典的規範はそう求めていた。

だが20世紀に科学も科学者も変容し始める。科学の知識生産は個人から集団の手に移り，それに二度の世界大戦が拍車をかけ，「科学の体制化[1]」がもたらされた。その当時はまだ，マートンが“CUDOS[2]”を提唱したように，古典的規範に連なるエートスを科学者集団に見出すこともできただろう。しかし，その後の例えば「モード論[3]」で描き出されるのは，むしろ「CUDOSがお題目でしかない科学[4]」が一般化していく傾向であった。

2 科学が科学であるために

古典的規範やCUDOSとは真逆の科学者像──それが現実であるなら，もはや科学者は独立不羈の個人ではなく，その集団は私的企業体のようなものである。そのようにして私的利害からする知識生産が，「科学」を標榜するべく「公益性」「公共性」を装うなら，そうした言葉自体がやがて信用を失い，「科学という重要な文化的制度の本質の一つを自ら切り崩してしまう[5]」ことになる。

3・11の核災害とその後の行政・政策のありよう，企業やメディア，そして科学者集団の振る舞いは，こうした科学の変質と危機の深刻さをあらわにした。今こそ「科学と科学者はいかにあるべきか」を問い直さなければならない。とはいえ，国家・社会に深く取り込まれた「体制化科学」が，それによって一変するなどと夢想してもならない。ではどこに希望を見出せばよいのか。

金森は歴史の中に散在する，か細くとも連綿と続いてきた科学批判の系譜を指し示す[6]。科学への規範的視点がなおも息づくそれらの系譜に，科学批判学の可能性は宿る。どうすればそれを現実化し，あらためて「科学を，人間の産み

▷1　Ⅰ-3-8 参照。

▷2　CUDOS
公有性（communalism），普遍性（universalism），無私性（disinterestedness），組織化された懐疑主義（organized skepticism）の頭文字を組み合わせたもの。Ⅱ-6-1 参照。

▷3　Ⅱ-6-11 参照。

▷4　金森（2015a），183頁。

▷5　同書，195頁。またこのことのゆえに，科学コミュニケーションには「企業広報」同然になりかねないおそれがある。あわせて Ⅱ-6-19 参照。

▷6　本書との関連では例えば，宇井純（Ⅰ-2-1），中山茂（Ⅰ-2-3），柴谷篤弘（Ⅰ-2-7），廣重徹（Ⅰ-3-8），高木仁三郎（Ⅰ-3-16），吉岡斉（Ⅰ-1-5 とⅠ-4-5），米本昌平（Ⅰ-4-5），小松美彦らの名前が挙げられる。

出してきた多様な文化全体の中に位置づける[7]」ことができるか――金森が託していった課題への応答如何で，未来は変わってくるのかもしれない。

▷7 金森（2015a），229頁。

3 ポスト生物学革命の時代に

その金森が希望を見た科学批判の系譜の一つが，生命倫理学者の小松美彦，香川知晶らによって始められたメタバイオエシックス[8]である。様々な価値と意味が生い立ち，それらを支える源泉である生命――その生命自体が問われ，意味さえも揺らぐこの時代を，人は人としてどのように生きるべきか。メタバイオエシックスはそうした根源的な問いに応答するべく構想された[9]。

▷8 この言葉と概念の初出は『思想』2005年9月号「メタバイオエシックス特集」である。そこには小松，香川らとともに，金森も参加していた。

▷9 小松・香川（2010），「まえがき」参照。

ここで注意すべきは，現代の生命・人間をめぐる認識，言説，処遇のあり方が，決して自明のものではないことである。それらには固有の歴史があり，論理があり，力学がある。現にある事態も社会もその所産であることを忘れるなら，いかなる思考も議論もただ現状をなぞり，追認することに終わらざるをえない。既存のバイオエシックス（生命倫理）の限界もそこにある。

それゆえにメタバイオエシックスは５つの視点を，すなわち，①文明論，②歴史，③メタ科学，④経済批判，⑤生権力の視点を立てる。そしてそこから，現代の科学，法，政治，経済，倫理等の来歴と相互の連関を解明し，それらが生命・人間をめぐる認識，言説，処遇のあり方をどのように象っているのか，そのどこに問題があるのかを描き出していく[10]。

▷10 同書，「序章」参照。

4 生命・人間をめぐる思考の基層へ

例えば臓器移植は，①人体が資源化・公有化される未来に道を開く。実際にも，④法律制定にはそれをバイオ産業活性化の糸口とする意図があった。またそもそも，②「人の死」の判定が医学の専権に帰したのは19世紀に過ぎず，③「脳死」も科学的論理としては，長期脳死患者の存在で破綻している。だがこうしたことは思考も議論もされはしない。そしてそのことが，⑤「生きるに値しない生命」の選別の上に成り立つこの社会の実相をも見えなくさせている。

同様の構図は，安楽死・尊厳死や生殖医療，再生医療，エンハンスメント，ゲノム編集などにも当てはまるだろう。そこでの思考や議論が現にあるような形であるのは，それらが目を逸らしている何かによってである。その「何か」が，生命や生きて在ることの意味を豊かにしてくれるものとは限らない。科学・技術を「メタ」の視点から批判することが必要なのはそのためでもある。

金森は「人間の人間性」を毀損するものに異議を唱えた。小松は「いのちの弁別」を許し，強いるものに抗い続ける。人間が人間であるための条件を示し，護ることが人文知の重要な責務であるなら，科学批判学もメタバイオエシックスも，その責務に忠実な現代の試みとして理解されるべきだろう。

（田中智彦）

参考文献

小松美彦・香川知晶編著『メタバイオエシックスの構築へ』NTT出版，2010年。

小松美彦『生権力の歴史』青土社，2012年。

金森修『科学の危機』集英社，2015年ａ。

金森修『科学思想史の哲学』岩波書店，2015年ｂ。

4　ポスト神戸と3・11

10 科学とカルチュラル・スタディーズ

1 ブレイクの「ニュートン」

ブレイク[1]は「ニュートン」を描いた（図1，1795年）。まだ若く，生気に溢れ筋骨たくましいニュートンは，コンパスを使い円錐の底部を一心不乱に計測している。しかし，彼は自分が腰掛けている大岩の鮮やかな色彩や不均衡な表面の凹凸のみならず，腰掛けている場所が座る姿勢にぴたりとフィットする形であることも気に止めていない[2]。

カルチュラル・スタディーズは言葉と物，理論と実践，自然と文化，科学とそれ以外の知的生産といった区別を当然視せず，それぞれの区別化が可能／不可能になる種別的な条件を批判的に問い続ける作業である。だからカルチュラル・スタディーズは「ニュートン」に対して，まるでブレイクのように，科学とは結局，観察可能な経験的事実のみを対象とする**不可知論**[3]のまま普遍の衣を纏っているのではないかと問うだろう。それに対して「ニュートン」のニュートンは，科学的事実以外の知識は恣意的で主意的な偏向でしかないのではないかと，真っ直ぐな目をして反駁するかもしれない。

2 科学の後背地

これは科学かイデオロギーかという古典的な問答に似ている。しかしもはや，科学という領野が歴史や社会状況に固有の文脈の中でしか成立しない多様な言説の集合体であることが明らかになっている現在，この問答の問題設定自体を変える必要がある。一方で科学を普遍化し，その普遍性がまるで自然であるかのように認識させるのはイデオロギーの効果であると，他方で科学は普遍性を纏うことでイデオロギーの作用を不可視化していると。イデオロギーのもっとも効果的な機能は，それがイデオロギーの作用だとは全く感じさせないことなのだから，科学とイデオロギーはとても相性がいいということになる。ゆえにカルチュラル・スタディーズの理論家である**ホール**[4]は，イデオロギーを「科学の後背地」と呼んだ[5]。イデオロギーは，科学が科学として成り立つための資源を供給する役目を果たしている。そう考えることで，盲目的な科学信仰のようにイデオロギーを排除せず科学を考えることができる。両者は本当にそれほど相

▷1　**ウィリアム・ブレイク**（1757～1827）
イギリスの詩人・画家・版画家。神話世界をモティーフにした独自の画風と詩風で知られ，「幻視者（ヴィジョナリー）」の異名を取る。

▷2　詩と絵と信仰に正義を見出していた幻視者ブレイクは，世界は人智とかけ離れた客観的科学的事象の集まりであり，知識や想像力も科学的原理の戯れに過ぎないというニュートンの世界認識が気に入らなかった。「ニュートン」のニュートンが，自分の体が接している複雑な色や形の具象さえ見ようとせず，計測可能な対象に埋没していることへの皮肉なのだ。

▷3　**不可知論**
経験則として証明できない本質は理解することができないという立場の総称。

▷4　**スチュアート・ホール**（1932～2014）

図1　ブレイクのニュートン

出典：William Blake, *The Complete Illuminated Books*, 2011, Lexicos.

性がいいのだろうかという問いを立てることができるのだ。

要は，相互の自律性と決定の問題である。何かが科学的に証明されたというとき，それはその証明以降，再現性という決定に身を委ねることになる。しかし完全な予測可能性は宗教的教義や占星術のようなものであり，もはや科学ではないだろう。検証の必要がないからである。そうではなく，決定という理論的確実性の限界，決定を可能にする条件，果たして何がどこまで論証されれば科学的真実として決定されるのかという尺度の確定，決定を導くエージェンシーの自律性の範囲といった諸要素を考えなければならない。

3 フェミニズム

科学とイデオロギーの相互自律性と決定の関係性をいち早く問題化したのが，フェミニスト科学論者の**ハラウェイ**[◁6]だったのは偶然ではない。科学的知の生産と消費の過程ほど家父長的な男性中心主義に満ちた世界はないからだ。普遍の名のもとに科学を導き，科学的真実に対する透明で不可視なエージェンシーだったヘテロセクシュアルの西欧白人男性と彼らの視点という特殊性。ハラウェイによれば，そこから抜け出すためにフェミニストには同時に取り組むべき2つの課題がある。一方では「あらゆる知識や知識を備えた主体の歴史的偶発性を説明すること，つまり意味を作り出す私たち自身の「記号論的技術」を批判的に認識すること」と，他方で「限られた自由，ものに溢れた余剰世界，沈黙を強いられた受難や乏しい幸福といった，部分的ではあれどこでも地球のあちこちで起きうる「現実」の世界を誠実に説明することを厭わないこと[◁7]」である。

4 状況に置かれた知

ハラウェイはこの課題に取り組むために，「特定の状況や位置，身体性に基づくフェミニズム科学の可能性としての視覚――部分的であるがゆえに普遍性を回避し，位置選択の作業に関わり，客観性を問い直すような視覚――」によって作り出される，「状況に置かれた知」を提唱する[◁8]。これは同時に，安易な相対主義，経験的な特殊主義，従属的な立場を本質化して透明で不可視なエージェンシーへと回帰することで科学の男性中心主義と共謀しないようにという，二重に批判的な立場でもある。

ブレイクはコンパスに集中するニュートンに対して，コンパスを捨てろとは言わないだろう。「ニュートン」の前年に描いた「日の老いたる者」で，ブレイクは創造主にコンパスを持たせている（図2，1794年）。そのコンパスは想像と創造のインスピレーションであって，既知のものの計測器具ではない。そこにある観察対象が普遍の仮面をかぶった特殊の産物であることに気づき，後背地から知の前線までの距離を正確に測ることが，「状況に置かれた知」を創るために必要な手続きなのだ。

（小笠原博毅）

図2 「日の老いたる者」

出典：Martin Myrone, Amy Concannon et al., *William Blake*, 2019. (Exhibition Catalogue, Tate Britain)

ジャマイカ生まれのイギリスのニューレフト思想家。

▷5 Hall, Stuart, "The Hinterland of Science", Centre for Contemporary Cultural Studies (ed.), *On Ideology*, Hutchinson, 1978.

▷6 **ダナ・ハラウェイ**（1944～）
アメリカのフェミニスト科学思想家。サイボーグ論やヒトとヒト以外の種との協働など多岐にわたる研究を行っており，今，世界で最も注目を集める思想家の一人。

▷7 Haraway, Donna, *Simians, Cyborgs, and Women*, Routledge, 1991, p. 187（筆者による訳出）.

▷8 飯田麻結「フェミニズムと科学」『思想』1151号，2020年，128-129頁。

参考文献

ピーター・アクロイド（池田雅之監訳）『ブレイク伝』みすず書房，2002年。
アンジェラ・サイニー（東郷えりか訳）『科学の女性差別とたたかう』作品社，2017年。

4　ポスト神戸と3・11

11 スポーツと科学技術：制御されるアスリートの身体

1 揺らぐ「自然の身体」という神話

私たちが「スポーツ」と呼び慣れ親しんできたものは，いま急激な変化のただなかにある。2012年のロンドン五輪でカーボン繊維製の義足を装着した南アのスプリンターであるオスカー・ピストリウスは，「自然な身体」を持つアスリートたちと競い合い，「ブレードランナー」と呼ばれた。他方，義足と一体化する「サイボーグ・アスリート」と称されるドイツのマルクス・レームは，北京五輪，ロンドン五輪の走り幅跳びの優勝記録を超える能力を持ちながらも健常者による公式競技の舞台から排除されたままだ。近代スポーツがその理想に掲げる「生身の身体」「自然の身体」からなる「公平性」の原理に抵触することがその理由だ。五輪で二度金メダルを獲得した南アの黒人女性スプリンターであるキャスター・セメンヤは，テストステロン（男性ホルモン）を高める作用を持つアンドロゲンの数値が高いという理由で公式競技から締め出されている。「性分化疾患」と診断されるセメンヤは，「自然の身体」を持つ女性から区別され，医学的な処置を通じて「不自然な身体」になることによって公平性の舞台に立つことが認められるという。[◁1]

▷1　セメンヤは，染色体や内性器，外性器，性ホルモン等，性に関する発達が生まれつき他の人とは異なる状態である「性分化疾患」と診断されている。国際陸上競技連盟は，テストステロンの数値を男女の区分基準とするため，セメンヤは他の「自然」な身体を持つ女性から区分け（差別）されている。

2 自然／人工の不確定領域：ポスト・アスリート

科学的・医学的な処置によって競技に適応する性別の二分法の枠内への変更を要請されるセメンヤは，なぜ「ドーピング・アスリート」と呼ばれないのか。80年代に話題となった「血液ドーピング」は，自分の血液の再輸血による赤血球の増加を目指すものだが，これは「不自然な身体」にあたるのか。肘にメスを入れ，人工的に加工された投手のその肘は自然なのだろうか。こうして「公平性」の保証と「自然な身体」のあり方をめぐり矛盾が噴き出す出来事は，身体の上で画定される「自然／人工」の境界が人為的に構成されたものであることを逆照射し，その境界線自体の客観性や確実性の根拠がどこにもないことを露わにする。[◁2] 21世紀のいま，「自然／人工」の間に拡がる不確定領域こそが競技スポーツの身体を構成しはじめている。すでに競技スポーツの現実では，サイボーグ化，人工的に補強・強化された身体やネットワークに常時接続された身体が競技を行っている。「ポスト・アスリート」とも呼びうる存在の出現は，「自然な身体」がイデオロギーであり，それによって男性／女性，健常者／障

▷2　今福（2020）は，近代スポーツにおけるドーピングの薬理的な歴史が「自然」と「人工」の境界画定を揺るがすと論じる。近代の身体モデルであるスポーツに透かし見えるのは，「自然」な身体が近代社会の発明品だということであり，「自然」と「不自然」の峻別こそが，科学主義的な身体観に基づくイデオロギーだと今福は指摘する。

害者といったいくつもの区別＝差別が生み出されていることを可視化する。

3 規律から制御へ

スポーツの身体は「自然」ではないし，「ありのまま」でもない。特定の競技の中で勝利や記録に向けて「作られている」。多木（1995）が論じたように，近代スポーツはフランスの哲学者ミシェル・フーコーが「規律訓練」と呼んだ微視的な権力テクノロジーによって矯めなおされる身体のモデルである。近代の軍人や労働者と同様，アスリートは指導者や科学的手法のもと，記録や勝敗を追求する生産性と合理性を実現する理想的フォームを体現すべく規律化され訓練される。各部位，各神経，各筋肉は鍛え上げられ，特定の目標や結果を生み出すようにエンボディメント（身体化）される。だがエンボディメントは不確実で多様なプロセスでもある。マラドーナやモハメッド・アリのように正統な秩序や規範を破壊するアスリートも競技に向けて規律訓練された「身体的主体」である。身体に宿るこの偶発的な主体性によって20世紀のスポーツは比類なき魅力を示してきた。だが21世紀のいま，身体化された主体性は危機に瀕している。規律モデルは，フランスの思想家ジル・ドゥルーズ（1992）が「**制御**[◁3]」と呼んだモデルへと変貌しつつある。

4 予測競争としてのデータ革命：飼いならされる偶然性

デバイス（機械）に接続された身体とトラッキングシステムから無際限に集積されるパフォーマンスのデータは，リアルタイムで分析され，プレーへとフィードバックされる。競技がビッグデータの分析に主導権を委ねると，試合展開の予測不可能性がもたらすスリルは，むしろ失敗や不成功のリスクに転じる。スポーツのデータ革命によって，予め「偶然性」の領野は飼いならされ，「予測」が競技のゆくえを支配するようになる。こうしてデータを集積する機械とアルゴリズムこそが，競技の主体に成り代わろうとしている。アスリートの身体は，デバイスやテクノロジー，そしてそれらによって集積されるデータをもエンボディメントする一つのプロセスと化す。そこではコーチによってではなく，機械とアルゴリズムがアスリートをモニターし，そのモニタリングは全面的にネットワーク化／環境化される。常時，制御され続けるポスト・アスリートの身体は，最初から機械と身体が内的に接続して一体化（エンボディ）されていくものとなるだろう。それはスポーツが依拠してきた「自然／人工」の境界を消失させる。新たな科学技術と融合する**ポスト・スポーツ**[◁4]と呼びうる事象は，スポーツの概念とプレーの主体性の再定義を求めるだろう。

（山本敦久）

▷3　**制御**（コントロール）
ドゥルーズ（1992）は，私たちが監視と監禁による閉じた「規律社会」から，より開放されつつも不断に制御され，瞬時に成り立つコミュニケーションによって動かされる「制御社会」へと足を踏み入れていると述べた。アスリートの身体は，デバイスとトラッキングシステムによって絶え間なく情報化され，コミュニケートされ続けるようになっている。

▷4　**ポスト・スポーツ**
従来のスポーツが決定的に変化し，既存の概念では現象を捉えられないのだが，それに代わる名称や定義もまだ生み出されない。そのタイムラグの時空間をつなぐための概念として「ポスト・スポーツ」という概念がある（山本，2020）。

参考文献

ジル・ドゥルーズ（宮林寛訳）『記号と事件』河出書房新社，1992年。
多木浩二『スポーツを考える』筑摩書房，1995年。
山本敦久『ポスト・スポーツの時代』岩波書店，2020年。
今福龍太『サッカー批評原論』コトニ社，2020年。

第Ⅱ部 STSからの視座

guidance

科学技術を考えるためには，過去の歴史的事例だけでなく，現代的な課題についても知る必要があります。過去の歴史的事例を深く理解することで，現代的課題に対する教訓が得られることは確かですが，そうした教訓が本当に現代的課題に活かせるかどうかは，現代の課題そのものを深く理解しておく必要があります。STS（科学技術社会論）という研究分野は，まさにそうした現代的課題を掘り下げようとする分野です。そのためには，様々な学問分野の知見をフル活用しなければなりません。こうしたことから，STS では，社会学，人類学，倫理学，哲学，政策論，計量学などが用いられています。

現代の課題を対象とすることは，課題の解決や，解決とまでいかなくとも，真摯な検討に値する論点には何かを明らかにすることが求められます。こうしたことから，STS では対象と距離を取り冷静に分析するいわゆる「客観分析」のみならず，「建設的」な研究スタイルも重視しています。つまり，現代科学技術の問題に対して当事者的なスタイルでの知の試みをも実践している，学問領域としては珍しく「投企的（エンゲージド）」な立場をとっている点に STS の特徴があります。

例えば，第Ⅰ部では，原爆投下や日本の原子力の始まりなどをみてきましたが，第Ⅱ部では現在起こっている小児甲状腺がんの多発と放射線影響についてどのようにみていくことができるかを考えます。公害や地球環境問題についても，第Ⅰ部では水俣病などの事例をみましたが，第Ⅱ部では地球温暖化問題や海洋プラスチックごみの問題などについてみていきます。

現実的な課題を分析するためには，枠組みが必要です。そこで第Ⅱ部では，具体的な事例に加えて，ポスト・ノーマルサイエンス，フェミニズム科学論，トランス・サイエンス論，状況依存性，認知文化論，科学知識の社会学（SSK），アクターネットワーク理論といった枠組みも紹介しています。

これらの枠組みの中には，本書では扱うことができなかった課題を解いていく，あるいは我々がまだ気づいていない課題を発見するカギがあります。ですからそれらを探すつもりで，この第Ⅱ部を読んでいってくださることを期待しています。

5　現代的課題

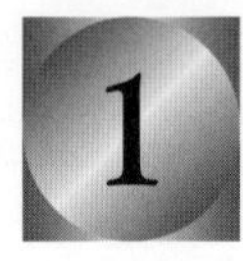

情報社会

1　情報化社会論と「極端な技術決定論」

日本が新型コロナウイルス禍にある現在（2020年８月），エッセンシャル・ワーカーと呼ばれるようになった職種をはじめ，多くの業種・業態で頻繁な対人接触を伴う勤務形態が続く一方，導入の進まなかったリモートワークが少なからぬ職場へと取り入れられている。結果，オフィス需要が弱まり，都心の賃料上昇が鈍化し，渋谷では空室率がじわじわ上昇している。[1]

これまで政府の旗振り[2]によってもリモートワークの導入はほとんど進まなかった。その鍵となる技術である遠隔会議システムは５年前くらいにはすでに十分実用的だったにもかかわらず，それが会議手段として使われるにはほど遠い状態が続いていた。ところが，コロナ禍によってシステムは大企業を中心として瞬く間に普及した。他方で，リモートワークが導入されてなお，すでに電子署名という技術があるにもかかわらず押印のためだけに週に１回から数回出社せざるを得ない職場が存在する。

このことからわかるように，優れた技術が人々や社会，組織のあり方を変えるという「極端な技術決定論」とされる考え方は，技術と社会の関係をうまく捉えるものではない。しかし，情報技術の進歩こそが未来社会を形成するという「極端な技術決定論」に基づいた情報化社会論ブームは繰り返されてきた。

▷１　日本経済新聞（2020）。

▷２　IT 戦略本部（2003）。

2　情報社会がやって来た

国内では梅棹忠夫『情報産業論』などの出版物を通じて，万博に象徴されるように未来社会を語る第１波の情報化社会論ブーム（60～70年代）がまずは生じた。ブームが収まったのち，今度は政府や電電公社（当時）の旗振りがあって，「高度情報化」などをキーワードにした第２波が80年代に一時盛り上がった。その後，空前絶後の「インターネット」ブームの形で90年代半ばに第３波が訪れた。ドットコムバブル崩壊後は一時沈静化の兆しを見せたものの，ブームは今なお続いている。つまり，この社会は少なくとも二度，情報社会がやって来ると盛り上がり，期待を裏切られ，現在，三度目にある。

情報社会のキーワードとなるような「～社会」を含む記事を朝日新聞データベースから抽出し，その上位項目（例えば，AI 社会を含む記事は全くの圏外）のシェアの推移と記事数の推移を示した図１は，80年代前半の高度情報化社会

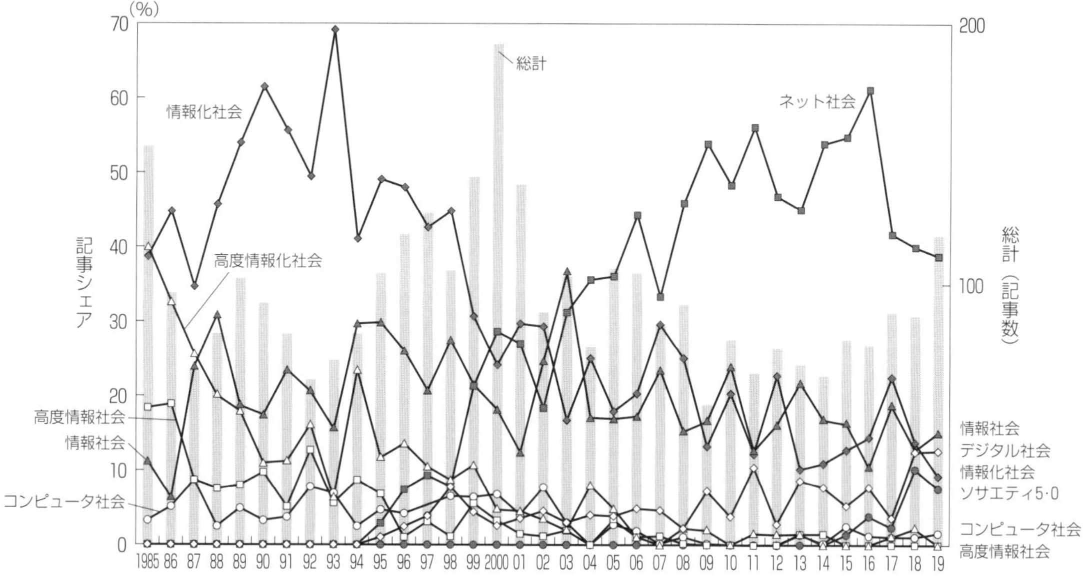

図1 朝日新聞の記事に現れた「情報社会」関連記事の変遷

ブームのピークと90年代後半のネット社会の到来，ドットコムバブル崩壊を明確に示している（データベースの制約により第2波のピーク以降のみ捕捉）。

記事総計に着目すると，2000年に192件とピークを迎えた「情報社会」関連記事は，2019年の119件を例外に，2007年以降2桁にとどまっており，ネット社会の実現により情報化社会論が下火となったと解釈できそうだ。

実際，80～90年代に大差のあった「情報化社会」記事と「情報社会」記事の数は2010年以降の累計でわずかながら逆転しており，「情報化する社会」ではなく「情報化した社会」へと関心が移行したことを示唆する。

3 夢を語る情報化社会論を超えて

この15年で情報化社会という語の新聞記事での使用が減る程度には社会の情報化が進んだ。一方，佐藤俊樹[3]の指摘する実現しない夢を語る情報化社会論はいまだソサエティ5.0などの形で繰り返される。未来社会を語ることは悪くないが，「社会の仕組みを考えない[4]」，社会のあるべき姿を議論しない，そのための免罪符となるなら話は別だ。必要なのは未来を語る情報化社会論ではなく未来を形作る議論である。

（調麻佐志）

▷3 佐藤（2010）。

▷4 佐藤，前掲書。

参考文献

IT戦略本部『eJAPAN戦略II』2003年7月。
佐藤俊樹『社会は情報化の夢を見る』河出書房新社，2010年。
「7月の東京都心オフィス空室率，2.77%に上昇 既存ビルで募集増」『日本経済新聞』2020年8月6日付。

5　現代的課題

AIと社会

AIの公平性，説明可能性と信頼をめぐる議論

人工知能（AI）[1] 技術のうち，機械学習は統計学を基礎としているため，過去と未来は変わらないという前提で認識や予測を行う。しかしこの考え方は社会に存在する差別や偏見も再生産してしまう。例えばアメリカで，男性優位な企業が過去の採用データをもとに作った採用判定システムが，申請書に女性的な要素が入っていると低く点数をつけてしまうことが発覚して開発が断念された事例がある。顔認識システムにおいても，学習データの偏りのためジェンダーや肌の色によって認識精度が異なることが問題視されている。特に浅黒い肌の女性の正答率が低いと指摘されており，警察などの公的機関による AI 顔認識システムの利用に関しては慎重な議論が必要とされる。

▷1　**人工知能**（Artificial Intelligence：AI）
1956年に開催されたダートマス会議で，アメリカの計算機科学者であるジョン・マッカーシーが提唱した言葉。人間の知的活動を定義して技術的に実現する研究分野であり，何を知的と定義するかで様々なアプローチが生み出されてきた。1960年代の AI はルールやゴールが決まっているゲームの推論や探索を行っており，1980年代には専門家の知識を人間がルールとして記述する，ルールや知識ベースの技術が発展した。2000年以降，膨大なルールや知識を人間が与えなくても，既存のデータを参照して正解を導き出す統計・確率型の AI が発達した。代表的な技術に機械学習や深層学習があり，人間が様々な特徴を示すことで機械が自律的に分類，識別や予測することができる。これらの様々な知的な処理を発展，組み合わせながら，AI 研究は進められている。

また深層学習ではモデルが複雑になりすぎてシステムの全体説明が難しくなる，いわゆるブラックボックス問題がある。医療分野など生命に関わる分野では説明可能な AI を求める声も多く，診断の根拠となる部位をハイライトする技術も開発されている。一方，ユーザーとしては説明が欲しいのではなく，問題発生時の補償や，会社の信頼性が重要な場合もある。これは技術だけでは解決できず，保険など人間が関与する制度的な仕組みの構築も必要になる。

このように性別や人種などに対する現代社会の差別や偏見が，そのまま機械学習の結果に表れてしまうことに対し，公平性，説明責任／答責性，透明性（Fairness, Accountability, Transparency：FAT）や説明可能性に関する研究が着目されている。情報技術で課題とされていたプライバシーやセキュリティの問題を含め，異分野・異業種間の対話が行われている。その結果，世界各国でAIの開発や利活用に関するガイドラインや原則が制定されている。

2　人と機械の関係性をめぐる議論

機械学習をさらに発展させた深層学習（ディープラーニング）は，大量のデータを学習することで機械自らが特徴やパターンを抽出し，初めて見るデータでも分類や識別，予測ができるほか，過去の情報に基づいて新たなコンテンツを生成することもできる。GAN（敵対的生成ネットワーク）というアルゴリズムでは，与えられたデータから特徴を学習し，その特徴を組み込みつつも実在しないデータを生成することができる。これを応用して，「存在しない人」の写真を作ることや，有名な画家や音楽家の作風に合わせた新しい作品を作ることも可能になる。レンブラント風の新作やバッハ風の新曲が披露されるほか，日本でも **AI美空ひばり**◁2が2019年の紅白歌合戦に登場，2020年には **AI手塚治虫**の新作が雑誌『モーニング』に掲載されて話題となった。

これらの技術は故人の「よみがえり」と称されることもあるが，正確を期すのであれば，技術を使って行われているのは，人が残した断片的な情報を元に，人の技能あるいはしぐさや表情，性格や考え方を再構成しているに過ぎない。また再現されるのは，あくまで本人「らしさ」であって，本人ではない。生者と死者の関係性，故人の情報保護のあり方，故人の尊厳など人と機械の関係性をめぐっての議論が求められている。さらには再現のためには，目的の設定，データの前処理，「らしさ」の主観的あるいは客観的な評価，演出の方法や関係者の同意取得，新作によって得られた利益の配分など，様々な倫理的，法的，社会的，経済的な課題がある。

これらの生成技術を悪用して著名人の偽画像や偽動画を作ることも可能である。オバマ元アメリカ大統領やFacebookのCEOであるザッカーバーグ氏のフェイク動画のように政治的，社会的な影響が大きな偽動画もあり，フェイクニュースに関する技術的，制度的な対応も求められている。

3 働き方をめぐる議論

AI技術は，既存社会における作業の効率化や最適化を促進するために用いられる。そのため，1項で紹介したような様々な課題はあるが，交通，医療など多様な分野で使われ始めている。特に日本においては少子高齢化社会の労働力確保のためにAI技術による支援が課題とされている。一方で，技術的失業という単語が表すように，技術の進展によって職が失われることに対する懸念もある。特に技術進展が早いため，再教育の場やその期間中の所得保障の必要性を含めて，生活や働き方そのものを見直すような実験も世界各国で行われている。

一方で，過去のデータに基づいて分類や認識をする技術は，社会の変化に対応していくことや想定外，希少事例に対応することはできない。また2項で述べたように機械に目的を設定することや，機械にできないことを人間が補完する仕事が必要である。機械に置き換わるのは仕事ではなくタスクであり，どのようなタスクを機械に振り分けるかを考えるのは人間である。同じ仕事，例えば接客などでも，個別対応が必要なものは人間で，ルーティンは機械に任せるなどタスクによって人と機械の役割を創造的に振り分けていく能力が必要となる。働き方や仕事のあり方に対する柔軟性と選択肢を人々に提供することが重要となり，そのための再教育の方法，データ共有の基盤と個人のプライバシー保護の制度を整えることが社会的に求められている。 （江間有沙）

▷2 **AI美空ひばり，AI手塚治虫**
AI美空ひばりはNHKにより企画と制作が行われ，ヤマハが音声合成を行った。2019年の紅白歌合戦にも出場して賛否両論の評価を受けた。AI手塚治虫は株式会社手塚プロダクションの協力を受けて作成され，新作が雑誌『モーニング』に掲載されて話題となった。AI美空ひばりの動画（https://www.youtube.com/watch?v=nOLuI7nPQWU）とAI手塚治虫のマンガ（https://tezuka2020.kioxia.com/ja-jp/index.html）はいずれもウェブサイトから見ることができる。

参考文献

山本龍彦『AIと憲法』日本経済新聞出版，2018年。
キャシー・オニール（久保尚子訳）『あなたを支配し，社会を破壊する，AI・ビッグデータの罠』インターシフト，2018年。
江間有沙『AI社会の歩き方』化学同人，2019年。
江間有沙『AIと社会』技術評論社，2021年。

5　現代的課題

3 原子力と社会

1 STS課題群の見本例

原子力は科学技術と社会の間で生じる課題群（いわば「STS課題群」）を他分野に先駆けて私たちにつきつけてきた技術分野の一つである。

日本のSTSにおいてしばしば，話を説き起こす際に言及される「「トランス・サイエンス」的問題群」という概念は，アメリカの核物理学者A・ワインバーグによるものである。彼は20代の若さでマンハッタン計画に参画して以来，アメリカにおける主導的な原子力専門家であった。その彼が1972年の時点で，その例として，低線量放射線被ばくの生物影響，極度に低頻度の事象の確率見積もりなどを挙げていたことは予言じみていた。

他にも，**国策と技術の関係**[▷1]（そこには軍事利用との関係というテーマも深く関わる），**「リスク」という概念がはらむ問題群**[▷2]，**市民参加やコミュニケーションの理論と実践**[▷3]，技術によって時に増幅され，あるいは隠ぺいされる様々な**社会的不公正**[▷4]の存在など，STS課題群はほぼすべからく，原子力分野において見出され，研究が蓄積されてきたと言ってもよかろう。本節ではそのごく一部として，古典的な「安全」論に切り込んだ研究を紹介しよう。

2 「安全」とは何か

1970年代は，運転を開始した原子力発電所（原発）が様々な技術的課題に直面し，かつ，社会の環境意識の高まりや技術への懐疑論の勃興という時代状況もあり，原子力の「安全」性が強く問われた時期でもあった。

しかし一方で，当時は技術の安全性は技術開発の進展とともに向上すると広く信じられていた時期でもある。例えば，1960年代から70年代初頭にかけて，航空機の安全性（例：事故率や死傷者数）は大きく向上しており，それは主に工学的な安全努力によるものと理解されていた。

安全論争に対する原子力工学からの重要な回答が，アメリカ原子力委員会（AEC）の依頼によりマサチューセッツ工科大学（MIT）のN・ラスムッセンによって1975年に取りまとめられた，WASH-1400という報告書であった。WASH-1400は発電用原子炉に対する初めての包括的な「確率論的安全評価」であり，これ以降，原発の安全論議はしばしば，「○○年に1回」といった確率表現で争われることとなった。

▷1　国策と技術の関係
日本における原子力利用は，戦後も「国策」という語が使われ続けた数少ない分野の一つである。軍事技術としての出自に由来する原子力技術の機微性は国家や国際機関による「管理」を正当化する。この問題については本書の［Ⅰ-1-9］［Ⅰ-1-13］［Ⅱ-5-5］，あるいは寿楽（2021）を参照。

▷2　「リスク」という概念がはらむ問題群
この点は本書全体を貫くテーマでもある。特に［Ⅰ-3-16］［Ⅰ-4-2］［Ⅰ-4-3］［Ⅱ-5-4］［Ⅱ-5-13］［Ⅱ-6-7］［Ⅱ-6-12］［Ⅱ-6-13］［Ⅱ-6-17］［Ⅱ-6-22］［Ⅱ-6-30］［Ⅱ-6-31］などが関わりが深い。

▷3　市民参加やコミュニケーションの理論と実践
これも本書の多くの節に関わる。特に［Ⅱ-6-19］～［Ⅱ-6-22］は強い関連がある。八木（2009）の実践報告も興味深い。なお，原子力分野では「市民参加」や「コミュニケーション」が，従来の「安全」論やテクノクラシー（［Ⅰ-4-5］参照）を擁護し，再正当化する方向に換骨奪胎されてきている。

▷4　（原子力利用と）社会的不公正
原子力は社会的弱者にリスクを不当に重く分配し，多数者が恩恵に浴しようとす

3 ペローの「定常事故」論

しかし，評価の結果得られた事故の発生確率が天文学的に小さな数値であること（例：原子炉の運転100万年あたり1回の重大事故，等）をもって，原子炉が「安全」であるとは言えないことは，4年も経ずして1979年に発生したスリーマイル島原発（TMI）事故がすぐに証明してしまった。当たり前のことだが，確率がどんなに低くても「ゼロ」ではありえない以上，事故の発生は不自然でも奇異でもない。ひとたび起これば大惨事となりうる事故を発生確率の低さだけで考えるのは，もとより不適切だったのである。また，そもそも発電用原子炉のような複雑巨大技術において，起きうる挙動を包括的に把握し，制御できるのか，という本質的な問いも提起されうる。アメリカの組織社会学者C・ペローはTMI事故の調査への参加をきっかけにこうした問題に取り組み，TMI事故のような重大事故が生じることは，発生頻度が低くても「定常」(normal)，すなわち複雑巨大技術そのものの本質的な性質であるとして，1984年に「定常事故」(normal accident) 概念を打ち出した。

ペローの研究は，有名なU・ベックの「危険社会」(risk society) 概念にも先行しており，原子力がSTS課題群の先行分野であったことを物語る。

る性質を内在しているという批判も提起されている。軍事技術としての出自もこの問題をさらに根深くさせている。I-1の各節，I-3-15 I-3-16 I-4-3 II-5-4，石山(2020)を参照。

4 「原子力と社会」の今日的課題

「定常事故」に関してペローは，その帰結が甘受しがたいものであり，かつ十分な代替手段が存在するならば，発生確率の低減や起きうる事故の影響緩和などの努力ではなく，そもそもその技術を用いるのを控えるべきだと説いた。逆に，万一の帰結を受け入れられるとする場合でも，そうした努力を最大限に行うことが最低限の条件である。いずれにせよ，社会の決断が必要だ。

日本社会はこの問題提起を受け止められないまま，いわば1970年代の問題認識のままに2011年の福島第一原子力発電所事故（福島原発事故）を含む3・11複合災害を迎えてしまったと言える。

その後，日本でもこの問題が正面から取り上げられたように思われた時期もあったが，結局は，ドイツ，韓国，台湾など，惨事を重く受け止めた諸外国での議論の広がり，深まりの方が顕著だったのはいささか残念である。

原子力に関しては，事業に100年，そして影響の検討範囲として10万年，100万年といった途方もない時間軸が取り沙汰される**高レベル放射性廃棄物**◁5の問題，発災後10年ほどを経てなお不十分な周辺地域の復興や**福島第一原子力発電所の廃炉**など，科学・技術・リスク・社会の連関における難問に取り組まねばならない課題が山積している。STSの研究や実践の対象としての原子力は，すでに取り組みがなされて問題が解決した古典例では決してなく，まさしくこれからの取り組みが求められる今日的な課題群なのである。（寿楽浩太）

▷5 高レベル放射性廃棄物問題や福島第一原子力発電所の廃炉問題

原子力分野におけるこうした具体的課題の例は，まさに上記の課題群が相互に結びつきながら現出する難問ばかりである。I-4-3を参照。

参考文献

八木絵香『対話の場をデザインする』大阪大学出版会，2009年。

石山徳子『「犠牲区域」のアメリカ』岩波書店，2020年。

寿楽浩太「国策学問と科学社会学」松本三和夫編『科学社会学』東京大学出版会，2021年，第5章。

5　現代的課題

低線量放射線被ばくの影響：小児甲状腺がんの多発

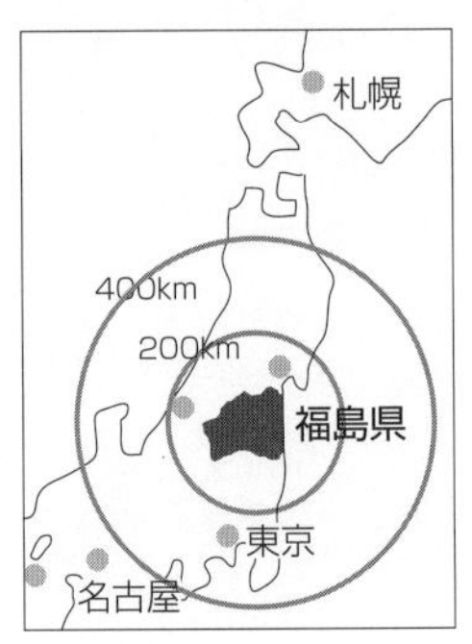

図１　福島県とベラルーシの面積の比較

▷１　この調査は「東京電力株式会社福島第一原子力発電所事故による放射性物質の拡散や避難等を踏まえ，県民の被ばく線量の評価を行うとともに，県民の健康状態を把握し，疾病の予防，早期発見，早期治療につなげ，もって，将来にわたる県民の健康維持，増進を図る」ことを目的として実施されており，それに助言を与える専門家の集まりとして検討委員会が置かれている。(https://www.pref.fukushima.lg.jp/site/portal/kenkocyosa-kentoiinkai.html) 中でも，「甲状腺検査評価部会」が，病理，臨床，疫学等の観点から専門的知見を背景とした議論を深め，

1　福島原発事故と心配される健康影響

2011年３月11日に東北地方太平洋沖でマグニチュード 9.0 の巨大地震が発生した。その地震動と巨大な津波によって，東京電力福島第一原子力発電所の炉心冷却機能が失われ，１号機と２号機，３号機の３つの原子炉が自身の発熱によって溶け落ちる炉心溶融事故が発生した。４号機の燃料プールの空焚きは回避されたが，溶け落ちた核燃料や制御棒等の炉内装備は渾然一体となって原子炉圧力容器の底部を貫通し，格納容器の底に到達した。これらはデブリとなって事故から10年を経た現在もほとんど手がつけられない状態である。

原子力エネルギーの基本は，ウランやプルトニウムの核分裂連鎖反応である。これらの原子核に中性子がぶつかると２つに割れ，核分裂片となってウラン燃料ペレット中に飛び出す。それらの運動エネルギーから最終的に生まれる熱エネルギーで高温の蒸気を発生させるのが原子炉の役割であった。核分裂連鎖反応が停止すれば，新たな核分裂片は発生しないが，問題は核分裂片そのものが放射能であることだ。それぞれの半減期に従って放射線を出し続けるので，核燃料からの発熱はゼロにはならない。これに対処するために原子炉には，非常用冷却システムが設置されていたが，その機能が地震によって失われた。

それぞれの核分裂片は種々様々であり，希ガスであったり，ヨウ素であったり，セシウムであったりする。燃料の温度が上昇するにつれて，まず希ガスが，ついで揮発性のヨウ素が，そして，融点の低いセシウムが格納容器の外に，環境中に漏れ出た。セシウム137で比較すれば，広島原爆の168個分に相当する量が放出されたと見積もられた。この事故は国際原子力事象尺度で最悪のレベル７とされたが，これに分類されるのは1986年に旧ソ連で発生したチェルノブイリ原発事故だけである。そこには，原発事故と小児甲状腺がんの多発との因果関係が国際的に認められるのに20年を要した歴史があった。国際的には認められていないものの，現地では心疾患などの数多くの健康影響が報告されている。福島原発事故後にも様々な健康影響が心配されるが，その中でも小児甲状腺がんが特に懸念されるのは当然のことであった。

2　福島県内のデータと被ばく影響

そのため，東京電力福島第一原発事故後には，「福島県県民健康調査」[◁1]という枠組みで，事故当時18歳以下だった住民を主な対象とする甲状腺検査が実施されている。これは福島原発事故後に取り組まれている唯一の公的な健康調査でもある。小児甲状腺がんはきわめて稀な病気であって，日本の地域がん登録を見ても，100万人あたり1年で数名の発症にとどまっていた。ところが約30万人を対象とする甲状腺検査では，3年ほどかけた1巡目の検査で116名の「悪性及び悪性疑い」が見つかった。明らかながんの多発であった。これだけ多くのがんが子どもたちの間で発生していることは，どのように考えられているのか。この調査を進める福島県立医科大学をはじめ，「過剰診断」によるとの見方をしている専門家は多い（見つける必要のないがんを見つけてしまっている）。しかし，手術の担当医師は過剰な手術ではないとの見解を持っている。福島県の県民健康調査検討委員会や甲状腺検査評価部会も甲状腺がんと原発事故との因果関係を積極的には認めていない。一方では，原発事故による放射線影響であると主張する専門家も存在している。

適切な評価を行っていくために設置された。（https://www.pref.fukushima.lg.jp/site/portal/kenkocyosa-kentoiinkai-b.html）

3 福島県内で差異を見つけることの難しさ

因果関係に関しては，福島県内の線量が高い集団と低い集団，あるいは汚染が激しい地域とそうでない地域との間で有意差のあるなしの議論が統計学に基づいて行われる。福島県内での比較というこの議論の枠組みについて考えよう。

原発事故が小児甲状腺がんのリスクを高めることを**国際がん研究機関（IARC）**◁2が認めたのはチェルノブイリ原発事故から19年目のことだった。甲状腺がんに及ぼす放射性ヨウ素131のリスクが明確になった。放射性ヨウ素は甲状腺内に選択的に取り込まれ，結果として集中的な内部被ばくをもたらす。『甲状腺腫瘍診療ガイドライン』は，被ばく時年齢19歳以下における放射線被ばくを甲状腺がんの明らかな危険因子としているが，これはその時の経験による。事故後に環境中に放出された放射性ヨウ素の量は，チェルノブイリが福島に比べて圧倒的に多いというわけではない（Povinec 2013）。チェルノブイリ原発事故後に小児甲状腺がんの多発を最初に報告したのは，ベラルーシの専門家であった（Kazakov 1992）。そこでは1986年から1992年前半までに131人の小児甲状腺がんが報告された。事故の翌年に2倍になり，1990年から一気に増えた。データは地域別にも示されており，人口の多いミンスク市（Minsk City）よりも，汚染の激しかったゴメリ（Gomel）での発症者が有意に多かった（図1）。

▷2 **国際がん研究機関**
（International Agency for Research on Cancer）
国際保健機関（WHO）の外部組織であり，リヨンに本部が置かれている。化学物質や放射線，ウイルスなどのヒトに対する発がんの強さを評価，公表している。（https://www.iarc.who.int）

福島県内の地域によって発症率に有意な差があることを示した最初の論文（Tsuda 2016）は，正当には取り扱われていない（山内 2018）。福島県内で差異を見つけ難いのは，面積が狭く，広く汚染されたからに他ならない。チェルノブイリ原発事故後にはゴメリとその他の地域を比較できたが，福島県はゴメリ地域と比べても5分の2程度の広さしかない。科学的な判断のためには，文字通り，福島県外にも視野を広げることが求められる。（山内知也）

参考文献

日本内分泌外科学会・日本甲状腺外科学会『甲状腺腫瘍診療ガイドライン』金原出版，2010年。

山内知也「小児甲状腺がんについて UNSCEAR2016年白書が言及しないこと――非科学的な枠組みを問う」『科学』88巻，9号，2018年。

Kazakov, et al., "Thyroid Cancer after Chernobyl", *Nature*, 359(3) September 1992.

Povinec, et al., "Fukushima Accident Radioactivity, Impact on the Environment", *Elsevier*, 2013.

Tsuda et al., "Thyroid Cancer Detection by Ultrasound Among Residents Ages 18 Years and Younger in Fukusuma, Japan: 2011 to 2014", *Epidemiology*, 27(3), 2016, pp. 316–322.

5　現代的課題

デュアル・ユース

1　軍民両用性

デュアル・ユースは**科学・技術の二重性**（デュアリティ）◁1 を示す概念であり，歴史的経緯や想定する使用者（ユーザー）の違いにより，軍民両用性と用途両義性の２つに大別される。

軍民両用性とは，情報・製品・人的資源を含む「技術」が，軍事用途と民生用途両方の可能性を有することである。関連概念としては，軍用技術から民生技術への転用を示すスピンオフとスピンオンがある。スピンオフの典型例としてはレーダー用マグネトロンの電子レンジへの転用がある。スピンオンの一例としては植物ホルモン研究の**枯葉剤開発**◁2 への応用がある。これらのスピンオフ／オン概念では，基本的には転用は研究開発当初から想定されたものではなく，異なる主体（ユーザー）によって転用されることを含意している。

軍民両用性概念では，重要な基盤的技術やハイインパクトな新興技術を，研究開発の初期段階からの軍民の共同によって，他国に先んじて実現することを目指す点に力点が置かれている。具体例としては，大規模集積回路，材料工学，ロボット・AI・量子技術，脳神経・再生科学等がある。アメリカでは1980年代に政策的起源が見られるが，冷戦後の1993年から軍用規格の緩和，**DARPA**◁3 の再編成，大学・企業研究への関与等といった積極的政策がとられた。その関与は米国内に留まらない。例えば2013年に開催された DARPA のロボット開発コンテストには，元大学研究者が立ち上げた日本のベンチャー企業のロボットも参加した。

この概念の成立と発展の背景には，高度な研究開発のグローバル化，増大する軍以外の研究開発組織とその予算を活用しようとする経済合理性，テロや**ハイブリッド戦争**◁4 のような安全保障における戦時と平時の融合といった変化等がある。いずれにせよこの概念で想定されている使用者（ユーザー）は自国である。

図１　DARPA のコンテストに参加した日本のロボット

出典：DARPA ウェブサイト https://www.darpa.mil/ddm_gallery/DARPARoboticsChallenge-Schaft.jpg

軍民両用性概念は，自国の民生技術が仮想敵国によって軍用技術に転用されることを防止するという，輸出管理の文脈でも用いられる。冷戦後，紛争やテロの増加を受け，モノ

▷1　**科学・技術の二重性**
デュアル・ユースの議論では自然科学・工学が念頭に置かれる場合が多いが，例えば文化人類学は占領戦略，心理学は捕虜の拷問等に軍事利用されている。狭義の科学・技術ではなく知識の問題として捉えるべきであろう。

▷2　**枯葉剤開発**
アーサー・ガルストンは1943年の博士論文で，大豆の収量を増やすが高濃度だと落葉を促進する植物ホルモンについて報告した。米陸軍はこれをもとに枯葉剤を開発し，ベトナム戦争で使用した。

▷3　**DARPA**（国防高等研究計画局）
1958年に設立された新興技術の研究開発を行う米国機関。現在のインターネットの起源である ARPANET の研究開発も DARPA による。1993年の改編時に一時名称から Defense が外れ ARPA になったことはデュアル・ユースの重視を象徴している。

▷4　**ハイブリッド戦争**
正規軍同士の戦闘だけではなく，非正規戦，情報戦，サイバー戦が複合的に行われ，戦時と平時の明確な区別がない状態で進む戦争のこと。

だけではなく情報や人的資源，さらには多様な最終使用者（エンドユーザー）とその用途にも着目した複合的輸出管理が国際的枠組みや国内法によってなされている。

2 用途両義性

軍民両用性に対して，新しい概念である用途両義性とは，科学・技術が，誤用・悪用により甚大な負の影響を与える可能性を持つことである。「デュアル・ユース・ジレンマ」や「デュアル・ユース性が懸念される研究（DURC）」という言葉でも表される。この概念が生まれた契機は，2001年に米陸軍感染症医学研究所所員がアメリカ国内において個人で引き起こした炭疽菌テロである。テロを受けて同年に成立した愛国者法では，生物兵器転用可能な試料の不適切な取り扱いが厳罰化された。また，アメリカ科学アカデミーは2004年に**フィンク・レポート**◁5をまとめ，科学コミュニティの教育の重要性等を指摘すると同時に，DURC としてワクチンの無効化，病原体の強毒化，宿主の変更等の７テーマを挙げた。2011年にはこれに抵触した**論文の一時公開差し止め**◁6がなされた。日本ではこれにさかのぼること1995年，専門知識を持つオウム真理教徒によって市販の汎用品からサリンが合成され，テロに使用された。ボツリヌス菌や炭疽菌によるテロも試みられたが失敗している。これらもデュアル・ユースの事例である。

地下鉄に猛毒サリン
900人被害 6人死亡
同時多発、組織的か
16駅 車内に不審な容器

図２ 地下鉄サリン事件

専門知識を持つオウム真理教徒によって，市販の汎用品からサリンが合成されテロに使用された。これもデュアル・ユースの事例である。

出典：『朝日新聞』1995年３月20日付１面。

▷5 フィンク・レポート
正式名称は『テロリズムの時代における生命工学研究』。この提言によって2005年に NSABB（バイオセキュリティに関する国家科学諮問委員会）が設立された。

▷6 論文の一時公開差し止め
2011年11月に NSABB の勧告によってフーシェらの *Science* 論文と河岡らの *Nature* 論文の公開が一時差し止められた。これらの論文では鳥インフルエンザウイルスを哺乳類に感染させる方法が記載されていたが，議論の末，翌年６月に公開された。

用途両義性は輸出管理の意味での軍民両用性と連続する概念であるが，想定される誤用・悪用の行使者（ユーザー）は，仮想敵国やテロ組織といった外部者にとどまらず自国の研究者，そして基礎研究にも及んでいる。そこで2004年の OECD をはじめ，各国・各分野の学会は行動規範を策定し，DURC には自律的なガバナンスも重要だと示している。このように用途両義性概念には，国家安全保障だけではなく，学術研究の自律性・集団的責任論にもつながる点に特徴がある。

3 科学・技術と社会の関係を表す鏡

科学・技術のデュアル・ユース性に関する議論や対立は，正当な使用と正統な使用者の想定範囲の違いと，その不可視の意図というリスクをどの程度見積もるかという不確実性の高さに起因する。そして，意図と価値が異なるコミュニティによる集団的行為としての科学・技術という現代的要素も加わる。例えば学術研究には国家を超えた公開性という原理があるが，国家安全保障はそうではない。また学術研究は自律性に任せるべきか，政策誘導的に進めるべきかという方策の違いもある。これらのバランスの上に立つデュアル・ユースをめぐる状況は，現代の科学・技術と社会の関係を端的に表す鏡である。

（川本思心）

参考文献

四ノ宮成祥・河原直人『生命科学とバイオセキュリティ』東信堂，2013年。
アニー・ジェイコブセン（加藤万里子訳）『ペンタゴンの頭脳』太田出版，2017年。
須田桃子『合成生物学の衝撃』文藝春秋，2018年。

5　現代的課題

6 公害（水俣病，イタイイタイ病）

1 科学の特性をふまえた対応の必要性

日本の代表的な公害病である水俣病については，患者が公式に確認された1956年以降，熊本大学医学部の研究者たちが原因究明を進め，59年夏には新日本窒素肥料（株）水俣工場からの排水中に含まれる有機水銀が原因だと明らかにした。しかし工場側は様々な反論を展開し県や国など行政もそれを追認して，被害防止の対策や被害者への救済策をとらなかった。メチル水銀が原因と政府が認めるのは1968年になってのことである。

公害の原因は直感的に推測できることが多い。だが対策を講ずるには科学的に原因を究明する作業が欠かせない。ところが解明が進むにつれ，原因と目された関係者から強い反論がなされることがしばしばである。反論が多数，繰り返し，大きな声で投げつけられるため，科学的な解明結果に人々の寄せる信頼が毀損されるという事態が生じる。このことを宇井純[1]は，酸がアルカリによって中和されていく過程になぞらえて「中和作用」と呼んだ。

▷1　I-2-1 側注3参照。

そうした反論は，科学者たちの学説では説明のつかない事実を指摘するという形をとることが多い。しかし，「まだわからない部分がある」というのは科学研究によくある事態である。説明のつかない事実があるからといって，必ずしもその学説が誤りだとされるわけでもない。説明のつかない部分をなくすべく，ときには学説を微修正もしつつ，さらに研究を進めていく，そしてやがて解明に成功することが多いのである。

ただし，これには長い年月がかかることもある。だから，完全な解明を待って対策をとるのでは手遅れになりかねない。「まだわからない部分がある」としても「ここまではわかっている」という部分が必ずあり，それに応じて対策もとりうるのだ。

2 予防原則の重要性

富山県神通川流域の農村地区で発生したイタイイタイ病は1955年に学会に報告され，研究者たちが原因探索を進めた結果，神通川上流の三井金属鉱業神岡鉱業所より排出されたカドミウムが原因だとされた。県などはこの結論に否定的だったが，1968年に厚生省がカドミウム説を認めた。

厚生省の見解は，次のような考えに基づいていた。イタイイタイ病について科学的不確かさは半分近く残っている，しかしすべてが明確になる見込みは当面ないので，それを待ってから行政としての判断や対応をしたのでは，水俣病と同じような大失敗を繰り返しかねない。したがって，最善の科学的知見に基づいて行政としての判断と今後の対応を宣言し，それと並行して科学的究明を今後も積極的に続けていくべきである。

こうした考え方はやがて，**予防原則**[2]（事前警戒原則）へとまとめられていく。環境や人間の健康などに取り返しのつかない重大な悪影響を与えることが懸念される場合には，科学的知見が不確実でも何らかの保護対策を講じるべきである，とするリスク管理の原則である。

3 求められる専門家，メディア，市民の協働

マスメディアの報道は，水俣病における**有機アミン説**[3]のときのように，学界の中心にいる（世間的にも重鎮と見なされる）研究者の発言を大きく取り上げることが多く，一般の人々も彼らの見解を正しいものと無批判に受け入れがちである。こうした事態を避けるには，被害の現場をよく知る研究者たちがマスメディア以外の媒体を用いて独自に社会へ広く情報発信することも必要である。各種のソーシャル・メディアを活用し，専門家同士，あるいは専門家と一般市民との間で，情報交換や協働の可能性を探っていくことが望まれる。

研究結果を学術専門誌（ジャーナル）などに発表するときは十分な確証を得てから，というのが責任ある研究者の振る舞い方だとされる。しかし，専門家たちの集団（ジャーナル共同体）内では妥当なこうした振る舞い方が，市民が科学者に求める責任ある振る舞い方と一致しないことがしばしばある。

例えば，水俣工場附属病院の細川一医師が「**ネコ400号実験**[4]」で工場排水に水俣病の原因物質が含まれていることを強く示唆する結果を得たものの，上司から「たった一例では証明になっていない」「さらに実験を重ね，確実になってから発表しよう」と指摘され公表を抑止される，という出来事があった。しかし，こうしたとき市民が研究者に期待することは，ただちに追試実験を十分な規模で迅速に実施し原因究明を促進すること，そのためにも未だ一例といえど速やかに結果を公表することであろう。研究者がこうした形で責任を果たしうるためにも，研究者と市民との協働・連携が欠かせない。

専門家と市民の協働は，関係者の和解を促進することにもなる。イタイイタイ病の場合，加害企業と被害者との間で公害防止協定が締結され，住民の立ち入り調査と住民への資料公開，被害者が直接に発生源を監視していく権利が認められた。そしてこの協定に基づき，被害住民・科学者グループ・弁護士，さらには環境問題に関心のある市民も参加して立ち入り調査が続けられ，回を重ねるにつれ鉱毒汚染の発生源対策について両者の間に建設的な対話が生まれるようになっていった。

（杉山滋郎）

▷2 **予防原則**
1992年，リオ・デ・ジャネイロで開催された「環境と開発に関する国際連合会議」で合意された「環境と開発に関するリオ宣言」の第15原則の中で定義され，国際的に定着した。その適用にあたっては，対策の強さをどの程度にするかや，科学的知見が深まって対策の不備が明らかになったとき誰がどのように責任を負うかなどについて十分に検討される必要がある。

▷3 **有機アミン説**
1960年に清浦雷作（東京工業大学教授）が提唱した，水俣病の原因は有機アミンだとする説。当時のマスメディアはこの説に飛びついて大きく報じ，さらに日本化学工業協会もこの説を支持して，水俣病の原因について有機水銀以外の可能性もあるのだという印象を世に広めた。

▷4 **ネコ400号実験**
工場廃液を餌にかけてネコに与え続けるという実験を行ったところ，通し番号400のネコが水俣病特有の症状を示し，病理検査にも水俣病特有の病像が現われた（1959年）。この事実は，水俣病裁判の証人尋問（1970年）で初めて明かされた。

参考文献

藤垣裕子『科学技術社会論の技法』東京大学出版会，2005年。
政野淳子『四大公害病』中公新書，2013年。
津田敏秀『医学者は公害事件で何をしてきたのか』岩波現代文庫，2014年。

5　現代的課題

遺伝子工学

1 遺伝子工学の誕生

遺伝子工学とは,「遺伝子操作」や「組換えDNA技術」「遺伝子組み換え技術」「遺伝子改変」など様々な用語で呼ばれる技術を応用することによって,人間にとって有益な物質や生物を生産する方法を研究する学問分野のことである。「**クローニング**◁1」を含めることもある。

遺伝子工学は,特定の塩基配列がある部位でDNAを切断できる「制限酵素」が発見されたことによって発展し始めた。1972年,アメリカのポール・バーグらは,DNAを切る制限酵素と,DNAをつなぐ「リガーゼ」を利用して,世界で初めての「組換えDNA分子(複数の生物種に由来するDNA分子)」をつくった。サルなどに感染し,腫瘍をもたらすウイルスSV40のDNAと,大腸菌に感染するラムダウイルス(ラムダファージ)のDNAを組み合わせたのである。

そして1973年,ハーバート・ボイヤーとスタンリー・ノルマン・コーエンは,組換えDNA分子を大腸菌の細胞に導入した結果を発表した。制限酵素を研究していたボイヤーと,「プラスミド(細胞内にあるが,核や染色体とは独立して増殖する遺伝子)」を研究していたコーエンは共同で,「*Eco* RI」という制限酵素を発見した。それは,ネズミチフス菌に由来する「pSC101」というプラスミドを,ある特定の箇所で切断し,その隙間に,抗生物質カナマイシンに対する耐性をもたらす遺伝子を挿入して,連結できるものであった。コーエンは1970年に,細菌にプラスミドを取り込ませる方法を考案していた。2人はその方法で,カナマイシン耐性遺伝子を含むプラスミドを大腸菌に導入した。その結果,カナマイシンの存在下でも生き続ける大腸菌をつくり出すことに成功した。これが世界初の遺伝子組み換え(改変)生物となった。

1974年には,ルドルフ・イエーニッシュらが,別の生物のDNAを胚に導入することによって,トランスジェニック(遺伝子導入)マウスを作成することに成功した。彼はSV40をマウスの初期胚に感染させた。腫瘍が発生することを予想していたのだが,生まれてきたマウスは正常に見えた。調べてみたところ,SV40がマウスのゲノムに挿入されていることをイエーニッシュは発見した。これが世界初の遺伝子組み換え(改変)動物になった。しかしこのマウスは,挿入されたその遺伝子を子孫に伝えなかった。1981年,フランク・ラッド

▷1　**クローニング**
同じ遺伝情報を持つ生物を複製することを「クローニング」といい,そうしてできた生物のことを「クローン」という。例えば体細胞核移植を使って,同じ遺伝情報を持つようつくられた動物を「クローン動物」という。人間ならば「クローン人間」である。ただしクローニングもクローンもその定義は曖昧であり,分子(DNA)・遺伝子・細胞・生物といった,各段階で説明される。

▷2　**勧　告**
アシロマ会議の勧告に応じて,日本を含む各国で制定された指針は,特殊な環境下でないと生き延びられない生物を使う「生物学的封じ込め」と,遺伝子を組み

ルらが，あるDNAをマウスの受精卵（一細胞期）に注入したところ，その遺伝物質が次の世代にも遺伝することを確認した。

こうした一連の実験の成功によって，例えば，高等生物の遺伝子を大腸菌などのDNAに組み込み，それを繁殖することで人間の医薬品などを生産することや，ある遺伝子を働かなくさせたり，他の生物の遺伝子を導入したりすることによって，自然界には存在しない実験動物（後述するノックアウトマウスなど）を誕生させることなどが可能になるという展望が開けてきた。

2 アシロマ会議

一方，こうした成功によって，危険な物質や生物が意図せずにつくられてしまう，といった懸念も指摘されるようになった。こうした可能性を科学者たちに対して提起したのは，前述のバーグであった。

1975年，アメリカのカリフォルニア州アシロマに28カ国から140人の専門家が集まって，遺伝子工学の安全性や規制について議論した（彼らのほとんどは科学者であったが，弁護士や医師も参加した）。このアシロマ会議でまとめられた**勧告**◁2は，任意で強制力のないものであったが，その後，アメリカをはじめ世界各国で，遺伝子工学実験で予想されるリスクを回避するためのガイドライン（指針）がつくられた。日本では1979年，当時の文部省（現文部科学省）が「大学等の研究機関等における組換えDNA実験指針」を策定した。

3 ゲノム編集とその人間への応用

一方で，特定の遺伝子を働かなくさせる技術（ノックアウト技術）も開発され，これを胚ではなくES細胞（胚性幹細胞）に行うことなどによって，特定の遺伝子を働かなくさせた**ノックアウトマウス**◁3が開発された。ノックアウトマウスによって，遺伝子の機能や病気との関係を探る研究は格段に進歩した。

ノックアウト技術の基盤となる「ジーンターゲティング」を開発したマリオ・カペッキとオリバー・スミシーズ，マウスでES細胞を開発したマーティン・エヴァンスは，2007年，ノーベル生理学医学賞を受賞した。

いずれにせよ動物の遺伝子改変は長い間，効率の悪いものであった。そのため遺伝子工学を応用して，次世代に伝わるように人間の遺伝子を改変することは，倫理的な問題以前に実施が困難であった。しかし2010年前後に登場した**ゲノム編集**◁4技術によってその効率が急激に向上し，ノックアウトマウスも胚にゲノム編集を行うことによって効率よくつくられるようになった。そして2018年秋，中国の研究者が，HIVへの耐性を持つようヒト胚にゲノム編集を行い，双子の女児を誕生させたことが明らかになり，世界中から非難された。

遺伝子工学が新しいステージに入っているのは間違いない。（粥川準二）

換えた生物を外界に拡散しないようにする「物理的封じ込め」という2つの方法で，遺伝子工学の安全性を確保することを目指している。

▷3 ノックアウトマウス
初めてのノックアウトマウスは1989年に報告されたとしばしば紹介されるのだが，ノーベル財団も多くのメディアもその論文を特定していない。筆者も特定できなかったが，2グループが1990年に発表した論文それぞれが，世界初のノックアウトマウス誕生を報告したものだろう，と推定する説はある（そのうち1つの著者にスミシーズが，もう1つにイエーニッシュが含まれている）。

▷4 ゲノム編集
「遺伝子編集」ともいい，生物のDNAを，まるで文章をワープロで編集するように切ったり貼ったりする技術。従来の組換えDNA技術に比べて，高効率で正確な遺伝子改変が，生物や細胞の種類を問わず可能になった。とりわけ2012年にジェニファー・ダウドナらが開発した「CRISPR/Cas9（クリスパー・キャス9）」によって発展した。Ⅱ-5-9も参照。

参考文献

マイク・ロジャーズ（渡辺格・中村桂子訳）『遺伝子操作の幕あけ』紀伊国屋書店，1978年。
テッド・ハワード，ジェレミー・リフキン（磯野直秀訳）『遺伝工学の時代』岩波書店，1979年。
粥川準二『ゲノム編集と細胞政治の誕生』青土社，2018年。

5　現代的課題

8 医療廃棄物

▷1　白　衣
欧米で医師が白衣を着るようになったのは，病原菌や公衆衛生について知識が確立していった19世紀においてである。それ以前は，黒の礼服を着用していた。

▷2　医療廃棄物
本節は主として感染性廃棄物を念頭においた。医療機関から排出される放射性廃棄物も大きな問題だが，これは特に医療に限られないため，Ⅰ-4-3などに譲っている。

1　医療機関から外部へ

医師たちが**白衣**[1]を着るのは伊達ではない。理由の一つは，汚染にすぐ気づくためである。例えば，血が付着すれば，白地に赤が目立つ。他者の血は，自分が免疫を獲得していない病原体を持つかもしれない危険物質候補である。

当初は，病院等が廃棄物を自前の焼却炉で処分していたため，つまり，廃棄システムが医療機関内で（一見）閉じていたため，**医療廃棄物**[2]を社会問題視する声はほとんどあがらなかった。ところが，塩素を含む物質が不完全燃焼すると毒性物質ダイオキシン類が生じてしまう弊害が1983年頃から問題視されるようになると，ダイオキシンを処理できる能力をもつ焼却炉は高価なため，処分業者（運搬・中間処理・最終廃棄）に委託する医療機関が増えていく。かくして，医療廃棄物リスクが医療機関内から外部に拡散しはじめる。

2　医療廃棄物リスクの社会的認知

リスク拡散の可能性は，感染症に関するトラブルが同時期に並行して多発したこともあって，急速に社会問題化していった。

1981年からエイズが流行り，感染症一般が注目を集めるようになっていた。同時期，集団予防接種を受けた際，注射器の使い回しで１万人以上もの人がＢ型肝炎に罹っていたことが明らかになっていく。1989年には，５名の被害者が国を提訴するに及んだ。また，1987年には，三重大学医学部附属病院で医師２名・看護師１名が，ある小児患者からほぼ同時にＢ型肝炎ウイルスに感染し，医師２名が劇症肝炎で死亡する事件が起こった。これをきっかけに行われた調査によって，Ｂ型肝炎ウイルスの院内感染が約２年間で70件ほど起こっており，うち８名が死亡していたことなどが明らかになるが，注目すべきは，そのほとんどが注射針の誤刺を原因としていた点である。だとすると，汚染された注射針に対して，滅菌や密閉等のしっかりとした対処を怠る杜撰管理等によって，誤刺事故に起因する感染が業者や一般へと広がる事態が十分考えられる。こうした懸念から，例えば，1988年には，医療廃棄物研究会が設立され，本格的検討及び提言がなされるようになっていった。

拡散のおそれは杞憂ではなかった。高度経済成長は様々な商品を生み出したが，この時期，ライター等の使い捨て製品も各種登場し，1970年代に定着していく。使い回しによる不用意な感染事故の絶えなかった注射器も，ほぼ同時期に**ディスポーザブルな製品**[3]に置き換わり，安全性は（さしあたり，少なくとも病院内では）増していった。しかし，ディスポーザブル製品は携行性にすぐれ，糖尿病患者が自己注射したあと，むき出しのまま放置するといった不適切行動が起こり，通常の複合施設のビル内で針刺し事故が発生するなど，リスクの拡散を招いている。医療機関における医療産業廃棄物とともに，医療一般廃棄物のリスク管理をどうするかは，重要課題の一つとなっている。

3 不法投棄に抗して

医療廃棄物リスクに対処するためにまず取られた方法は，既存の廃棄物処理法で対処することであった。およそ1955～70年にかけて，日本は実質経済成長率10％ほどを維持する高度経済成長を遂げ，大量生産・大量消費社会に移行していった。これはまた大量廃棄社会の出現をも意味する。「ゴミ戦争」なる言葉も登場するほど，廃棄物問題は深刻になり，これに対処するため，1970年には**廃棄物処理法**[4]が制定されている。だが，同法制定時には，格段の注意を要する廃棄物は想定されておらず，医療廃棄物への的確な対処は期しがたかった。そこで，1991年に改正され，特別管理廃棄物なる範疇（爆発性・毒性・**感染性**[5]の廃棄物）の制定や，関係者の責任を明確にした上で，確実な実行を促す産業廃棄物管理票（マニフェスト）に基づく管理等が導入されたのである。

そもそも，廃棄物は一般的に**NIMBY 問題**[6]を抱え込んでおり，正規の廃棄場所を十分には確保しがたい。それゆえ，もぐり業者等が運営する安価な最終処理場への不法投棄が後を絶たない。医療廃棄物を扱う際には，滅菌等の手間が余分にかかるし，相応の専門知識も身につけなければならない。そうしたコストを避けようとして，不法投棄の誘因はさらに強まる。排出業者すなわち医療機関は，業者に廃棄物を引き渡した時点で，事が終わったと見なす傾向がある。つまり，廃棄物処分の責任は処分業者に転嫁されていた。しかし，基本的責任は元々の排出者が負うべきなのであって，処分業者は委託された責任を分有するに過ぎない。これを明確化しようとしたのがマニフェスト制である。管理票を通して医療機関が最終処分まで見届けることによって，不法投棄を削減させるシステムが考案されたのである。

だが，青森県と岩手県の県境に所有する私有地に医療廃棄物を含むゴミを不法投棄し続けていた会社の存在が1999年に発覚した。マニフェスト制の効果は限定的だったのである。その後，改定が諸々試みられているが，一時的対処に過ぎない可能性が高い。伝票による管理には大きな限界があるのではないか。不法投棄をビジネスとして成り立たせている経済構造をこそ改革しなければならないのだが，小手先だけの対処が改められずにいる。（廣野喜幸）

▷3 **ディスポーザブルな製品**
医療廃棄物のうち40％ほどがディスポーザブル製品だという統計がある。ちなみに，使い捨てのカメラや鍼灸用の鍼は1980年代に開発され，定着した。

▷4 **廃棄物処理法**
正式名称は，「廃棄物の処理及び清掃に関する法律」。法人が不法投棄した場合，罰金は最高1億円にのぼる。

▷5 **感染性**
感染性産業廃棄物に対しては，環境省によって「廃棄物処理法に基づく感染性廃棄物処理マニュアル」が2006年に策定され，適宜，バージョンアップされている。感染性廃棄物は適切な処理を行えば，一般廃棄物に「変身」する。

▷6 **NIMBY 問題**
NIMBY は not in my backyard（私の家の裏でなければいいよ）の省略形（頭字語）。清掃工場や下水処理場・火葬場など，社会にとって必要なのでどこかにつくられなければならない施設については，建設するという総論は誰もが賛成するが，ではどこに建てるかという各論の段になると，途端に紛糾する事態を指す。

参考文献

田中勝・高月紘『医療廃棄物』中央法規出版，1990年。
石渡正佳『産廃コネクション』WAVE 出版，2002 年。
『安全工学　廃棄物安全特集号』43巻6号，2004年。
田中勝編『医療廃棄物白書2007』自由工房，2007年。

5　現代的課題

9 ゲノム編集

1 ゲノム編集技術とは

生物のゲノムは4種類の塩基で構成された二本鎖のDNAであり，その構成を編集する技術を総じて**ゲノム編集技術**[1]と呼ぶ。ゲノム編集技術が注目を浴びることとなったのは，ジェニファー・ダウドナとエマニュエル・シャンパンティエによって2012年に開発されたCRISPR/Cas9によるところが大きい。二人はこの功績が評価され，2020年にノーベル化学賞を共同受賞している。

CRISPR[2]は原核生物が持つDNA領域のことで，当該領域に含まれるCRISPR関連（Cas）遺伝子を中心としてウイルスに対する免疫機構を形成している。このCas遺伝子の中でも，二本鎖となっているDNAを特定の部位で切断することでウイルスのDNAを不活性化するタンパク質を作るのが**Cas9遺伝子**[3]である。CRISPR/Cas9はこの免疫機構を応用した技術であり，ゲノムを狙った部位で切断し，そこにある遺伝子を機能しなくさせることや，遺伝子の鋳型を用意することでその部位に別の遺伝子を組み込むことができる。

CRISPR/Cas9はゲノムの狙った部位以外にも影響を与えてしまう可能性が指摘されているが，デザインが容易で作業を安価に抑えられるなどの理由からゲノム編集研究の活性化に大きく貢献した。そして，ゲノム編集研究の発展によって人間による自然に対する介入の可能性が広がったと考えられている。

2 ゲノム編集を行う目的

ゲノム編集技術は，生物学的な機構の解明や技術自体の改良を目指した基礎研究で使用されているほか，食品や医療，環境への介入などを目的として幅広くその活用が目指されている。

食品分野では主に生産性や機能性の向上のためにゲノム編集が行われている。肉厚のマダイや有益なアミノ酸として知られるGABAを多く含むトマトなどが開発されており，これらの例では筋肉細胞の増加やGABAの合成を制御する遺伝子が機能しなくなるような介入がなされている。日本ではゲノム編集によって遺伝子の機能を欠損させた食品は，安全性の審査が法的に義務づけられている遺伝子組換え食品よりも旧来の品種改良によって作られた食品に近いという理解が採用され，消費者に対する表示義務のない任意の届け出制とする方針が決定した。しかし，欧州では遺伝子組換え食品と同様に規制すべきという

▷1　**ゲノム編集技術**
ゲノム編集技術にはCRISPR/Cas9以外にも，2000年代前半に登場したZFNや2010年に発表されたTALENなどがある。また，DNAを切断せずに塩基を書き換えることのできるBase Editorと呼ばれるより新しい編集技術も開発されている。

▷2　**CRISPR**
CRISPR（clustered regularly interspaced short palindromic repeats）にはウイルスのDNA断片が組み込まれており，転写されて生成されるRNAがCas遺伝子が作るタンパク質の誘導装置として機能する。Ⅰ-3-14も参照。

▷3　**Cas9遺伝子**
Cas9遺伝子が作るCas9タンパク質は，二本鎖となっているウイルスのDNAを一本鎖に引き離した上で，CRISPRが転写されて生成されたRNAと相補的な部位を探し出すことによって，その特定の部位でDNAを二本鎖とも切断する。

見解も示されており，安全性の評価や環境への影響，消費者の選択する権利なども関連して，規制のあり方について議論が再燃する可能性を残している。

医療分野ではヒト免疫不全ウイルスなどのこれまで根治が難しいとされてきた感染症の治療法として期待が高まっているほか，鎌状赤血球症やβサラセミアなどの**遺伝性疾患**◁4の治療に用いるための研究が進められている。ただし，開発された技術が人間の能力を高める**エンハンスメント**◁5を目的として使用される懸念も生じている。また，生殖細胞や受精卵に対するゲノム編集技術の使用は，その影響が世代を超えて子孫へと伝わることとなるため，技術的および生命倫理的な問題が解決するまでは実施を控えるべきという主張が繰り返しなされてきた。そのような主張はゲノム編集の研究者からもなされており，CRISPR/Cas9の開発者であるダウドナも率先して議論を促してきた研究者の一人である。それにもかかわらず，2018年には中国でゲノム編集を行った受精卵から双子が誕生していたことが明らかになっており，強制力を持つ法的な規制やその是非についての社会的合意の形成を求める声が強まっている。

さらに，ゲノム編集はその使い方によって人間の住む地球の環境を変えることも可能である。例えば，マラリアを媒介する蚊を撲滅させるための**遺伝子ドライブ**◁6というゲノム編集技術の使用法が知られている。これは特定のゲノム編集の効果が対象とする生物種の集団内で急速に広まるようにした手法で，その実施によって生態系や近縁種に予期せぬ影響を及ぼす可能性が懸念されている。また，現存するアジアゾウのゲノムを書き換えることで，絶滅したはずのマンモスを蘇らせるという計画も進められている。人間によって絶滅に追い込まれた生物種を復活させ，その生息環境を再現することが気候変動への対応にもつながるはずであるといった主張もなされている。

3 ゲノム編集と自然の理解

ゲノム編集技術を用いた自然への人為的な介入は，その正の影響が強調されることで正当化される傾向がある。例えば医療分野では，他に有効な治療法のない疾患が対象とされることが多く，その正当性を否定することは難しい。ただし，その影響には不確実性が伴うことに加え，一度技術が実用化されれば他の目的での活用に対するハードルも下がることになるため，注意が必要である。特にその影響が将来にも及ぶようなゲノム編集の実施については，未来への責任という観点からも慎重に検討されなくてはならない。また，自然は必ずしも人間の活動から独立した存在ではない。ゲノム編集の実施に関する議論は，自然をどう定義し，人間の活動とどのように関連づけるべきかという問いに深く関わるものである。だからこそ，論理的な説明の難しい「不自然さ」などの感覚であっても，軽視することなく，その背景にある価値観をきちんと議論の土台にあげるための取り組みがなされることが重要である。　(見上公一)

▷4　**遺伝性疾患**
染色体や遺伝子の変異が主な原因となって生じる疾患のことを指しており，ここで挙げた鎌形赤血球症やβサラセミアのように遺伝子の変異が親から子へと遺伝する疾患以外にも，突然変異によって生じる疾患も含まれる。

▷5　**エンハンスメント**
一般的に能力の向上あるいは強化をエンハンスメントと呼ぶが，生物学的な機能が増強されていない場合でも，社会に存在する価値観との関係において社会生活を有利にする身体的な変化をもたらす場合はこれに該当する。Ⅱ-5-12 Ⅱ-5-16 側注4も参照。

▷6　**遺伝子ドライブ**
本来は遺伝子を改変してもその影響が子孫に遺伝する確率は50%であり，その影響は集団全体に広まらないが，遺伝子ドライブはその確率を100%に高めることによって改変した遺伝子の影響が数世代で集団全体に広まるようにすることができる。

参考文献

石井哲也『ゲノム編集を問う』岩波書店，2017年。
ジェニファー・ダウドナ，サミュエル・スターンバーグ（櫻井祐子訳）『CRISPR 究極の遺伝子編集技術の発見』文藝春秋，2017年。
青野由利『ゲノム編集の光と闇』筑摩書房，2019年。
三上直之・立川雅司『ゲノム編集作物を話し合う』ひつじ書房，2019年。

5　現代的課題

10 BSE

▷1　伝達性海綿状脳症（TSE）
脳細胞が壊れていく100%致死性の疾患で，治療法は確立されていない。羊のスクレイピーや人間のクロイツフェルト・ヤコブ病（CJD）など，様々なタイプが知られている。死んだ脳細胞が，顕微鏡で海綿（スポンジ）のように見えることからその名がついた。罹患した動物の脳を他の動物に食べさせたり，直接接種したりすることで「伝達」させることができるが，通常の感染症のような振る

1　BSE問題のインパクト

1986年，牛海綿状脳症（BSE），いわゆる「狂牛病」がイギリスで確認された。この疾病は哺乳類に広く見られる，「**伝達性海綿状脳症（TSE）**[◁1]」という疾患の「牛バージョン」であるが，同じ年に起こったチェルノブイリ原発事故とともに，科学者・専門家のあり方に対する根源的な問い直しを惹起したという点で，重要な事件といえる。BSEは2001年に日本にも上陸したが，ここでは特にイギリスでの経緯を追ってみたい。

2　疾病の発見からサウスウッド委員会設置へ

BSEがイギリスの中央獣医学研究所（CVL）で公式に確認されたのは，1986年11月のことだ（以下，表1を参照のこと）。ところが，当時のCVLの所長や病理学部長らの判断により，この重要な事実は機密扱いとなり，公表は半年以上延期させられた。彼らは，産業上重要な家畜である「牛」に不治の病が広がっていることが明らかになれば，大きな社会不安を引き起こすとして，公表を渋ったのである。その背景には，CVLが農業漁業食糧省（MAFF）に所属する研究所であり，政府からの独立性が低かったことも影響したと考えられている。

一方で同じCVLの，疫学[◁2]部長ワイルスミスは，原因究明に奔走し，この病気が牛の身体から作られた餌，「肉骨粉」を再び牛に与えることで広がっていることを，早期に明らかにしている。

BSE症例の拡大を受け，イギリス政府は1988年，オックスフォード大学の著名な動物学者サウスウッド卿をトップとする調査委員会を設置した。そこにはCVLのワイルスミスも参加しており，彼の提言により牛を含む反芻動物に「共食い」をさせることがまず禁じられた。しかし政府が，感染リスクの高い部位の人間向けの食用販売を禁止したのは，1年

表1　イギリスにおけるBSE問題の経緯

1985年2月	ウェスト・サセックス州ミッドハーストの牧場で，「幻の第一号症例」の牛が死亡
86年11月	イギリス・中央獣医学研究所（CVL）が世界で初めてBSEを確認
87年3月	CVL発行の獣医師向けニュースレター『展望』へのBSE記事掲載を所長が差し止める（6月には掲載）
10月	『獣医学雑誌』に最初の学術的報告が載る
88年5月	イギリス政府，サウスウッド委員会を設置
7月	同委員会助言に基づき，「反芻動物由来蛋白の反芻動物への供与」禁止
89年2月	同委員会報告書公表
6月	ティレル委員会報告書公表「CJDを20年以上に渡って監視すべき」
11月	「特定牛臓器（SBO）」の食用販売禁止
90年5月	この頃からブリストルの雄猫「マックス」のTSE感染がマスコミで話題になり，社会的不安が増大
91年5月	フランスで国内牛発症，その後欧州に拡大
94年11月	政府の対応を批判するリーズ大学レイシー教授，『狂牛病：イギリスにおけるBSEの歴史』を出版
96年3月	イギリス政府，ヒトの“vCJD（変異型CJD）”がBSEと関連している可能性を認める
97年5月	総選挙で保守党敗退，労働党ブレア政権発足へ
98年1月	BSE Inquiry（フィリップス委員会）設置
2000年10月	“BSE Inquiry Report” 公表

出典：筆者作成。

半近く遅れた。その理由の一つは，翌年の２月に出た同委員会の報告書に，「多くても累計２万頭」「人間へのリスクはありそうにない」と書かれていたためである。その後，イギリス政府はこの文言を繰り返し引用し，イギリス産牛肉の安全性を強調した。

だが，この報告書の文章には続きがあり，驚くべきことに，「もし我々のアセスメントが誤っていたなら，その意味するところは深刻である」と書かれていた。科学的に未解明な点が多い BSE について，委員たちも明言を避けたかったのだろう。事実，同委員会は，ヒトへの影響を監視するために別途「ティレル委員会」の設置を勧告している。しかし行政は，報告書の都合の良いところだけをいわば「つまみ食い」したのである。

図１　ガマー大臣と娘コーデリア

出典：梶ほか（2009，97頁）。

またこの委員会をめぐって，「誰が適切な専門家なのか」という問題も顕在化した。というのも，サウスウッド委員長は，動物学者とはいえ，専門は「昆虫」であったのだ。また他の委員にも TSE に詳しい者はいなかったのである。

3 事件の結末とその歴史的意味

1990年には飼いネコに BSE が感染したらしいというニュースが報じられ，国民の不安が広がった。だが MAFF のガマー大臣は，マスコミに登場して娘と一緒にハンバーガーを頬張り（図１），サウスウッド委員会報告書を根拠として人間へのリスクを否定した。また大手マスコミも，基本的には政府の見解に同調した。しかし，BSE の危険性を警告する学者も現れ，タブロイド紙や著書などで政府の甘い対応を批判した。一方で CJD 監視網には，従来とは異なるタイプの患者が徐々に確認されていく。そして1996年３月20日，ついにイギリス政府は BSE が人間に感染する可能性を認めた。この衝撃は非常に大きく，科学と政治への信頼は失墜する。翌年の総選挙で発足したブレア新政権のもと，法曹界のトップを委員長とする調査委員会が作られ，徹底した原因究明がなされた。現在までにイギリスでは，BSE が原因とされる「新変異型 CJD」で200名弱が犠牲となり，また約600万頭の牛が BSE 根絶のために処分された。

BSE 問題は，リスク評価の独立性や審議会の人選，またメディアのリスク報道のあり方など，多くの論点を浮かび上がらせた。さらに，農業の過度な工業化がこの惨禍を招いた原因であることから，食と農のあり方を再考する動きも加速させたといえる。とはいえ，問題の本質は，科学的な解明が不足している中，社会的に重大なジレンマを突きつける事件が起きたとき，科学と政治はどのように対処すべきなのか，という点にあるだろう。同種の混乱は，2011年の福島第一原発事故や，2020年に拡大した COVID-19 などでも繰り返されている。BSE 問題は，そんな不確実性に満ちた「グレーなリスクの時代」の到来を告げる，象徴的な事件であったといえるだろう。　（神里達博）

舞いはしない。長年，原因不明であったが，1980年にアメリカのプルジナーが「プリオン仮説」を提示，ウイルスでも細菌でもなく，神経細胞等に広く見られる「プリオン」というタンパク質が変質することで病原体になると主張した。当初，この仮説は批判を浴びたが，徐々にこれを裏づける証拠が見つかり，1990年代半ばまでにはほぼ定説として受け入れられた。

▷２ Ⅰ-1-3 側注４参照。

参考文献

神里達博『食品リスク』弘文堂，2005年。

梶雅範・西條美紀・野原佳代子編『科学技術コミュニケーション入門』培風館，2009年。

5　現代的課題

11 遺伝子組換え作物

1 論争の的としての遺伝子組換え作物

1996年に本格的な商業栽培が始まった遺伝子組換え作物（GM作物）[1]は，世界各地で栽培面積を拡大し，2018年には世界全体で1億9170万ヘクタールに達し，栽培国は26カ国，輸入国が44カ国となっている。他方でGM作物は，当初から安全性に対する不安が大きく，1990年代後半から2000年代前半は，欧州を中心に消費者や環境保護家，小規模農家などによる大きな反対運動が広がるとともに，国際政治の舞台では，反対世論を背景にGM作物の輸入・商業化に慎重な欧州連合（European Union：EU）と生産・輸出国であるアメリカ等との貿易紛争にも発展した。

GM作物をめぐるこうした社会的論争（GM論争）には，STSの観点から見て，大きく分けて2つの興味深い変化がある。一つは科学コミュニケーションの考え方やモード（様式）の変化であり，もう一つは，科学技術の不確実性への対応をめぐるリスクガバナンスの思想の変化である。

2 科学コミュニケーションの変化

GM論争以前の科学コミュニケーションを特徴づけていたのは，新しい科学技術に市民が抱く不安や反発の原因を，市民の科学知識の無理解に求める「欠如モデル」[2]であり，特に1985年以降のイギリスでは，市民の科学リテラシーの向上等を目的とする啓蒙的な「一般市民の科学理解（Public Understanding of Science：PUS）」の取り組みが活発だった[3]。GM論争の経験は，このような科学コミュニケーション観に2つの観点から大きな変更を迫ることになった。

一つは科学知識の不定性[4]の顕在化である。その発端は，GM論争に先立つ，いわゆる「BSE危機」である[5]。BSEは，当初はヒトに感染するリスクはありそうもないとされていたが，やがてBSEが原因と考えられる変異型クロイツフェルト・ヤコブ病（vCJD）の死亡例が確認され，1996年3月20日にイギリス政府は公式にリスクを認めることとなった。これによって広まったのは，最善の科学的判断であっても，その都度入手可能な証拠に基づいたものであり，新たな証拠によって覆される可能性があるという，科学知識の「不確実性」や「無知」についての認識であり，これにより，「GM作物の安全性は科学的に確認されており，正しい知識を身につければ市民の不安や反発は解消される」と

▷1　既存の作物に，他種の生物から抽出した遺伝子断片を導入し発現させたり，元の遺伝子配列の一部の発現を促進または抑制することによって，新たな形質が付与された作物。遺伝子組換えした生物一般を指す英語での呼称“Genetically Modified Organism（GMO）”から「GM作物」と略称される。

▷2　Ⅱ-6-19 参照。

▷3　Ⅱ-6-19 参照。

▷4　科学の不定性は，「リスク」「不確実性」「多義性」「無知」に分類される。Ⅱ-6-13 参照。

▷5　Ⅱ-5-10 参照。

いう欠如モデルに基づくコミュニケーションは通用しなくなってしまった。

第二にGM論争では，開発・販売する多国籍企業（アグリビジネス）の利益，先進国と途上国の関係（南北関係），消費者の知る権利や選択する権利，被害発生時の責任や賠償，開発・販売・許認可の意思決定の正統性（誰がどのように決定するか）など，様々な社会的・政治的問題が問われた。このようにGM作物の問題は，無知や不確実性だけでなく「多義性」も著しいため，やはり科学知識の啓蒙を重視する欠如モデルは通用しなかったのである。

こうして科学コミュニケーションの重点は，対話を通じての専門家と非専門家の相互理解や相互学習，科学技術の意思決定への参加を重視する「科学技術への市民関与（Public Engagement with Science and Technology：PEST）」へと移っていく。

3 リスクガバナンス論争としてのGM論争

GM論争における不定性の顕在化は，リスクガバナンスのあり方も変えた。例えば当初のEUのGM規制はそれほど厳しいものではなかったが，無視できない環境影響の存在を示す新たな科学的知見が見つかり，安全性の根拠の不確実性が高まった。その結果，EUは，規制体制を更新すべく，1998年10月から新規承認手続きを停止し（デ・ファクト・モラトリアム），2001年2月に遺伝子組換え生物（GMO）の意図的環境放出に関する新指令（2001/18/EC）を採択，翌年10月から施行し，これに基づき2004年5月から新規承認手続きが再開した。他方，BSE危機以降，食品のダイオキシン汚染騒動もあり，食品安全への世論の関心が高まっていた欧州では，食品安全行政全般の改革も行われ，新しいリスク評価機関として欧州食品安全機関（EFSA）が設立された。

これらの改革に共通するのが，人の健康や環境に重大かつ不可逆的な影響を及ぼす恐れがある場合，科学的に因果関係が十分証明されない状況でも規制措置を可能にする事前警戒原則（Precautionary Principle）であり，2002年2月には「事前警戒原則に関する欧州委員会通達」が発表された。同原則に基づくEUのGM規制は，規制根拠として，充分な科学的根拠を求める「健全な科学（sound science）」の立場に立つアメリカ等のGM作物生産・輸出国からは不当な貿易障壁と見なされ，世界貿易機関（WTO）を舞台とする貿易紛争に発展した。

（平川秀幸）

参考文献

平川秀幸「遺伝子組換え食品規制のリスクガバナンス」藤垣裕子編『科学技術社会論の技法』東京大学出版会，2005年。

本堂毅・平田光司・尾内隆之・中島貴子編『科学の不定性と社会』信山堂，2017年。

James, Clive, "Global Commercialization of Biotech/GM Crops: 2018", ISAAA Brief No. 54. International Service for the Acquisition of Agri-biotech Applications (ISAAA), 2018.

5　現代的課題

12 新優生学

1 従来の優生学との差異

新優生学あるいはリベラル優生学を理解するためには，従来の優生学との差異に着目することが重要である。フランシス・ゴルトンが学問としての名称を与え，19世紀後半から広まった優生学は，主に遺伝に関する理論を用いて生殖に影響を及ぼすことを目的とした。その手段として断種・避妊・人口の隔離・中絶などが挙げられるが，優生思想がナチスによる安楽死政策の根拠となるなど，その根底には生を序列づけるロジックが常に潜んでいる。

対して，新優生学の提唱者たちは，従来の優生学は完璧主義で非科学的，強制的かつ人種の統制を目指すとし，「新しい」優生学は個人の選択に基づいた幸福の権利を追求する実践だとしている。リベラル優生学を提唱するニック・エイガーは，人種や階級から離れ，個人へ目を向けることで優生学の持つネガティブなイメージを払拭し，国家の介入を防ぐことが生殖における選択肢を広げると論じた。しかし，優生学は身体的特徴だけでなく特定の社会的階層に属する美徳や価値観の再生産を目的としており，新優生学もまた，科学技術の発展に伴う社会的・政治的・倫理的課題を包摂していると考えられる。

2 エンハンスメント技術

人間の身体的・心理的・知的能力の向上や強化を目的とするエンハンスメント技術は，生殖における技術的介入だけでなく，**トランスヒューマニズム**[◁1]やその到達点としての**ポストヒューマニズム**と密接に結びついている。生殖へのエンハンスメント技術の導入を推進する新優生学の理論家としては，上記のニック・エイガーに加えジョン・ハリスやジュリアン・サヴレスクの名が挙げられる。両者によれば，両親は「最良の子ども」を生み出すためにエンハンスメントを追求する倫理的な義務があるという。新優生学に基づくエンハンスメント技術の適用は，すでに存在する人々の能力の向上や強化ではなく，特定の遺伝的要素を持たない胚や胎児の選択を目的としている。一方で，こうした技術への機会の不平等が，人間の均質化や二極化，格差の拡大を引き起こすといった問題点がある。彼らの視点はあくまで個人の自由の最大化を重視するリバタリアン的な選択を促すものの，個人の選択と決定が繰り返された結果，それが社会的規範の形成に影響を及ぼし国家の介入を呼び込みかねないという懸念はぬ

▷1　**トランスヒューマニズムとポストヒューマニズム**
科学技術を用いて人間の限界の克服を目指すトランスヒューマニズムに対し，ポストヒューマニズムは人間中心主義批判や人間と非人間の連帯，情報として身体が媒介されている状況下で「すでにポストヒューマンである我々」を意味するなど，その定義には幅がある。

▷2　**障害の社会モデル（と医学モデル）**
障害の社会モデルとは，障害を持つ人々が直面する困難の元となる社会的障壁を取り除くことを社会の責務とする視点であり，対する障害の医学モデルは個々の身体的な状態を改善し，治療することに焦点を当て，障害を純粋に医学的な問題として捉える視点である。

ぐえない。

3 遺伝的疾患と障害の排除

新優生学の主要な論点である「誰が生まれるべきか」という決定にあたって，その根拠となるのは特定の能力の向上だけでなく重篤な障害や疾患の有無である。サヴレスクは，個人の選択に基づき遺伝的疾患の要因を排除することを「生殖における善行（reproductive beneficence）」と称している。遺伝的疾患をあらかじめ取り除くことで「最良の子ども」を生み出すべきだという主張に対して，そのような障害や疾患を持った人々に対する偏見や差別を助長するという批判がなされている。同時に，新優生学の実践はすでに行われている選択（出産年齢やパートナーの選択，男女の産み分けなど）の延長線上にあるという指摘もある。

しかし，特定の疾患や障害を除去するという試みが，それらに対する構造的なバイアスやスティグマが存在する社会において無批判に行われれば，特定の身体や精神のあり方を排除する環境を問い直す**障害の社会モデル**[◁2]の視点は矮小化されてしまう。フェミニズム障害学の理論家アリソン・ケイファーが論じたように，排除すべきものとして障害や疾患が想定されるとき「より良い未来＝障害のない未来」という等式が容易に導かれうる。さらに，**パラリンピック**[◁3]やメディアにおける障害の表象など議論は多岐に渡っている。

4 生殖／再生産をめぐる課題

生殖におけるエンハンスメント技術が人間をより良い生へと導くと論じる新優生学だが，そこには遺伝的疾患を未然に防ぐために胎芽の染色体や遺伝子を検査する着床前診断など，一部の国ではすでに行われている実践も含まれる。しかし，人工中絶の権利や生殖医療へのアクセスを含む**性と生殖に関する健康と権利**[◁4]をめぐる課題は今なお山積しており，新優生学が掲げる理想と現実との大きな乖離が見られている。

当事者の自律性に重点を置き，遺伝子操作やクローン技術を視野に入れた選択の自由を強調する新優生学は，19世紀に興った優生学との関連性を否定することでその正当性を主張してきた。だが，ヒトゲノム計画を例に挙げるまでもなく，生殖技術の発展は企業の介入や遺伝的情報の特許化といった市場経済のロジックと不可分であり，人種差別や血統主義の遺産を温存するような価値判断を再生産しかねないという点で，両者は必ずしも明確な形で切断されていない。よって，個の福利や幸福が新優生学の目的として提示されてはいるものの，実際は様々なアクターを巻き込んで展開する新優生学が社会に及ぼしうる影響にはさらなる検討の余地がある。

（飯田麻結）

▷3 パラリンピック
2012年，イギリスのチャンネル4はパラリンピックのために「スーパーヒューマンに会おう」と題した広告キャンペーンを用意した。同キャンペーンのCM映像は，様々な障害を持つ選手たちを「超人」として描く上で，爆発に巻き込まれる兵士や，胎児のエコー写真と不安げな妊婦といったスポーツと直接関連づけられない映像を差し挟んでいる。当初ポジティブに受け取られた同広告はしかし，障害を乗り越えるべきものとして提示した点や，「超人」という語によって他者化される人々の存在など，様々な立場から論争を呼んだ。

▷4 性と生殖に関する健康と権利（SRHR）
1994年にカイロで開催された国際人口開発会議（ICPD）において提言された，性と生殖に関する自己決定権の尊重に基づく人権概念。近年注目された生殖をめぐる議論としては，2018年にアイルランドで人工中絶が合法化されたことや，2020年に右派政権下でほぼすべての人工中絶が違憲とされたことに対する，ポーランドの大規模デモなどが挙げられる。

参考文献

Ager, Nicholas, *Liberal Eugenics: In Defence of Human Enhancement*, Oxford: Blackwell Publishing, 2004.

Bashford, Alison and Levine, Philippa (eds.), *The Oxford Handbook of the History of Eugenics*, Oxford: Oxford University Press, 2010.

5　現代的課題

13 技術（者）倫理

1 日本での技術者倫理

日本で技術者倫理が言われるようになったのは，1999年にJABEE（日本技術者教育認定機構）が設立され，その認定プログラムが始まってからである。もちろん，それ以前にも技術者運動や技術批判，環境保護などの文脈の中で倫理的な事柄は論じられてきた。JABEEは国際的に通用する技術者の育成を目的とした認定プログラムで，「技術が社会や自然に及ぼす影響や効果，および技術者が社会に対して負っている責任に関する理解（技術者倫理）」という項目を置いて，技術者倫理を重要視している。これはアメリカの**ABET**[◁1]（米国技術者教育認定機構）に倣い，わが国の技術者教育の国際的な同等性の確保を図ったものである。実施の担当者に応用倫理学の教員は必ずしも多くなく，科学史・技術史やSTSの教員，工学系の教員，現場経験のあるエンジニアなど多彩である。日本独自の方式があるわけではないが，ただアメリカと違って公共性の観念が薄いこと，日本の事例に基づくものも多いことは特徴であろう。以下，欧米との比較を行ってみることにしよう。

2 アメリカにおける技術者倫理

アメリカの特徴は**プロフェッション（専門職）**[◁2]としての義務や自律性に重点が置かれることである。前世紀前半から技術者の地位向上を目指して倫理綱領の制定等の活動がなされていたが，1970年代に**フォード・ピント事件**[◁3]や**DC-10墜落事故**[◁4]，サンフランシスコの**BART**（湾岸高速交通）**事件**[◁5]等の技術者にまつわる事件・事故が相次いだことや環境問題への関心などを受けて，そこに公共への責任が書き込まれるようになる。技術者教育に倫理教育が導入されたのはこの時期である。全米科学財団や全米人文科学基金からの支援を受けた学際的プログラムが開始され，1980年代にはABETが専門職としての技術者の教育に対し倫理性の理解を求めるようになる。こうして公衆の安全や健康，福利を守ることや環境への配慮は，専門職としての技術者の高度の責任と見なされるようになった。

こうした技術者倫理の第二の特徴は，技術者個人が技術に関わる事例（事件や事故等）を解決するための方策やモラルに焦点を当てることである。倫理綱領には，公衆の安全のほか，誠実さと客観性，利害相反の回避，守秘義務等が挙げられているが，それらに関して技術者が直面する倫理的ジレンマ等はよく

▷1　**ABET**
アメリカの技術者教育認定機構。28の専門技術者の協会が連合し，技術者の品質保証として，大学の工学系の学部・大学院が適切な技術者教育を行っていることを認定する機関。母体は1932年に設立され，1980年に現在の組織に変更。

▷2　**プロフェッション（専門職）**
professio（宗門に入る誓約をする）に由来。単なる職業や専門知識や技能を持つだけの意でなく，それらによって特別なニーズをもつ人々に奉仕するという約束を社会に向けて宣言する人のことを言う。公共性が含意されることが重要。

▷3　**フォード・ピント事件**
ピントは米フォード社が1971年から80年に製造・販売した小型自動車。後部からの比較的低速度での衝突によりガソリン漏れを起こし火災となる事故が多数発生し，訴訟が頻発した。

▷4　**DC-10墜落事故**
1974年3月，トルコ航空のDC-10がパリ・オルリー国際空港を離陸後に墜落し，乗客乗員全員が死亡した事故。事故の発端は，機体の上昇による気圧差の拡大に伴い，閉鎖が不完全だった後部貨物室のドアが外れて吹き飛んだことにあった。

▷5　**BART事件**
1971年，サンフランシスコ

取り上げられる題材である。また，複雑な倫理的状況に置かれた際に，技術者が意思決定を行うためのガイドラインとして有名なのが，イリノイ工科大学のマイケル・デイビスが提唱した**セブンステップガイド**◁6である。こうした傾向について，ミクロな倫理ばかりを重視するという批判がなされてきたが，今世紀になって，例えば持続可能な開発に関して，マクロな倫理（社会との関連），メゾの倫理（組織などの中間領域）への取り組みもなされるようになり，STS研究者や技術哲学者との共同作業も進んでいる。

3 ヨーロッパにおける技術（者）倫理

ヨーロッパにおける技術（者）倫理は，国ごとに独自のスタイルを持っているが，アメリカ的なミクロ倫理に加えて，メゾやマクロなど，広い文脈の中で科学技術の役割について考える視点が重視され，STSや技術哲学とも連携しているのが特徴である。例えばドイツでは，VDI（ドイツ技術者連盟）が1950年代から学際的な「人間と技術」研究グループをつくって会議を開催し，専門職としての技術者の責任やテクノロジー・アセスメントなどに関して影響力をもつ分析がなされてきた。1980年の『VDI　将来の課題』では，すべての技術者の目標として，技術者が社会的目標形成に参加し，技術的手段を適切に用いることで人間全体の生を改善すべきことが謳われている。こうした「公共の福利」とともに注目されるのは，「共同責任」の概念である。技術の開発から利用，廃棄に至る複雑な過程の中で，多くの科学者や技術者の行為が相互に作用しあっているため，1人ではなく，多くの関係者がともに責任を持っているということがここでの問題である。

近年の動向として注目されるのはオランダである。オランダでは1990年代初めに大学などで倫理教育を行うことが法的に定められたことを受け，工科大学において技術（者）倫理の関連科目が必修とされた。アメリカの技術者倫理科目に類似している点も多いが，やはりプロフェッション教育を中心とする技術者倫理では狭すぎて十分でないと考えられている。最近では，EUで推進されている「**責任ある研究とイノベーション（RRI）**◁7」の一環として4つの工科大学，農業大学が連合して科学と技術に関連する道徳的，政治的，政策的問題に関する研究センターをつくり活動している。例えば，長期的で倫理的なテクノロジー・アセスメント，技術政策の倫理的側面に関する研究，研究開発部門向けの価値重視の設計などの研究や教育が行われている。興味深いのは，人工物の研究，設計，開発，生産に道徳的な価値を埋め込むという主張である。例えばトゥエンテ大学のファーベックは「**設計の倫理**◁8」を唱え，人工物は人々が世界を経験し，道徳的に秩序づける働きに関わるとして，設計者における倫理的観点の重要性を指摘する。社会に開かれた技術倫理の試みとして，その成り行きが注目されている。

（直江清隆）

の湾岸地域高速鉄道（BART）で，列車の速度制御システムの安全に関する懸念を取締役会に伝えた技術者が解雇された事件。その後，同システムの不具合による事故が多発した。

▷6　セブンステップガイド
マイケル・デイビスが提案した倫理的意思決定の枠組み。倫理問題を明確にし記述せよ，事実関係を検討せよ，から始まり，ここまでのステップを踏んで意思決定をせよ，等と続く7つの段階を提示。

▷7　責任ある研究とイノベーション（RRI）
研究やイノベーションについて，倫理的受容可能性，持続可能性，社会的望ましさなどを視野に入れて，研究者だけでなくステークホルダーが相互に応答しあって進めるプロセス。EUでは，Horizon 2020の政策的課題として重視されている。

▷8　設計の倫理
人工物が，人間と世界の関係において積極的な役割を演じることに着目し，望ましい影響を人工物や社会に組み込むような設計を行うこと。「技術に同行する倫理」として適切な仕方で技術発展に同行する倫理も言われる。

参考文献

齋藤了文・坂下浩司『はじめての工学倫理　第3版』昭和堂，2014年。
直江清隆・盛永審一郎編『理系のための科学技術者倫理』丸善出版，2015年。
ファーベック（鈴木俊洋訳）『技術の道徳化』法政大学出版局，2015年。

5　現代的課題

14 研究倫理

1 研究倫理の基盤：科学研究と社会との間の信頼関係

科学研究は社会からの信頼や負託なくしては成立しえない。日本学術振興会の『科学の健全な発展のために――誠実な科学者の心得』では，科学が信頼を基盤として成り立っていることが明言されている。また日本学術会議は「科学者の行動規範」の前文において，「科学の自由と科学者の主体的な判断に基づく研究活動は，社会からの信頼と負託を前提として，初めて社会的認知を得る」と述べている。研究不正はそうした信頼や負託を根底から揺るがしかねない行為であるため，未然防止に向けた取り組みや，誠実で責任ある研究活動が，今社会から求められている。

2 研究不正の類型：FFP と QRP

研究倫理の最大の関心の一つは，不正行為の防止である。現在，研究不正の典型として広く認識されているのは，「捏造（Fabrication），改竄（偽造）（Falsification），盗用（剽窃）（Plagiarism）」である。これら「捏造，改竄，盗用」はそれぞれの頭文字をとって，“FFP”とも呼ばれる。例えばアメリカの「不正行為に関する連邦政府規律」では，研究上の不正行為を「研究の計画，実行，査読，あるいは研究結果の報告における捏造，改竄，盗用」として定義している。また国内に目を向けると，2014年８月に文部科学省が公開した「研究活動における不正行為への対応等に関するガイドライン」でも，「捏造，改ざん及び盗用」は「特定不正行為」にあたるとされている。FFP に当てはまらないその他の不正行為として，複数の発表媒体に対して同時に論文を投稿する二重投稿や，**不適切なオーサーシップ**[◁1]等が挙げられる。

この内の一部は，**「好ましくない研究活動」**[◁2]（Questionable Research Practice：QRP）とも重なる部分が多い。QRP は，明確な不正行為とは断定できないものの疑義を差し挟む余地のある研究活動全般を意味する。2000年から2010年にかけて米国研究公正局のコンサルタントを務めたニコラス・ステネックは，2006年の論文で，QRP の分類として虚偽の陳述（Misrepresentation），不正確さ（Inaccuracy），偏向（Bias）を挙げている。「虚偽の陳述」には，不適切なオーサーシップをはじめ，受理されていない論文を「印刷中」として表記したり，研究業績の水増しを目的として研究成果を分割して出版する，いわゆる「サラ

▷１　**不適切なオーサーシップ**
研究への貢献が全く無いにもかかわらず著者として名を連ねる「ギフト・オーサーシップ」や「名誉のオーサーシップ」，反対に研究に貢献したにもかかわらず著者として名を挙げない「ゴースト・オーサーシップ」等が該当する。

▷２　**「好ましくない研究活動」**
米国科学アカデミーは「研究事業における伝統的価値観に背く行為であり，研究プロセスに悪影響を与えうる行為」（NAS 1992, p. 5）と定義している。

ミ出版」等が含まれる。「不正確さ」としては，引用の誤りや，不適切な統計や分析データを用いることが挙げられる。「偏向」に該当するのは，出身国や所属機関，研究の方向性等によって評価を変えること，また研究資金の資金源が研究結果に影響を与えること等である。特に研究資金の資金源に関する偏向は，研究倫理において重要視される**利益相反**[◁3]（Conflict of Interest）の問題にも関わってくる。

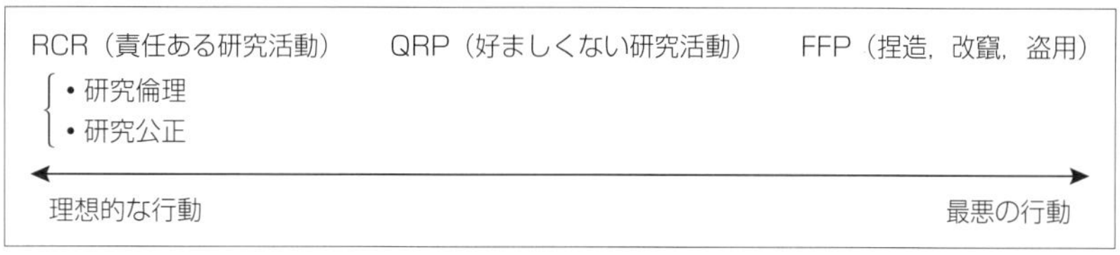

RCR（責任ある研究活動）	QRP（好ましくない研究活動）	FFP（捏造，改竄，盗用）
• 研究倫理 • 研究公正		
←理想的な行動		最悪の行動→

図1　研究活動の分類

出典：Steneck（2006）をもとに筆者作成。

3 研究不正の防止から責任ある研究活動へ

FFP や QRP といった類型は，研究不正の防止という観点から我々に非常に重要な示唆を与えてくれる。しかし科学と科学研究が社会からの信頼と負託に応えようとする際，研究不正の防止に尽力するだけではその目的を達成できない可能性がある。例えば前述のステネックは，FFP の対極に「責任ある研究活動」（Responsible Conduct of Research：RCR）が，そして両者の間に QRP が存在するというモデルを示している（図1）。社会の信頼や負託に応えるための，誠実で責任ある研究活動は，単なる不正防止を超えたところに見出されるというのである。これはすなわち，FFP や QRP の抑止によって「不正ではない研究活動」を実現できるかもしれないが，それは「責任ある研究活動」とは必ずしも一致しないということを意味している。

ステネックは，RCR をさらに研究倫理と研究公正（Research Integrity：RI）という2つの構成要素に分類している。彼の定義によれば，研究倫理とは「研究を進める過程で生じうる，またはその過程に関連する道徳的問題に関する批判的研究」であり，研究公正は「専門家集団や研究機関，そして時には政府や公衆によって規定される専門家としての基準を持ち，かつそれに対し一貫して忠実であること」である。責任ある研究活動とは，FFP や QRP に関する懸念がないことに加え，少なくとも研究倫理や研究公正の観点から見て問題のないものでなければならない。

4 社会から研究倫理に向けられた期待

結局のところ，研究倫理が対象とする範囲は FFP から QRP，そして RCR にまで及ぶことになる。近年，社会からの信頼を失いかねない，科学研究上の不祥事が相次いでいることから，研究倫理に期待される役割は非常に大きい。しかしその期待は研究不正の防止にとどまらず，責任ある研究活動の実現にも向けられていることを忘れてはならない。

（藤木　篤）

▷3　利益相反
「厚生労働科学研究における利益相反（Conflict of Interest：COI）の管理に関する指針」では，「外部との経済的な利益関係等によって，公的研究で必要とされる公正かつ適正な判断が損なわれる，又は損なわれるのではないかと第三者から懸念が表明されかねない事態」と定義されている。

参考文献

ニコラス・ステネック（山崎茂明訳）『ORI 研究倫理入門』玉川大学出版部，2005年。

日本学術振興会「科学の健全な発展のために」編集委員会編『科学の健全な発展のために』丸善出版，2015年。

科学技術社会論学会編『科学技術社会論研究』第14号（研究公正と RRI）玉川大学出版部，2017年。

Steneck, N.H., "Fostering Integrity in Research", *Science and Engineering Ethics,* 12(1), 2006.

5　現代的課題

15 生命倫理

1 生命系諸科学の進展とその倫理

生命系の諸科学の発達は私たちに恩恵をもたらしてくれるが，また，道徳的難問をも提起する。1961年，血液透析装置が実用化され，慢性腎不全患者が救われるようになった。しかし，機器の数が限られているため，救われるのは5名だけである。救われるべきは誰か。1968年，高カロリー輸液が開発され，末期患者が生きられる期間が延びた。しかし，チューブにつながれ，「ただ生きているだけ」の状況が長引くのは，「人間の尊厳」に悖るのではないか。本人が安楽死を生前望んでいたのならば，そうすべきではないのか。1969～83年にかけて，有効な免疫抑制剤シクロスポリンが開発され，臓器移植が現実的治療となった。「脳死の人」を死者と認め，心臓移植を行うべきではないか。

1960年代のこの問題提起に，当時の伝統的倫理学および医療倫理学は，有効な回答を与えることができなかった。伝統的倫理学は，善とは何か，道徳的原則は実在するかといった「根本的」課題には蓄積があったが，人々の道徳的直観が二分されているような状況で，どちらが倫理的に妥当かを熟慮によって示す取り組みには不案内だったからである。また，ヒポクラテスや**パーシヴァル**[1]**／フーフェラント**[2]らによる従来の医療倫理は，「患者のために最善を尽くせ」といった指針こそ確立していたが，1960年代に現れた問題群は，何が患者のために最善なのかがわからない課題群なのであって，答える準備に欠けていた。

2 生命倫理学という構想

こうした状況を憂え，新問題群に解答を与える力量をもった学術領域を確立すべく，その実現を図った指導的研究者によって1960～70年代にかけて成立したのが生命倫理学（以下，BE）である。物理学や政治学のような自然発生的学問とは異なる成り立ちを持つのがBEであり，学問内容の充実に先立って，制度の整備が先行した点に一つの特徴がある。例えば，ヘイスティング・センターは1969年，ジョージタウン大学ケネディ倫理学研究所は1971年に開設され，BEを創りあげるための知を網羅しようとした『生命倫理学事典』の初版は1978年に刊行されたが，医療系生命倫理学の代表的テキストであるビーチャム＆チルドレス[3]が出版されたのは1979年，エンゲルハート[4]のそれは1986年であった。

急いで付け加えておこう。これまでの記述だと，BEは**新医療倫理**[5]だという

▷1　**トーマス・パーシヴァル**（1740～1804）
イギリスの医師。開業の傍ら研究し，医療倫理という言葉を初めて使い，1803年『医療倫理』なる書籍を世に問うた。

▷2　**クリストフ・フーフェラント**（1762～1836）
プロイセンの医師。その内科書『医学必携』（1836年）のうち，医療倫理の部分が杉田成卿によって『医戒』の題名で翻訳出版された。

▷3　Beauchamp, T. L. and James F. Childress, *Principles of Biomedical Ethics* (1st ed., 1979; 2nd ed., 1983; 3rd ed., 1989; 4th ed., 1994; 5th ed., 2001; 6th ed., 2008; 7th ed., 2012; 8th ed., 2019), Oxford University Press.

▷4　Engelhardt, H. Tristram Jr., *The Foundation of Bioethics* (1st ed., 1986; 2nd ed., 1996), Oxford University Press.

▷5　**新医療倫理**
初期の構想に反して，近年，生命倫理の名を冠して刊行される書籍は，医療系のそれしか扱わず，BEは実質上医療倫理と変わらなくなってしまっている。生命科学系の生命倫理は，動物倫理などとしてスピンアウトしている。

▷6　**類似原則**
A氏もB氏もスマートフォ

印象を与えかねない。だが，そうではなかった。1973年のコーエンとボイヤーによる遺伝子組み換え技術以来，今日のゲノム編集まで，遺伝子を自在に操作できる度合いが増してきた。この技術により，バイオ産業は「自殺」する種子を開発し，農家が毎年毎年種子を購入するように仕向けた。これは農家に対する不当な搾取なのではないか。あるいは，畜産業は今日だいぶ工場化しており，狭いケージなど，ストレスを感じながら生活している動物も多い。また，これを回避するため，ストレスを感じないように遺伝子を操作した動物を生み出そうとする研究もある。これらは「生命の尊厳」上問題ないのか。こうした農業や動物倫理についての問題も BE の守備範囲だと生命倫理学者は見なした。

人口問題であれ環境問題であれ，命に関する道徳的問題はすべて BE の対象たりうる。BE の創成世代は，命に関して道徳的裁定を要するあらゆる問題に首尾一貫した解答を与えうる壮大な体系を構想したと言えるだろう。

3 生命倫理学の進展のその倫理

創成世代の壮大な意気込みは「良し」としなければならないだろうが，実現できてはいない。現実を見つめる実践倫理学・応用倫理学を代表する一分野としてのBEは，脳死・臓器移植，臓器売買，安楽死・尊厳死，エンハンスメント，クローン人間等といった個別問題に対する倫理的裁定を表明してきた。そうした解答が真に倫理的熟慮に基づく叡智になっているのかという問題もさりながら，それらの解答群が整合的で，首尾一貫した理論体系になっているかと問われると，どうにも心許ない。

ある時期まで第三者による精子提供は野放しに近い状況であった。一方，第三者による卵子提供は忌避されていた。卵子の採集は精子のそれより侵襲的だが，他はおおむね同様である。倫理学上の**類似原則**◁6に基づくと，精子提供と卵子提供の倫理的裁定は，その差に見合った以上の差があってはならないのだが，ある時期まで状況はそうではなかった。BE は個別問題にのみ注視するのではなく，守備範囲全体を俯瞰した上で体系を構築する必要があることを再確認すべきであろう。

BE 創成時の早期に力を持ったのはパーソン論であった。カントの人格に端を発するパーソン概念は，道徳的配慮に値する対象をパーソンか，そうでないかによって区分しようとした――パーソンではない胎児を堕胎しても倫理的に構わない，チンパンジーがヒトの３歳児程度の知性をもっているとしたら，チンパンジーをパーソンとして遇さなければならない等々。パーソン論によれば小気味よく倫理的裁定を下せるので，一時期席巻した感がある。しかし，この二分法は生きるに値する命とそうでない命を峻別する危険思想に堕する可能性を多分に有する。BE はまた，己の非倫理性にも常に鋭敏でなければならないであろう。

（廣野喜幸）

ンでゲームをしながら運転していたという同じ理由のために事故を起こし，人を死なせてしまったとしよう。このとき，A氏が無期懲役となり，B氏が無罪となったら，多くの人は不公平感をもち，そのような判断は正されなければならないと思うことだろう。こうした直観を倫理学上定式化したものが，「状況ＸとＹが道徳に関連した諸事情において同等であれば，同等の道徳判断がなされなければならない」という公平原則／正義原則である。A氏は先の理由だが，B氏は心臓発作が原因だとしたら，先の刑罰に人はそれほど不正義を感じないのではないだろうか。道徳に関連した諸事情において違いが認められ，その違いと道徳判断の違いがほぼ見合っていると考えられるからである。だが，A氏が無期懲役，B氏が懲役20年だとしたら，道徳に関連した諸事情の相違と道徳判断の差異が見合っておらず，問題を感じとるかもしれない。公平原則も含め，「状況ＸとＹに対する道徳判断の違いは，道徳に関連した諸事情の差異に見合っていなければならない」とする一連の要請が，類似原則である。

参考文献

香川知晶『命は誰のものか』ディスカヴァー・トゥエンティワン，2009年。
森下直貴編『生命と科学技術の倫理学』丸善出版，2016年。
廣野喜幸「生命倫理」藤垣裕子責任編集『科学技術社会論の挑戦２』東京大学出版会，2020年。

5　現代的課題

16 脳神経倫理学（ニューロエシックス）

▷1　倫理的・法的・社会的諸問題
最先端の科学技術研究は，しばしば学術研究以外の領域で今までになかった問題を引き起こす。それらを一括してこのように称する。1990年代のヒトゲノム研究プロジェクトの際に必要性が注目された。

▷2　偶発的所見
医師のいない基礎的実験の最中に，医療的対応が必要と思われる疾患が実験参加者に発見されること。実験者は治療の資格と技能がないため，疾患の見落とし（偽陰性）や，逆に過剰な反応（偽陽性）をとったりすることがある。

▷3　Ⅰ-1-10　Ⅱ-5-5 参照。

1　脳神経倫理学とは何か

脳神経倫理学は，脳神経科学研究の**倫理的・法的・社会的諸問題**◁1（Ethical, Legal and Social Issues：ELSIs）を扱う学際的で実践的な学問領域である。生命倫理学や医療倫理学と密接な関係がある応用倫理学の一分野でもあるが，近年急速に発展している脳神経科学がもたらす新たな倫理的・法的・社会的課題について対応することが要請されており，独自の学問分野として位置づけることも可能である。原語は “neuroethics” で，「神経倫理学」や「脳倫理学」と訳されることもあるが，脳と神経の両方を対象とすることを明確にするため，ここでは「脳神経倫理学」とする。

この用語の使用例は20世紀半ばにさかのぼるが，現在の脳神経倫理学は2000年頃から盛んになってきた領域を指すのが通常の使用法である。これは，この頃から実験参加者（被験者）の脳神経活動の状態を非麻酔の覚醒状態で記録する技術を使った脳神経科学研究が格段に進み，心理学や教育学，経済学，経営学など医学生命科学以外の領域の研究者も多数参入するようになったことで，従来にない新たな倫理的・法的諸問題が生じてきたからである。また，これらの研究成果を応用した製品が教育や福祉，娯楽などの分野で普及し，裁判やマーケティングなどの社会的活動にも適用される状況も生じており，体系的な検討と対応が必要とされている。

2　具体的な諸問題

脳神経倫理学は「脳神経科学の倫理」「倫理の脳神経科学」「脳神経科学と社会」の３つの下位領域に分けて論じられることが多い。いずれの下位領域においても，人を人たらしめている特性の多く（例えば，自我，意識，論理的思考，未来予測，言語使用など）が脳と密接な関係にあるため，哲学，法学，経済学，教育学などとも領域を重ねつつ，脳神経科学の知見を踏まえた分析枠組みやアプローチを追求している。

「脳神経科学の倫理」では，臨床的研究における新しい課題を提起してきた。例えば研究における**偶発的所見**◁2（incidental findings）への対応は脳神経科学に限ったものではないが，人の脳の画像を直接撮像する MRI（磁気共鳴画像）技術が普及したことで，非医学的研究において治療的行為の必要性が示唆される所見が見つかる例数が格段に増え，体系的な対処の基準が整備された。そのほか，軍事と民生の二重利用（デュアル・ユース）[3]や脳情報のデータベース（いわゆる「脳バンク」）関係の諸問題も重要な課題である。

基礎研究における倫理的な課題では，より哲学的な諸問題も検討の対象になってくる。例えば，傷害で失われた運動機能をコンピュータなどの機械と人の脳を直接接続する技術（brain machine/computer interface：BMI/BCI）によって回復したり，薬物を使用して記憶力を高めたりなどの様々な**能力増強（補綴，エンハンスメント）**[4]がすでに行われているが，これらは人の内部（脳）と外部（機械）の境界を曖昧にし，人間の心の従来の位置づけや自由意志と責任の帰属などを変化させる可能性がある。

このような問題群は「倫理の脳神経科学」下位領域に接近するものである。ここでは「**トロッコ問題**[5]」が倫理判断の脳神経科学的研究のためによく使われてきた。近年は人工知能（AI）研究の文脈でもよく引き合いに出されている。今後，価値規範や信仰などについても神経科学的な解明が進むと，道徳活動や宗教活動における科学的言説と従来の文化的言説との間で対立や葛藤が生じる可能性もある。

脳神経科学は人間の人間たる所以である脳を対象とするため，科学的研究の成果が社会に与える影響も大きい。専門家と一般社会の関係，科学ジャーナリズムのあり方，**疑似科学**[6]問題，民間企業の商品開発における研究倫理など，科学技術一般と社会の関係を考える上で重要な問題群が発生している。また，脳神経科学的研究の成果を実際のビジネスや教育，法廷などに適用しようという動きも見られる。いずれも，新しい利便性をもたらしうる反面，リスクが十分には明らかになっていない状態での試行であり，慎重な検討が必要とされる。

3 制度化の状況と今後の展望

脳神経倫理学は比較的新しく登場した学問領域であるが，強力な学術的・社会的要請を受けて制度化は急速に進んだ。2020年現在，国際学会（International Neuroethics Society），国際学術専門誌（*Neuroethics*，Springer 社），複数の標準的な教科書があり，北アメリカを中心に大学院博士課程も複数整備され，独立した学術分野としての制度化はすでに一段落している。脳神経科学そのものにも大きな存在感と影響力を示している。日本国内においては，教科書の出版や生命倫理学会，日本神経科学学会などとの連携は見られるものの，独自の学会と大学院課程をもつには至っていない。

今後，脳神経科学研究はこれまで以上のスピードで発展し，脳神経科学と社会の接点がより増えることは確実である。脳神経倫理学には，学問的にも実践的にもさらなる精緻化と発展が期待される。また，人工知能（AI）やロボット分野との連携も深めていくと予想される。（礒部太一・佐倉　統）

▷4　**能力増強（補綴，エンハンスメント）**
機械や薬物などの人工物を用いて，人の能力を通常の水準より高める操作。低下している能力を通常の水準に戻すのは医学的治療として許容されるが，能力増強は一般に倫理的許容度が低い。しかし，治療や，嗜好品などによる気分転換との境界は曖昧である。Ⅱ-5-9 側注5，Ⅱ-5-12 も参照。

▷5　**トロッコ問題**
1人の命を犠牲にすればトロッコに轢かれそうな複数の人の命を助けることができるという状況下で，人はどのような倫理的判断を下すのかを問う仮想実験。倫理学的には功利主義と義務論のどちらを優先すべきかという問題設定である。

▷6　**疑似科学**
科学的になんら証明されていない知見を，あたかも科学的な根拠が十分であるかのように提示すること。また，そのようにして提示された一群の情報。UFO，未確認生物，疑似医療，疑似健康法，血液型占いなど。

参考文献

ブレント・ガーランド編（古谷和・久村典子訳）『脳科学と倫理と法』みすず書房，2007年。
信原幸弘・原塑編『脳神経倫理学の展望』勁草書房，2008年。
ジュディ・イレス編（高橋隆雄・粂和彦監訳）『脳神経倫理学』篠原出版新社，2009年。
パトリシア・チャーチランド（信原幸弘・樫則章・植原亮訳）『脳がつくる倫理』化学同人，2013年。

5　現代的課題

17 生政治・生権力・生資本

1 科学技術社会論における生資本論

ゲノム科学，幹細胞，そして生殖補助医療技術といった生命科学領域の発展は多くのベネフィットを社会にもたらすと同時に，「生」が持つ様々な側面を資本化し，市場の中に投げ入れてきた。現代における「生」の資本化は，とりわけ1970年代以降のバイオテクノロジーの急速な発展と，それに適応する形で1980年代のアメリカにおける**プロパテント政策**◁1を背景として急速に進んでいったものである。

そのような中，科学技術社会論をはじめとして，生命科学に注目してきた一連の人文・社会科学的研究は，生─価値，遺伝的資本，ゲノム学的資本，剰余としての生，生─経済，**生─資本**◁2などの様々な概念を提案してきた。これらの議論は，フーコーの「生政治」や「生権力」の議論の拡張としての「生─資本」論であり，個人単位ではなく，細胞，分子，ゲノム，遺伝子までもが「資本」の対象となってきたことを分析するものであった。

現代の科学技術社会論における「生─資本」をめぐる主要な論客の一人であるカウシック・サンダー・ラジャンは「生─資本」という現代的事象の多層性，またその価値生産の多くが言説的活動に拠ることに注目する。例えば，生─資本を取り巻く（おそらくは代表的な）言説・行為は，アメリカにおいては，キリスト教的な奇跡や救済の物語を匂わすものであり，同時に未来・可能性を売るというベンチャー文化の典型となっている。一方，インドにおいては，ナショナリズムと結びつく形で展開されている。このように，「生」を取り巻く経済的価値の付与と市場整備の中で，先端生命科学の推進は現代における「プロテスタンティズムの精神」，あるいはヘゲモニーを希求するナショナリズムの発露となっており，またその振興を駆動するために「語り」の動員が行われているのである。

またもう一人の主要な論客であるニコラス・ローズは，先端生命科学によって身体をめぐるあらゆる情報・物質が資本として展開される現代の生政治に，①「分子化」，②「最適化」，③「主体化」，④「ソーマの専門的知識」（ソーマ＝物質身体的），⑤「生命力の経済」という５つの変化とその相互作用に特徴を見出している。ローズはこの５つの特徴を踏まえつつ，「生物学的シチズンシップ」と「ソーマ的（物質身体的）個人」の諸相，そして「ソーマ的倫理」

▷1　**プロパテント政策**
アメリカにおいて1980年以降，とりわけバイ・ドール法を契機として始まる大学における知的財産権生成促進政策。この政策的背景とバイオテクノロジーの発展を背景として，細胞や遺伝情報に関する特許が認められるようになっていった。

▷2　**生─資本**
2000年代後半に入ったタイミングでいくつかの挑戦的な研究成果が連続して出版されている。ラジャン（2011），ローズ（2014），そしてクーパー（Melinda Cooper）による *Life as Surplus: Biotechnology & Capitalism in the Neoliberal Era*（2008）などがそれである。

の出現に目を向ける。ローズは，シチズンシップが，人間の生命的特性によって形成されてきたと同時に，近代以降における医学的実践の目標であったことを強調する。

2 日本における議論の展開

廣野喜幸によれば，生権力論の標準見解はないものの，一定程度方向性を同じにする議論群が展開されていると概括される。その状況を踏まえつつ，廣野は，従来からの政治的権力（生殺与奪に関わる権力）としての「死権力」，そして「生」あるいは「生き方」に対してある種の範例を強要する形で作動する権力機構としての「生権力」が相補的に働くことの指摘を，フーコーの生権力論の特徴としてみている。そして生権力の特徴として「生」が管理対象となることからも，人体の商品化が生権力の発露の一形態であると解される。なお生権力の議論に関わる主要な議論としては，海外ではアントニオ・ネグリ（A. Negri），ジョルジュ・アガンベン（G. Agamben），ロベルト・エスポジト（R. Esposito），ジュディス・バトラー（J.P. Butler）らを挙げることができ，日本では金森修，小松美彦，市野川容孝，檜垣立哉，美馬達哉などが挙げられる。

金森修によれば，フーコーにとっての生政治の最低限の定義は，「個人個人の性質や行動形態を規定するというのではなく，集団レベルでの特性を統計的に把握し，その全体的調整をしようとする新しいタイプの権力・政治，そして結果的に個人を活かすという効果を随伴する権力・政治[◁3]」となる。そして金森修は，ローズの議論への注目を提示しながら，生政治ならびに生―資本に関する論考を提示している。一つが，生物医学の精緻化により人存在における「モノ」的側面の強調，「生物学的市民性」に注目した生―資本化を逆手に取った新たな市民性の構築可能性への注目であり，もう一つが「亜・可能的人間」という視点を用いた多能性幹細胞からの生殖細胞作成をめぐる規制緩和に対する警鐘である。

また生―資本の問題を検討する上で，卵子・胚・胎児，そして生殖医療との関わりに関する議論は避けて通ることのできない問題群である。とりわけ柘植あづみは，卵子・余剰胚・死亡胎児が「棄てられるもの」という認識の共有を背景として資源化が進むこと，卵子・胚・胎児を取り巻く提供者の情動は決して一様ではないこと，そしてこれらの資源化によって利益を受けるものとリスクを受けるものとの差異を見過ごすべきではないことを強調している[◁4]。また体細胞核移植研究が卵子をめぐる市場へ与える影響，女性や弱者へのリスクの偏りにおける生―経済の問題についての研究群にも注目が必要である。

（標葉隆馬）

▷3　金森（2010）35頁参照。

▷4　柘植（2012）参照。

参考文献

金森修『〈生政治〉の哲学』ミネルヴァ書房，2010年。

カウシック・S・ラジャン（塚原東吾訳）『バイオキャピタル』青土社，2011年。

柘植あづみ『生殖技術』みすず書房，2012年。

ニコラス・ローズ（檜垣立哉監訳）『生そのものの政治学』法政大学出版局，2014年。

廣野喜幸「人体の商品化と生権力」『科学技術社会論研究』17号，2019年。

5　現代的課題

18 地球温暖化と不確実性

1 地球温暖化，気候変動とは

産業革命以降，人間活動による化石燃料利用等に伴い，二酸化炭素（CO_2）をはじめとする温室効果ガスが大気中に増加している。これが地球から宇宙への赤外線の放出を妨げることで地球表面付近の温度が長期的に上昇するのが，**地球温暖化**[◁1]，もしくは**気候変動**と呼ばれる問題である。地球温暖化に伴い，雪氷の減少，海面の上昇，降水パターンの変化等，地球の気候状態に様々な変化が生じる。「地球温暖化」といった場合は気温の平均的な上昇が強調され，「気候変動」といった場合は気温以外の気候状態や変動性を含めた変化が強調される面があるが，２つの用語の使い分けは必ずしも明確ではない。

地球温暖化の進行により，自然環境の急激な変化や災害の増加等を通じて，人間社会と自然生態系に深刻な悪影響が生じることが懸念されている。

2 地球温暖化の科学の発展

人間の産業活動により大気中に放出されるCO_2が地球を暖める可能性が科学的に指摘されたのは19世紀にさかのぼるが，地球温暖化の研究が本格化したのは20世紀後半である。1988年には国連の「**気候変動に関する政府間パネル**」（**IPCC**[◁2]）が設立され，世界の専門家が組織的に協力して地球温暖化の科学的知見を評価し，政策決定者の要請に応答する活動が始まった。

1990年のIPCC第１次評価報告書では気温の観測データに人間活動の影響は未だ検出できないとされていたが，1995年の第２次評価報告書では識別可能な人間活動の影響が気候に表れていることが示唆された。第３次（2001年），第４次（2007年），第５次（2013年）の評価報告書では，20世紀後半以降の気温上昇の主な原因が人間活動である可能性が，それぞれ「高い（66％以上）」，「非常に高い（90％以上）」，「極めて高い（95％以上）」と評価された。

このように，地球温暖化の科学は過去30年間に急速に発展した。これは各種大気中微量物質の放射特性（赤外線や可視光線を吸収，射出，散乱する特性）やそれらの変化に対する地球システムの応答に関する理論的な理解をベースに，各種観測データの収集と分析，気候のコンピュータシミュレーション（**気候モデル**[◁3]），過去の気候状態の理解等の知見が蓄積し，それらの独立した証拠が次第に同じ焦点にはっきりした像を結ぶようになってきた過程である。

▷１　**地球温暖化と気候変動**
社会課題として「地球温暖化問題」という場合には，気温上昇に伴って生じる他の気候要素の変化を含む。「気候変動」は自然の変動にも使うことがあるが，「気候変動問題」は人間活動に由来するものを指す。このように２つの用語の意味は文脈にも依存する。

▷２　**気候変動に関する政府間パネル（IPCC）**
世界気象機関と国連環境計画により設立された気候変動の科学を評価する機関。３つの作業部会から成り，第１作業部会が気候変動の科学的根拠，第２が影響・適応・脆弱性，第３が緩和策をそれぞれ担当する。本項目の記述は主に第１作業部会を対象としている。

▷３　**気候モデル**
地球の大気，海洋を３次元の格子に分割し，風，温度，気圧等の変化を運動量保存やエネルギー保存等の物理法則に基づいて計算するコンピュータシミュレーションモデル。格子より小さい規模の現象の効果等を半経験的な仮定に基づき計算するために不確実性が生じる。

3 地球温暖化の将来見通しと不確実性

地球温暖化により世界平均気温が今後100年程度の間に何℃上昇するかといった見通しは，1990年前後から気候モデルによるシミュレーションを用いて研究されてきた。その際，まず将来の大気中 CO_2 等の濃度変化をシナリオとして与える必要がある。このシナリオは将来の対策の進展を含む社会経済変化に依存するので不確実であり，将来の気候シミュレーションは科学のみによる「予測」ではなく，シナリオに条件づけられた「見通し」である。

気候の将来見通しにはシナリオのほかに大きな不確実性要因が少なくとも2つある。一つは，気候モデル内の細部の仮定や経験的な係数値が異なるとシミュレーション結果が異なることによる，気候モデルの不確実性である。このため，世界の数十の研究機関がそれぞれ独立に気候モデルを開発し，共通のシミュレーションを行って結果を比較することにより不確実性の評価が行われる。

もう一つの不確実性要因は，気候の自然変動である。エルニーニョ，ラニーニャに代表されるような気候システム内部のメカニズムにより自励的に生じる変動は，システムのカオス的な性質により長期的な予測が不可能である。例えば2000年頃からの10年間程度，世界平均気温の上昇が停滞し，シミュレーション結果との乖離が議論になったが，その主な原因は自然変動によるものと考えられる。

さらに，近年新たに注目されるようになった「深い不確実性」という考え方がある。例えば永久凍土からのメタンの放出や南極氷床の崩壊のように，現時点の科学的知見では気候モデルの中にどう定式化してよいかさえわからない過程が知られている。そのような不確実性の存在の認識がシミュレーション結果とともに政策決定者に共有される必要がある。

4 地球温暖化の科学と社会

地球温暖化の進展は人間社会と自然生態系に大きなリスクをもたらすと考えられている。一方で，地球温暖化を止めるためには化石燃料に依存した従来の社会経済システムからの大転換が必要とされるため，その遂行には様々な主体の利害が関わる。

地球温暖化の科学をめぐっては，その不確実性を不当に喧伝する言説，いわゆる**地球温暖化懐疑論**[◁4]が存在し，その主要な発信源は英語圏の化石燃料資本，保守系シンクタンク，保守系メディアによる組織的な活動であることが知られている。地球温暖化の科学を見る上では，そのような政治的な文脈の存在に特に注意が必要である。IPCC の報告書作成においては，公開性，透明性，厳密性の高い査読過程が採用されている。これは，高い政治性の中にある地球温暖化の科学が，社会からの信頼を獲得するための重要な仕組みと考えられる。

（江守正多）

▷4 **地球温暖化懐疑論**
近年の地球温暖化の主な原因が太陽活動である，自然変動であるなど，主流の科学的知見に反する言説。IPCC の評価に基づけば明確に否定される主張がほとんどである。発信者の意図は，地球温暖化の科学に実際以上に不確実性がある印象を社会に与えることと考えられる。

参考文献

江守正多『地球温暖化の予測は「正しい」か？』化学同人，2008年。
日本気象学会地球環境問題委員会編『地球温暖化』朝倉書店，2014年。

5　現代的課題

19 気候工学（ジオエンジニアリング）

1 気候工学／ジオエンジニアリングとは何か

気候工学とは「人間活動起源の気候変動の影響を弱めるための惑星環境の大規模操作」[1]を目的とする技術の総称であり，従来の緩和策（温室効果ガス排出削減）や適応策（気候変動の有害な影響の軽減や予防）とは異なる新たな気候変動対策として注目を集めてきた。気候工学は通常，①大気中の CO_2 濃度を引き下げる**二酸化炭素除去**[2]（Carbon Dioxide Removal：CDR）と②太陽入射光の反射率を高め，全球気温の安定化を図る太陽放射管理（Solar Radiation Management：SRM）の２つに大別される。SRM の一つである「成層圏エアロゾル注入」（stratospheric aerosol injection：SAI）は，高度約20キロメートルの成層圏に粒子状物質を散布し，太陽入射光の反射率を高めることで全球平均気温の上昇を抑制する技術である。SAI は短期間で効果が発揮され，さらに実施コストが安価であることから，特にその実現可能性が有力視されている。ただし SAI は大気中の CO_2 を手つかずのまま残すため，緩和の代替策とはなりえず，あくまで不完全な対症療法に過ぎない。SAI はその気象学的なリスクのみならず，政治的・倫理的な点でもきわめて論争的な技術といえる。

2 気候の非常事態

気候工学への関心が飛躍的に高まった背景には，大規模な排出削減策に向けた国際的な政治的努力の失敗とその結果引き起こされうる**気候の非常事態**[3]（climate emergency）に対する危機感や切迫感がある。気候工学研究の道を拓いたのは，「**人新世**[4]」の提唱でも著名な大気化学者パウル・クルッツェンの論考であった[5]。クルッツェンは，大胆な緩和策に向けた国際交渉が有効に機能してこなかった事実を強調した上で，「最善の解決策とはほど遠い」ことを認めつつも，未来に起こりうる気候の非常事態を回避するための最終手段（ないし先制的措置）として SAI の実施に備えた研究推進を訴えた。これ以後，気候の意図的改変をタブー視する状況は一変し，気候モデルでのシミュレーションのみならず，屋外実験も含む SAI 研究への機運が急速に高まっていった。

しかし，気候の非常事態回避のための措置として SAI の研究や実施を正当化する立論には深刻な欠陥がある。一つはモラルハザードの問題である。SAI は必ず緩和と並行して進められる必要があるが，SAI が緩和策失敗の際の「保

▷1　Royal Society, *Geoengineering the Climate: Science, Governance and Uncertainty*, Royal Society Policy document 10/09, 2009.

▷2　**二酸化炭素除去**
CDR には，大規模植林，海洋に微量栄養素である鉄・リン・窒素を散布して光合成を促進する海洋肥沃化，バイオマスエネルギーと炭素回収・貯蔵を組み合わせる BECCS（bioenergy with carbon capture and storage），大気から化学工学的に CO_2 を回収する CO_2 直接空気回収（direct air capture：DAC）などの手法がある。

▷3　**気候の非常事態**
気温上昇がある閾値・臨界点（tipping point）を超えた際に様々な正のフィードバックが連鎖的に働くことで気候や生態系に生じるカタストロフィックな事態。北極海の夏の海氷やアルプス氷河の消失，グリーンランドや西南極氷床の融解とそれに伴う急激な海面上昇や海洋深層大循環の減速・停止，永久凍土の消失などが懸念されている。

▷4　**人新世**
[Ⅱ-4-7]を参照。クルッツェンの存在が象徴するように，人新世と気候工学の議論は密接な関係にある。完新世から人新世への移行そのものが，ときに気候工

険」と見なされていけば，緩和への政治・社会的努力はいっそう後退しかねない。ましてやクルッツェン自身が指摘したように，大胆な緩和策が進まない背景に現状維持の趨勢（政治的惰性）や政治の機能不全が存在するとすれば，現状から大きな利益を得ている化石燃料・資源の大量消費国は，さらなる緩和努力の先送りという「道徳的腐敗」に陥る懸念がある[6]。また，気候の非常事態が技術の恣意的な濫用につながりかねないという問題がある。歴史的に，非常事態や秩序・安全への脅威が，人々の恐怖や不安に訴え，通常の法規範や民主的手続きを回避して緊急の措置や介入を正当化する口実とされてきた点を踏まえれば，全球規模での気候の非常事態に関してその定義づけや宣言を担う主体や権力の正当性が重大な政治的重要性をもつ。しかしいまなお，気候の非常事態が正確にどのような事態であるか，またそれは事前に予測可能であるのか，といった点について，科学者の間でさえ明確な一致があるわけではない[7]。

3 気候工学のガバナンス

上記の懸念に加え，地球規模の SAI が地球上のあらゆる生き物や未来世代をも巻き込むリスクを抱えている点から，研究段階を含む「適切なガバナンスのメカニズム」の必要性が議論されている。けれども，ガバナンスをめぐっても容易には解決し難い問題がある。SAI のガバナンスには「研究」と「実施」の２つのレベルが想定されるが，現実には両者を厳密に区別することは不可能である。第二次世界大戦下のマンハッタン計画がそうであったように，屋外実験のように研究が大規模化すれば，制度の推進力が作用し，実施への歯止めをかけることはきわめて困難となる（ロックイン）。

さらに，たとえ SAI が想定通りに全球気温の安定化に成功するとしても，それが降雨量など特定地域のローカルな気象パターンにどのような悪影響を及ぼすかは不確実である。すでにシミュレーションでは，アジアやアフリカのモンスーン地域における降雨量減少や干ばつ増加の可能性が指摘されており，SAI の実施が新たな気候体制のもとで「勝者」と「敗者」をつくりだすことが十分に予想される。こうした事態の予期は，気候変動対策に不可欠な国境を超えた相互信頼や連帯，協力関係に新たに深刻な亀裂を生じかねない。国際社会が大胆な排出削減策に向けた枠組みづくりになお窮している中で，緩和策とは違って，それ自体が新たなリスクや紛争の火種となりうる SAI 技術のガバナンス体制の整備を安易に想定するのは大いなる幻想である。

総じて，現在，気候変動対策として SAI に過度な期待をかけることは危険である。ただその一方で，CDR を含む気候工学の研究開発に対する商業投資も着実に進展してきている。ルールなき研究開発の進展や先進国中心のなし崩し的な実施といった最悪の事態を回避するためにも，自然科学だけでなく，人文・社会科学的な知の積極的な介入が求められる。　（桑田　学）

学（大規模な気候システムの技術的制御）の正当化論として用いられる。

▷5　Crutzen, P., “Albedo Enhancement by Stratospheric Sulphur Injections: A Contribution to Resolve a Policy Dilemma”, *Climatic Change*, 77, 2006, 211-219.

▷6　Gardiner, S. M., *A Perfect Moral Storm: The Ethical Tragedy of Climate Change*, Oxford University Press, 2011.

▷7　Hulme, M., *Can Science Fix Climate Change?*, Polity Press, 2014.

参考文献

桑田学「気候工学の技術哲学」『科学技術社会論の挑戦２　科学技術と社会』東京大学出版会，2020年。

杉山昌広『気候を操作する』KADOKAWA，2021年。

5　現代的課題

20 海洋プラスチックごみ

1 便利な素材・プラスチックの難点

20世紀初頭以降，ベークライト，合成ゴムといった様々なプラスチックの開発製造が進められ，ナイロンなどの合成繊維とともに生活のあらゆる場面において利便性を向上させてきた。今では我々の社会生活になくてはならないこれらの素材の難点は，その優れた耐久性ゆえに自然環境中では分解されないということである。特に1960年代以降，ポリエチレン系等のプラスチックが大量に出回るようになり，大きな環境問題を引き起こしている。

2 海洋に流出したプラスチックごみ

近年，私たちが使い終わったプラスチックや，微細な破片の**マイクロプラスチック**◁1が，海に流出していることが世界的な問題として注目されている。レジ袋やペットボトルといった容器包装等の陸上での使用に由来するものや海上での使用に由来する漁具等もある。その堆積量や流出量は，まだ正確には把握されていないが，毎年約1000万トンに及ぶという推計もある。**太平洋ごみベルト**◁2として知られているカリフォルニア州沖の海域をはじめ，北極や南極，さらにはマリアナ海溝のような深海でもプラスチックごみが見つかっていることから，汚染はすでに相当な規模で広がっていると考えられる。これらは，ウミガメの体に絡みついたり，餌と間違って食べられてしまうことで，生態系に深刻な影響を与えることが懸念されている。人間に対しても，プラスチックに吸着した化学物質を食物連鎖を通じて摂取することで健康への影響が心配されているほか，船舶の損傷等による漁業や海運業への被害，景観の悪化による観光業への悪影響がすでに発生している。

3 ごみはどこから来ているのか

2010年の国別流出量の推計では，中国，インドネシア，フィリピン，ベトナムと，著しい経済発展に廃棄物管理が追いついていないアジア諸国が上位4カ国に並んでおり，現時点での主な発生源と考えられている。筆者が2014年にインドネシアで行った調査でも，収集されているプラスチックごみは半分以下であり，空き地や河川に投棄されている実態を目の当たりにした。日本では，年間約900万トンのプラスチックごみが発生しているが，廃棄物管理が整備され

▷1　**マイクロプラスチック**
5ミリメートル以下の微細なプラスチック片のこと。紫外線や物理的な衝撃等によるプラスチックの劣化，化学繊維の衣服の洗濯で生じる繊維くず，走行中に剝がれ落ちたタイヤ等が原因である。また，スクラブ等の化粧品に使用されるマイクロビーズも該当する。

▷2　**太平洋ごみベルト**
アメリカ・カリフォルニア州沖に160万平方キロメートルに渡ってプラスチックごみが集中している海域のこと。その量は約7万9000トンとも言われる。オーシャンクリーンアップの調査では，ラベル表示が読み取れた製品の3分の1が日本語だったとされている。

▷3　**汚染者負担原則**
汚染された環境を回復するための費用は，汚染物質を排出した汚染者が負担すべきとする原則のこと。1972年に経済協力開発機構（OECD）が提唱した。日本では，2000年に閣議決定された環境基本計画において環境政策の基本的考え方の指針に含まれている。

▷4　**拡大生産者責任**
OECDが提唱した，生産者に対してその製品の設計から消費後の段階まで環境影響に関する責任を持たせ

ているため，海への流出量は約6万トンと決して少なくないものの，前述した国々に比べれば規模は2桁小さい。一方で，過去にさかのぼれば，先進国でも廃棄物管理が未整備だった時代があり，日本でも特に山村や島では整備が遅く，河川や海にごみを捨てることが日常的に行われていたことを踏まえると，古くから蓄積しているごみに対する責任もある。このままでは「2050年には海洋中のプラスチック量が魚類量を上回る」という報告もある。どうすれば，そのような悪夢を回避できるだろうか。

図1 河川近くに散乱するプラスチックごみ（インドネシア）

出典：筆者撮影。

4 汚染された環境は回復できるのか

海岸や河川でのごみ拾い，漁具による引き上げのほかに，効率的な回収方法の模索が始まっている。海洋プラスチックごみ問題に衝撃を受けたオランダの青年ボイヤン・スラットは，環境団体オーシャンクリーンアップを立ち上げ，海面や河川に浮遊させる回収装置を開発しており，その試行錯誤が世界の注目を集めている。他にも，海藻がマイクロプラスチックを吸着する機能を利用して，海藻カーテンを設置する構想を発表している団体もある。ただし，プラスチックの多くは海中深くに沈んでしまうとも言われており，これらに対する手立てはまだなく，回復の可能性は未知数である。

また，環境回復の指針として**汚染者負担原則**◁3があるが，日本では，これまでのところボランティアによるごみ拾いや，税金による回収が主であり，流出したプラスチックごみに対する生産者の責任は十分には問われていない。一方，EU のように，**拡大生産者責任**◁4の考え方を用いて，使い捨てプラスチックの生産者がその清掃や意識向上等に要する費用を負担することを検討している場合もある。大規模な環境回復のためには責任の所在についての議論は不可欠である。

これ以上の汚染を防ぐには，上に述べた廃棄物管理が未整備の国での早急な対策が不可欠であるが，当該国自身は処理技術や予算が十分でないために対応できない場合が多く，国際的な枠組みで対応する必要がある。

一方で，プラスチックの使用量自体を減らす動きも始まっている。日本でも2020年7月にレジ袋の有料化が導入されたが，より広範な使い捨てプラスチックに対する使用禁止や課税の導入を検討している国も多数ある。このような規制と並行して，**生分解性プラスチック**◁5や紙等の代替素材に切り換える動きも進んでいる。しかし，生分解性プラスチックは一定の条件下でなければ分解されないことや，リサイクルの阻害要因となる等の問題もあり，解決策としては多くの課題が残っている。

（松岡夏子）

る考え方。

▷5 **生分解性プラスチック**
一定の条件下において，微生物の働きにより水と二酸化炭素等に分解されるプラスチックのこと。自然環境下（土壌中，海中）で必ずしも分解されるとは限らないことや，分解に時間を要するために長期間にわたってマイクロプラスチックとなることが懸念されている。

参考文献

植田洋行・松岡夏子・Dwi Koryana「インドネシア国・プラブムリ市における家庭ごみの処理に伴う温室効果ガス排出量」第27回廃棄物資源循環学会研究発表，2016年。
田崎智弘・堀田康彦「拡大生産者責任」地球環境戦略研究機関，国立環境研究所，2016年。
枝廣淳子『プラスチック汚染とは何か』岩波書店，2019年。
田崎智宏「多面的なプラスチックごみ問題の構造的理解と経済的手法の活用にむけて」『環境経済・政策研究』vol. 12，No. 2，2019年。
中嶋亮太『海洋プラスチック汚染』岩波書店，2019年。

5　現代的課題

21 知的財産

1 知的財産（権）とは何か

日常的には，経済的価値を有する情報はすべて「知的財産」と呼ばれる傾向があるものの，法的枠組みの中では，特許権（＋実用新案権）・商標権・意匠権・回路配置利用権・種苗権などの産業財産権と，著作権を併せて，知的財産権と呼ぶ。産業財産権は，工業や農業などの産業の発達を目的として設定される**準物権的権利**[◁1]である。著作権は，本来は産業的応用を目的としない文芸・美術・音楽・学術などにおける情報（表現）を保護する権利だったが，1980年代以降産業的重要性を有するコンピュータ・プログラムの著作物の保護も行うようになった。こちらは，文化の発展を目的として設定された。さらに，上記の法的権利では保護されない，他者の知的財産にただ乗りすることを不正競争行為として禁止する不正競争防止法がある。有名人の名前や肖像等が有する「顧客吸引力」を保護するパブリシティ権は，法律では明文化されず，裁判の中で確立してきた権利である。

▷1　**準物権的権利**
民法における権利は，物権と債権に大別できる。債権は特定の人に対する請求権（「これこれをしてほしい」）で，債務が対応する。一方，物権は物（有体物）を直接的かつ排他的に支配する権利で，物権を保有する者（所有者）は物を使用し，そこから利益（収益）を得て，処分することが自由にできる。知的財産権は疑似的に物権と同じ性格の権利を情報に及ぼすよう制度設計されているため，こう呼ばれる。

2 知的財産権の社会的機能

知的財産権は，その機能から大きく２つに分けられる。市場秩序維持を主要な目的とする権利と，創作を奨励する権利の２つである。一般的に，商標権・意匠権・不正競争防止法がブランドや知的財産へのただ乗りを防止する市場秩序維持機能を有するとされ，特許権や著作権，その他の権利が創作から報酬を得る制度的根拠を与え，奨励する権利とされる。しかし，意匠権は創作保護の性格を強めているとの評価がある一方，海賊版排除などの機能を有する著作権なども一定の市場秩序維持機能を有する。このように，この分類は一定の見通しを与えてくれるものの，程度問題でもある。

知的財産権制度は，16世紀以降，経済における市場制度の展開を背景として発展してきた。著作権の登場と発展は，活版印刷術の欧州への普及と書籍市場の成長が背景にある。特許権の発展は，王室財産を増やすための特定業者の保護から始まり，その後市場経済を背景とする発明・イノベーションが国力を高めるとの認識から，新技術開発を奨励するとともに，新技術情報の公開を促す特許権制度が発展していった。商標権・意匠権は，市場での企業や製品の信用を保証するブランドの保護を目的に展開してきた。半導体集積回路（IC）の回

▷2　**補償金制度**
著作物利用の補償金制度には，利用の都度文化庁を経由して徴収され権利者に支払われる補償金と，補償金徴収・分配機関が広く薄く利用者などから，包括的な手段で補償金を集め，利用状況に応じて権利者に配分する制度と，２つある。前者は，検定教科書や教育用

路配置利用権は，模倣も含め市場競争が激しい分野で，高度な独創性を要求される回路配置の保護を目的とする。

その一方で，テクノロジーの発展や社会の変化によって，修正も加えられてきた。例えば，著作権法は，新しい著作物の複製技術と流通手段の登場と発展に対応して，クリエイターや著作物流通事業者の権利・利益を守るため，大きく変容してきた。新しい権利（例：自動公衆送信権・送信可能化権など）がつくられたり，包括的な**補償金制度**◁2が設けられたりした。包括的な補償金制度は，著作物やその複製の販売ではなく，著作物利用の対価として，補償金徴収・分配機関が利用者から薄く広く著作権等使用料を集めて，利用状況に応じて権利者に分配するものだ。著作物の利用が広がりながら対価が得られないと，クリエイターなどのインセンティブによくない影響を与える。包括的な補償金制度は，金銭的インセンティブ保障という著作権法の趣旨を生かし，従来の市場経済では捕捉できない著作物利用からの対価を広く薄く掬い上げる仕組みだ。

3 知的財産権：保護を強化するか，利用を促進するか

上記の包括的な補償金制度も含め，1990年代以降，産業政策・文化政策の観点から，知的財産権によって権利者や関係者の権利・利益の保護の強化が図られる傾向が強まっている。このような傾向には，1980年代に始まった市場メカニズムを十分に働かせ企業活動の自由を広げれば，経済・社会に活力と豊かさがもたらされるとする思想の広がりが大きな影響を与えている。知的財産権の強化によってクリエイターや発明者に大きな経済的見返りを与えれば，インセンティブがさらに高まり創造・発明が一層活発になると考えられた。また，知識の海外への流出を防いで，海外の競争者の台頭を防ぎ，国内産業を保護するために産業財産権強化が図られる場合もある。

一方で，著作権も含め，一般的に知的財産権の保護水準を下げたほうが，社会的な利益は大きくなる傾向がある。特に知的財産権の保護強化は先進国に有利な一方，発展途上国に不利に働く傾向がある。発展途上国の人々に必要な医薬品が特許で複製を禁じられ，さらにきわめて高額になるため，値引きや特許の低額利用の交渉が行われることもある。また，多数の企業が，ある技術の要素を構成する基本特許をばらばらにもっているため，技術開発が進まない「**アンチコモンズの悲劇**◁3」も指摘される。こうした理由から，知的財産権強化は批判を浴びやすい。

ところが，知的財産権制度のない世界では，著作者や発明者は名誉を受けるとしても，報酬が得られないならば，創作意欲の少なくとも一部は失われる。また，医薬品をはじめとする工業製品の開発に加えて，映画やデジタルゲームなどの創作にも多額の投資が必要で，投資回収のため知的財産権は必須である。

政策的観点から見ると，知的財産権保護の一方で，その利用や普及を促進する動きも重視して，うまくバランスをとることが重要である。　（大谷卓史）

放送等で著作物を利用する際に教科書や放送番組の制作者等が支払うものなど。後者は，デジタル録音・録画の媒体や機器の購入者が支払う録音録画補償金制度などがある。後者は，情報の複製・流通技術の発達の中で，市場経済の中で捕捉しきれない著作物利用の対価を，権利者に還元するために登場し，発展してきた。

▷3 アンチコモンズの悲劇

所有者がいない，だれでも使用できる牧草地は，放牧者ができるだけ多数の自分の牧畜にたくさん牧草を食べさせようとし，誰も手入れをしないのでやがて荒廃する。これが「コモンズの悲劇」で，公共財に起こりがちな問題とされる。この解決には，公有・私有でも財の所有権を明確にして管理し，その手入れを行って，過剰利用を排除する必要があるとされる。一方，多数の基本特許をばらばらに多数の者が所有する場合，それぞれが自分の利益を主張すると，その基本特許を併せて使えば生み出せる製品が一向に開発されないことが「アンチコモンズの悲劇」である。この悲劇を防ぐには特許を持ち寄って，ライセンスする「特許プール」が有効とされる。

参考文献

名和小太郎「コモンズの悲劇，反コモンズの悲劇」『情報管理』47(4)，2004年。
田中辰雄・林紘一郎編著『著作権保護期間』勁草書房，2008年。
土肥一史『知的財産法入門〈第16版〉』中央経済社，2019年。

5　現代的課題

22 科学とメディア

1 科学技術はメディアを通じて「創られる」

私たちが直接に経験できる事象は少なく，日常的に用いている知識や世界観の多くは書籍，新聞，テレビやインターネットといったメディアから得ている。したがって人が「科学技術とは何であるか」を問われれば，その回答の大半はメディアの影響下にあるだろう。一見あたりまえだが，これは私たちの科学観のみならず，科学の進展のあり方にも影響を与えてきた重要な前提である。

ニュース報道，ドラマや小説・漫画といったコンテンツの中に繰り返し描かれる科学や科学者のイメージ（**表象**[◁1]）は，それ自体が**再生産**[◁2]されていく。子どもはメディアを見て科学者を志し，メディアで描かれる未来像に向け研究資金が投下され，あるいは科学のもたらす利益や被害の報道に市民は一喜一憂する。科学は実験室だけでなく，メディアを通じても創られるのである。

2 マスメディアと科学技術

科学が発展した20世紀は，マスメディアが支配した世紀でもあった。現在に至っても「何を話題にするのか（**議題設定**[◁3]）」，「どう話題にするのか（**フレーミング**[◁4]）」といったマスメディア機能は，科学においても強力である。しかし政治や経済の問題と異なり，科学はその漸進性により，時間経過につれて問題の「答え合わせ」が可能となる——例えば未知の疾患の原因が工場排水に含まれる有害物質だった，と後に研究で明らかになるように。このため科学のトピックは，マスメディア研究の重要な一角を占めてきた。

しかし科学は社会問題の解決策のみならず，その要因でもある。社会の科学的議論がこじれるとき，科学者はメディアに責任があると考えがちだが，そもそもの問題が科学によってもたらされることも（例えばゲノム編集や人工知能がもたらす新たな倫理問題），あるいは科学の進展により，未知の問題が見えてくることもある。先の例でも，疾患という問題が先に認知された状況で，科学が様々な仮説を検証しようとすれば，それ自体が社会的論争の一部となる。こうした中で科学は中立ではありえず，社会的論争の一極となる。

こうした科学とメディアの問題における循環性と再生産の問題は，現代ではさらに複雑であり，科学の社会的表象の責任をメディアにのみ帰するには限界がある。例えばマスメディアの威力が認識され，さらに科学が国家の庇護を離

▷1　**表象**（representation）
「表象」はメディア論の中で重要かつ広範な意味を持つ。本節に引きつければ，メディアの中で「科学がどのように表されているか」だけではなく，「どのような社会的意味を与えられているか」も表象の範疇である。

▷2　**再生産**（reproduction）
本節では，科学のメディアのあり方（表象）が実際の科学の営みにも影響を与えていく循環的な過程のことをいう。この観点からは科学は純粋な知的生産の営みではあり得ない。

▷3　**議題設定**（agenda setting）
社会的な議論の題目を設定する機能。現代でもマスメディアは情報の「上流」に位置し，いま何を議論すべきかの機能を強く有している。

▷4　**フレーミング**（framing）
コミュニケーションのテクストの中で顕著に強調される特定の観点。議題設定と混同されがちだが，フレーミングは問題の枠組みや捉え方に関わり，長期的にしか変化しない。

れて市場原理の中で「民主化」していくにつれ，「科学コミュニケーション」運動の隆盛も相まって「科学のメディア化（medialization of science）」と呼ばれる現象が顕著になった。これは，例えば科学者やその組織がメディアを通じて研究成果を宣伝し世間の注目を集めようとする，科学者がタレント化し社会の認知を得て研究費を集めようとする，といった傾向で現れる。かたやメディアの側も「科学的に」議論することを目指し，また同時に「売れない（読まれない・視聴率が低い・クリックされない）」コンテンツである科学を伝える上で，それに同調する動機があり，ここに一種の共謀関係が生まれる。このようにメディア化した科学も中立的な知の営みではありえないのだ。

3 オンラインメディアと科学技術

20世紀末に登場したインターネットは，21世紀に入って私たちの生活に浸透し新たなメディアとなった。ことにソーシャルメディアの普及は，科学技術の専門家が直接市民と対話し，あるいは市民が直接に科学の問題に声をあげることのできる回路を作った。しかし，当初は市民中心の理想的な民主社会を実現すると期待されたネットメディアは，最近ではむしろ社会の分断をもたらしているのではないかという懐疑が強まっている。

例えばソーシャルメディアは「情動のメディア」であるとも言われ，人々の間に共感を引き起こし，似たもの同士を結びつけると同時に，対立をも創り出して社会の分断を促進し，可視化する。科学についても，この傾向は顕著である。例えば環境問題はもともと科学的解決を目指す人々と懐疑論者の対立が顕著であるが，いまやこの分断はより一層明白になっている。ただし，科学と対立するものとして懐疑論や陰謀論を捉えるのは，それもまた偏狭な見方だろう。もともと存在していたこうした社会的対立が可視化され増幅されたとしても，それもまた科学知をめぐる社会的議論の本質だとも言える。

4 現代のメディア環境とその研究

現代ではマスメディアとオンラインメディアは複雑に絡み合っている。この中では，科学／非科学，専門家／非専門家，科学の善用／悪用といった古典的な問題群も，感情的・党派的な議論の中でぼやけていく。現代のメディア空間は，より一層重要であるが読み解くには難解な場となっている。

一方で研究の手法も大きく発達している。データベースの普及やオープン化，ウェブの発達により，報道データやSNSでの人々の議論を収集・分析することが容易になり，科学のメディアでの表象や議論の分析にも**計算社会科学**◁5などの新規手法の導入が盛んである。しかしメディア分析の上では，表象やフレーミングといった概念をどのように操作的に定義するかといった課題は依然としてあり，従来のメディア論やその分析手法の踏襲も重要である。（田中幹人）

▷5 **計算社会科学**（computational social science）
コンピュータとウェブの発達により可能となった，膨大なデータを取得し計算処理することによって社会科学研究を行おうとする学術領域。

参考文献

ウォーレン・バーケット（医学ジャーナリズム研究会訳）『科学は正しく伝えられているか』紀伊國屋書店，1989年。
マックスウェル・マコームズ（竹下俊郎訳）『アジェンダセッティング』学文社，2018年。
ダニエル・リフ他（日野愛朗他訳）『内容分析の進め方』勁草書房，2018年。

5　現代的課題

23 科学教育・技術教育とSTS

▷1　**ESD**（Education for Sustainable Development）
持続発展教育，持続可能な開発のための教育。日本は「国連 ESD の10年」（2005〜14年）を主導していた。

▷2　**STEAM**（Science, Technology, Engineering, Art, and Mathematics）
Art を入れない場合もあれば，Robotics を入れて STREAM とする立場もあるという。

▷3　**井上毅**（1844〜95）
一時，伊藤博文の側近。第7代文部大臣。教育勅語にも関与した。

▷4　カントの散歩の正確な時間を狂わせた逸話は有名。ペスタロッチを経由して幼児教育のフレーベルへ，また，教授段階説のヘルバルトに，さらにこれらは日本の大正自由教育運動にも影響した。

1　知と教育の捉え方

理数教育や技術教育，STS，**ESD**[◁1]，**STEAM**[◁2]教育などを考察するとき，いくつかの軸を準備しておこう。

第一に，理想主義，現実主義，実用主義，実存主義といった，知識についての認識論がある。戦後，日本に民主主義を根づかせようとアメリカがもたらしたのは生活単元学習と呼ばれるもので，デューイに代表される実用主義に基づくものであった。知識は変化し，学習は仮説から信念に至る探究の過程と捉えられていた。科学戦に負けたという意識や，物質的に貧しかったこともあり，身のまわりの生活に密着した様々な話題について，子どもの意を尊重した探究活動が目指された。

一方，知識に普遍性をみて，数学などを最上位とする階層性を認めるのが理想主義である。ここでは知識伝達型でかまわず，学習者はタビュラ・ラサ（白紙）と見なされ，そこに知識が描き込まれていく。

最近話題の多い STEAM 教育の Art では，普遍性を拒否し現実を優先する実存主義に近い。個人や自己実現を重視し，個性やアイデンティティが形作られ，選択の主体がその個人を形作る。なされるべきは，個々が選択するときに配慮するための能力やその意義を身につけさせることとなる。

STS や ESD は，社会的問題の解決が出発点であり，次世代を担う子どもに備わるリテラシーへの要請が基にあった。知識を普遍的なものと捉えれば知識伝達型の授業にもなり得るし，実用主義に立てば子どもの自由な問題解決を保障する教育方法も採り得る。

第二に，普通教育と専門教育の軸である。技術教育は，1890年代からの**井上毅**（いのうえこわし）[◁3]による実業教育に始まることから，職業教育・専門教育との関わりを無視できない。

近代教育制度下では，民主主義を担うに足る国民の教育が目指される。つまり市民革命以降，現代につながる普通教育と専門教育が徐々に，かつ鮮明に分化していく。ルソーが『エミール』（1762年）で示そうとしたのは，民主主義を担う人間の育て方であった[◁4]。

市民の科学技術リテラシーの多様化と向上（Science in Education）は普通教育での議論であろうし，科学者養成は専門教育（Education in Science）であり，

STS 教育ではいずれの場合にも NOS（Nature of Science）を入れるよう主張された。民主主義を担う国民的素養の観点から，普通教育として科学技術リテラシー，STS，SDGs といったものも検討される。一方，技術者倫理などは，専門教育の範疇にある。

2 目に見えない価値観とせまり来るカリキュラム

次に，教育の効率性や，工学的アプローチの問題がある。産業革命により多数の労働者が求められ，教育の効率が指向される。年齢や習熟度で学ぶ者を区分けするあり方（学級）が採られ，リーダーに教え，各リーダーは担当する小グループに教える方法も提案された[5]。後には，目標を分類し，スモールステップに分け，適切な評価を入れる方法も提唱された[6]。教育の事象は科学的に扱え得るという前提の上に，工学的アプローチによって PDCA サイクルを踏み，授業を改善しようとする。これら効率性や，古い科学観に立ったアプローチによる教育研究，潜在的価値観は，ICT を促進する現在まで続いている。

さらに，学習指導要領の改訂がある。岸内閣の時代に学習指導要領は法的拘束力を持つようになり，生活単元学習への批判から，学問の系統性を重視するカリキュラムになった。民主主義の根幹である「個」を徐々に離れていく。

1950年代中頃から，アメリカ国内では科学教育の刷新を求める動きがあった。スプートニク・ショック[7]（1957年）がこれを加速し，国家予算が投入されて多くのカリキュラム[8]が作られた。子どもを小さな科学者と捉え，その教育方法は科学の方法に求められた。これが日本に波及したのが現代化運動である。算数の「水道方式」（遠山啓や銀林浩）や理科の「仮説実験授業」（板倉聖宣）などの授業方法も新たに提唱された。

その後，登校拒否（現 不登校）や校内暴力が社会問題化し，ゆとり，個性，生きる力といったスローガンが次々に掲げられ，学習内容も総授業時間数も削減された。技術・家庭科の時間数削減は，目を見張るものがある。「総合的な学習の時間」という探究活動の枠は設けられたが，持て余している現状にある。一連の愚民化教育とも捉えられる政策は学力低下論争となり，平成20年以降は，教育課程の埋め戻しが進められている。

STS や STSE（E：Environment）に関連する内容領域としては，「自然と人間」と呼ばれる領域が，1950年代から中学校理科に入っている。地球温暖化や海洋汚染などを含め SDGs への関心も高まっている現在，「何を学ぶか」に加えて「どのように学ぶか」を重視し，「主体的・対話的で深い学び」を目指そうとしている。

教育は，様々な方向からの風を受け木の葉のように動き回る。近代以降の価値観を再確認し，未来を見据えた科学技術教育を再検討するときが来ている。

（大辻　永）

▷5　ベル・ランカスター法，モニトリアル・システム。なお，アロンソンによるジグソー法は，元来多民族社会でのコミュニケーションを促進しようとするものである。

▷6　バラス・スキナーやベンジャミン・ブルームの仕事である。

▷7　I-2-4 や I-2-6 を参照のこと。

▷8　PSSC，CBA，BSCS などアクロニムが多かったため alphabet soup とも呼ばれている。

参考文献

大辻永「STEM/STEAM Education の Art をめぐって」『東洋大学教職センター紀要』(1)，2019年。

大辻永「3.11以後の STS リテラシーとその育成」鶴岡義彦編著『科学的リテラシーを育成する理科教育の創造』大学教育出版，2019年，第12章。

Orstein, A. C. and Hunkins, F. P., *Curriculum: Foundations, Principles, and Issues* (6th ed.), Pearson, 2012.

5　現代的課題

24 科学教育におけるSTSと科学的リテラシー論

1 STS 教育運動

第二次世界大戦後，西側諸国の科学教育は大転換を経験した。ソ連による人工衛星打ち上げがアメリカに引き起こしたいわゆるスプートニク・ショックに続く「科学教育の黄金時代」である。第二次世界大戦における科学の威力を目の当たりにし，冷戦を背景に科学教育に莫大な資金が投入された。そして，科学的探究の道筋，科学の基本概念と原理，現代科学の世界像を生徒たちに示すために，第一線の科学者が関わるカリキュラムが登場した。そしてアメリカから始まった中等教育をはじめとするこの科学カリキュラムの改革の波は全世界に波及した。

しかし，1970年代に入って社会背景が変わるとともに科学教育に対する人々の意識が変化してきた。科学・技術の負の側面を市民としてどう考えるか，環境問題に対して地球の一員としてどのように行動するかという問題意識がみられるようになった。それは同時に現場に基づくカリキュラム開発の動きとして登場してきた。そこから生まれたのが STS 教育運動である。

中等教育段階の STS 教育の嚆矢はイギリスの“Science and Society”コース（1975年）の開発とされる。イギリスではその後も優れた教材が次々に開発された。ザイマンによれば，このイギリスの STS 教育運動が目指したのは，「価値自由」「道徳的中立」という「**科学主義**[◁1]」的科学像を植えつける科学教育を訂正し，よりバランスのとれた科学像を示すことだった。

他方，アメリカでも STS 教育運動は広く展開された。その大きな理由の一つは環境問題であった。全米科学教師協会（NSTA）は1982年に STS 教育に高校科学の20％を割くことを提唱し，1990年には STS 的アプローチこそ科学教育の新しいカリキュラム編成原理であると言明した。

しかし，そのときにはすでにアメリカの科学教育に全く別の方向性をもたらす報告書『危機に立つ国家』（1983年）が登場していた。

2 科学（的）リテラシーとスタンダード運動

レーガン政権下で作成されたその報告書は，アメリカの国家的危機――今度は日本や当時の西独に対する経済競争力の遅れが問題とされた――の原因を再び理数教育に求めた。これを受けて科学者たちは「**科学リテラシー**[◁2]」の包括的

▷1　**科学主義**（Scientism）
ザイマンが言う科学教育に見られる「科学主義」とは，「いつでもいかようにもナイーブに，暗黙の裡に科学に「賛成」の態度を取る」傾向で，それは「疑問や，コメントなしに，科学が唯一の信頼すべき態度で，唯一の行動の基準であるべきだという，広く行き渡った信条を強める」。

▷2　**科学(的)リテラシー**（Scientific Litracy/Science Literacy）
アメリカで「科学的リテラシー」という用語が将来の市民のための科学教育を論ずる中で使われ始めたのは1950年代後半にさかのぼりSTS 教育運動よりも早い。当初よりこの用語には，もっぱら科学的知識や科学の方法の理解を意味するという見方とより広く社会の中での科学の役割の理解までを含むとする見方が混在していた。その後，STS 教育運動の中では STS 教育を科学的リテラシーの育成と結びつける議論が有力だったが，『すべてのアメリカ人のための科学』（同文書は「科学リテラシー〔Science Litracy〕」という用語を用いる）と PISA 調査（そこで3つの調査カテゴリーの一つとして「科学的リテラシー」を設定した）の後，「科学（的）リ

な宣言として『すべてのアメリカ人のための科学』(全米科学振興協会〔AAAS〕, 1989年) によって応え, 続いてそれを踏まえて科学教育改革の具体的指針として『全米科学教育スタンダード』(全米研究評議会〔NRC〕, 1992年) が作成された。一方でブッシュ(父) 政権は1991年に, 国際調査におけるアメリカの理数教育の成績を2010年までに世界一にするという目標を掲げた。科学(的) リテラシーという言葉が科学教育の新しいスローガンとなる一方,「スタンダード運動」は全国標準の設定にとどまらずテストで測れる学力という形でのアカウンタビリティを問う性格を強めていった。

テラシー」という用語は非常に広範に使われるようになり, ついには科学教育に関わるあらゆる目標がこの言葉と結びつけられるようにさえなった。

3 科学的リテラシーの2つのビジョンと今後の展望

カナダの科学教育研究者ロバーツらは, 科学的リテラシーには2つのビジョンがあるとする。ビジョンⅠは, 科学的知識と科学の方法を身につけることが科学的リテラシーの意味であると考える見方で, 彼によれば,『すべてのアメリカ人のための科学』の考えは, 科学と社会が関わる問題を考える力を市民に与えることを謳うが, 市民が科学者の見方を身につけることを目指すという点で基本的にビジョンⅠにとどまる。一方, ビジョンⅡの立場による科学的リテラシーは, 科学と社会の関係や科学が持つ社会的な意味を科学以外の観点から理解することを含む。後者の好例として彼が挙げるのは, 市民の科学的リテラシー育成を掲げるイギリスの**『21世紀科学』シリーズの『GCSE科学』**[◁3] (2006年) である。

ロバーツらは, アメリカのスタンダード運動の中での科学カリキュラムや, PISA調査における科学的リテラシーの定義の変遷において, ビジョンⅡからの後退が見られると指摘する。たしかに, 福島第一原発の惨事をはじめ, 科学と社会の関わりが加速度的に深まっている時代にわれわれがいることは明らかであるにもかかわらず, 世界的に見て, その関係を生徒たちに考える機会や考える視点を与える教育は,「21世紀型コンピテンシー」のようなスローガン下で個人が競争に放り込まれる中で後退しているように見える。特に, わが国の理科の学習指導要領はもともとほぼ完全にロバーツの言うビジョンⅠの立場にとどまる。そのとき望まれるのはかつてのSTS教育の単なる復活ではなく, 90年代以降の科学と市民の双方向的関わりの必要性についての認識を反映し, 科学技術社会論の進展を踏まえた, 生徒と教師にとって面白いSTS教育の展開である。実はその点でも, イギリスの『21世紀科学』は今もなお興味深いコースである。

(笠　潤平)

▷3 **『21世紀科学』シリーズ『GCSE科学』**(初版：2006年)
2006年のイギリスの科学のナショナル・カリキュラム改訂とともに生まれたヨーク大学とナフィールドカリキュラムセンターの開発によるGCSE段階(義務教育最終の2年間, 日本の中3・高1年齢に相当) 向けのコース。9つのモジュールを学ぶ中で, 遺伝と遺伝子, 進化論, 放射能など自然についての「科学的説明」とともに, データとその限界, リスク, 科学についての社会的決定などの6つの柱にまとめられた「科学についての考え」(そこには予防原則〔事前警戒原則〕なども含まれる) を学んでいく。

参考文献

ザイマン(竹内敬人・中島秀人訳)『科学と社会をつなぐ教育とは』産業図書, 1988年。
笠潤平『原子力と理科教育』岩波ブックレット, 2013年。
藤垣裕子他編『科学技術と社会』東京大学出版会, 2020年。

6　概念と方法

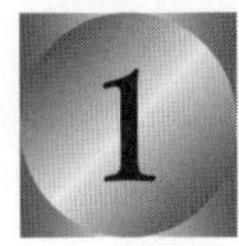

マートンの科学社会学

マートン・テーゼ

ロバート・マートン（1910～2003）は社会学史上のビッグネームの一人であるが，その研究生活を科学史家としてスタートさせている。博士論文「17世紀イギリスにおける科学・技術・社会」には，後に「マートン・テーゼ」と呼ばれる２つの主張が含まれていた。一つは科学の発展に当時のイギリスの経済的状況が強く影響していたのを示すことであり，マートンはニュートンやフック，ハレーといった初期の科学者の研究が純粋な科学的探究心だけでなく，実用的関心も伴っていたことを例示している。これは思考（上部構造）が経済（下部構造）に影響を受けるというマルクスの視角を応用したものだ。もう一つは宗教とりわけピューリタニズム（清教主義）が科学の発展に影響を与えたのを示すことであり，これはマックス・ヴェーバーの，プロテスタンティズムが資本主義の発展を促進したとする視角[1]の応用である。マートンは創生期の科学者に清教徒が占める割合が（人口比と比べて）高かったことなどを例証している。特に後者は，今日では対立するものと見られがちな科学と宗教の間に促進的な関係があったことを指摘している点で興味深い。

▷1　マックス・ヴェーバー（大塚久雄訳）『プロテスタンティズムの倫理と資本主義の精神』岩波書店，1989年。

2　科学者のエートス

そしてマートンの科学社会学を論じる上で見落とせないのは，1942年に発表された論文で示された「科学者の**エートス**[2]」である。これは，ナチス・ドイツがユダヤ人科学者を追放するなどしていた状況において，自身もユダヤ系であったマートンが，科学が民主主義的な社会の中でこそ発展することを示そうとする意図をもって執筆したものである。すなわち科学者集団には「公有制」（Communism），「普遍主義」（Universalism），「利害の超越」（Disinterestedness），「系統的懐疑」（Organized Skeptism）といった規範が共有されており[3]，これらは民主主義的社会の価値と親和性が高いとする。

「公有制」とは得られた知識を独占せず共有しようとする態度，「普遍主義」とは人種や性別にかかわらず見出された知識を尊重する態度，「利害の超越」は個人の利益のためではなく公共のために知識生産を行う態度，「系統的懐疑」は「「事実が手中におかれる」までは判断を差し控え，信念を経験的，論理的基準に照らして客観的に吟味しようとする」態度である[4]。これらはそれぞれの

▷2　**エートス**
人間が反復によって獲得した習慣，精神的態度のこと。「科学者の規範（ノルム）」と言い換えられることも少なくない。

▷3　マートンは「当時入手できた科学者の日記，伝記，いくつかのインタビューを読んだ」という（クリムスキー〔宮田由紀夫訳〕『産学連携と科学の堕落』海鳴社，2006年）。

▷4　R・K・マートン「科学と民主的社会構造」『社会理論と社会構造』みすず書房，1961年。CUDOS については I-4-9 参照。

頭文字をとって CUDOS と呼ばれる。その際，「独創性」（Originality）を含めることもある。また Communism には，今日では Communalism の語を当てることも多い。

この科学者のエートス論は，ある社会集団が成立しているとき，ただ物理的に集合しているだけではなく，一定の価値の共有が見られるという社会学の基本的視角を科学者集団に適用したものである。であるから，現在でもしばしば寄せられる，科学者集団は現実にはそのような規範に従って行動していないという批判は，やや不当な面もある（例えば人間社会で「殺人はよくない」という価値が共有されているからといって，殺人が起こらないわけではない）。一方でもちろん，巨大化・専門分化していく現代科学においてこのような科学者集団の掲げる価値が現実に掘り崩されている面があることも事実である。これについてジョン・ザイマンは，現在の科学は PLACE，すなわち「所有的」（Proprietary），「局所的」（Local），「権威主義的」（Authoritaritan），「請負的」（Commissioned），「専門労働」（Expert Work）になってしまっていると主張した。そして「アカデミックな研究で現在生じているキャリアに関する問題の多くは，暗黙の CUDOS の要求と，より明白な PLACE の原理との間に生じる現実上の矛盾の観点から解釈することが直ちに可能である[◁5]」としている。

▷5 ジョン・ザイマン（村上陽一郎ほか訳）『縛られたプロメテウス』シュプリンガー・フェアラーク東京，1995年。

3 マートニアン科学社会学

第二次世界大戦後，科学社会学から離れていたマートンは，1957年の論文「科学的発見における先取権」において科学社会学への関心を復活させ，科学者集団の内部構造（図1）を明らかにしようとする研究の流れをつくりだした。マートンは1942年の論文でも「公有制」が逆に先取権の重視・独創性の重視につながることを指摘していた。そこから，科学者集団を業績と報酬の関係によるネットワークとして捉えようとする研究プログラムが生まれた。これはマートニアン（マートン派）科学社会学と呼ばれ，2002年のコリンズらの論文「科学論の第三の波[◁6]」の中では，第一の波の代表例とされている。それは論文上での引用被引用関係によって科学者間の関係の数量的な把握を行うなどする科学計量学[◁7]の発展につながっていった。 （定松 淳）

▷6 II-6-29 参照。

▷7 II-6-9 参照。

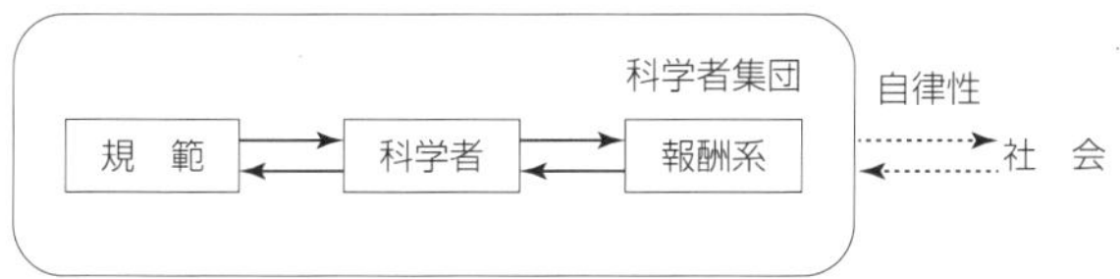

図1 科学者集団の構造の概念図

注：実線と破線は，科学者集団内部の関係と科学者集団外部の関係が別種であることを示す。
出典：松本三和夫『科学社会学の理論』講談社学術文庫，2016年，71頁。

参考文献

R・K・マートン（森東吾ほか訳）『社会理論と社会構造』みすず書房，1961年。
R・K・マートン（成定薫訳）『マートン科学社会学の歩み』サイエンス社，1983年。
有本章『マートン科学社会学の研究』福村出版，1987年。

6　概念と方法

2 科学の目的内在化

▷1　**マックス・プランク研究所**
正式の名称は「科学的技術的世界の生活条件研究のためのマックス・プランク研究所」。物理学者・哲学者であるカール＝フリードリヒ・フォン・ヴァイツゼッカーおよび哲学者のユルゲン・ハーバーマスの２人が共同責任者。

▷2　**ゲルノート・ベーメ**
(1937～)
ドイツの哲学者。ゲッティンゲン大学・ハンブルク大学で数学・物理学・哲学を学び，ヴァイツゼッカーのもとで学位を得，1977年以後ダルムシュタット工科大学の教授，2005年にはダルムシュタットに哲学実践研究所を設立し，現在，同研究所の所長。『感覚学としての美学』(勁草書房，2005年)，『雰囲気の美学』(晃洋書房，2006年) など。プラトン，カント，ゲーテの研究および科学哲学・自然哲学・自然美学の研究で著名。

▷3　**理論成熟**
ハイゼンベルクやヴァイツゼッカーの「完結理論」の概念に依拠しながらベーメたちが言う「成熟理論」の状態。ニュートン力学が量子力学の登場によって否定されたわけではなく，「古典力学」として一定の現象領域で妥当し続けているように，科学革命を通過して

1 「目的内在化」論の研究チーム

「科学の目的内在化」はドイツ語の Finalisierung der Wissenschaft を哲学者の丸山徳次が翻訳した言葉であり，現代科学の一つの発展動態を特徴づける概念，分析する理論である。西ドイツ時代，1970年から1981年までミュンヘン近郊のシュタールンベルクに設置された**マックス・プランク研究所**[◁1]の科学論研究チームが提出した。この研究チームは，**ゲルノート・ベーメ**[◁2]，ヴォルフガング・ファン＝デン＝デーレ，ヴォルフガング・クローンの３名からなり，のちにヴォルフ・シェーファー等３名がさらに加わって，科学についての哲学・歴史学・社会学・政策学を統合する科学論の研究を行った。先の３名は1973年『社会学雑誌』第２巻に論文「科学の目的内在化」を発表し，1978年にはチーム全体の研究の集大成として『シュタールンベルク研究』第１巻を出版した。科学の発展を科学外の「目的に方向づける」のは自由な自律的研究を「終わらせる」政治的イデオロギーだとの批判が生じ，一時「目的内在化論争」と呼ばれる論争が起こったが，ベーメを中心とした研究チームは，1979年『批判的科学論の諸帰結』の出版によって応戦し，『実験的哲学』『疎外された科学』『計画された科学』といった歴史的・実証的な分析を含む諸著作を出版もした。

従来の基礎（純粋）科学と応用科学，もしくは理論と技術的応用という二元論的区別は，科学的成果が予め存在していて，それを目的に応じて応用するという構図になっており，そこから純粋科学の価値中立性および応用科学に対する優位が当然視されてきたし，価値中立な自律した科学的認識という観念は，科学と社会との絶対的分離を前提としている。しかし現代の科学研究の多くは，社会的・経済的・軍事的目的と密接に結びつき，しかも従来の「応用研究」という概念では十分記述し尽くせないような科学発展の構造を示している。科学的知の生産の場面で，すでに実践的応用への関心が働いているのが現代科学の実態であり，「科学の目的内在化」とは，まさに「科学に対する外的な目的の設定が，理論発展の手引きとなるようなプロセス」を意味している。

2 理論成熟の結果としての目的内在化

ベーメたちは，近代科学の発展が総体として19世紀終わり頃以後，目的内在化可能な状態になったと見るが，他方，個別の専門分野（ディシプリン）の発

展動態については，3段階モデルという見方を提示している。個々の科学発展の初期段階，すなわちプレパラダイム段階は，探求の経験主義的戦略が優勢だが，やがてパラダイム段階では，当該対象領域の基礎的な説明理論（一般理論）を仕上げ，確証することに向かう内的な研究プログラムに従って発展が方向づけられる。そこでは，外的な目的による方向づけを許さない研究の自己統制原理が働いている。しかしパラダイム理論の発展が完了し，**理論成熟**◁3が達成されるポストパラダイム段階になると，理論発展の方向は内的な統制原理によって予め示されるのではなくて，外的な目的によって規定されうるようになる。例えば，応用力学の専門分野の一つである流体研究は，当該対象領域の一般理論を確立し，原理的にはあらゆる問題を解くことができる成熟理論になっているが，環境問題への関心に促され，流体研究そのものにとっては外在的な問題である「騒音」の発生と減少に関して理論的説明を与えようという目的に導かれて，空気音響学（流体音響学）を産み出した。

3 機能主義化と規範化，そして問題共同体

理論の発展と社会の目的設定とが結びつく目的内在化には，種々の形態があるが，基本的に，ポストパラダイム段階では，基礎的な一般理論が特殊な発展方向へと細分化され，具体化される。例えば，「生きた細胞」を化学的に説明するという，化学理論にとっては外在的な目的に手引きされて生化学が成立した。専門分野の対象が複雑なものになればなるほど，因果的説明の不足が理論的欠陥という意味を失い，目的に応じた対象の効果的な処理可能性が追求される。薬理学の発達などに広範に見られるこの形態の目的内在化を，ベーメたちは「機能主義化」と呼び，そこには理論的無知が増大し，危機的状況に対する抵抗力が低下する可能性があることを批判的に指摘している。

複雑な対象を扱う分野では，科学認識の脱一般化の傾向が見られるが，機能主義化に徹するのとは別の方向として，生態学における社会的な規範との統合の可能性がある。**再生産連関**◁4としての生態系を保持することを規範とする科学のあり方が可能となり，必要となる。そこでは目的内在化は規範化でもある。

ベーメたちは，目的内在化的研究をアカデミズム的閉鎖状態に陥れる危険性から救い出し，科学の方向づけを社会の一般的合意に基づける道を開く可能性をも追求し，研究の新たな制度化形式の一つを「**問題共同体**◁5」と呼ぶ。問題共同体は，互いに他に対しては非専門家であるようなメンバーたちのコミュニケーション共同体である。それゆえ，そこには随時専門外から補足的な関連メンバーを組み入れる可能性があるし，研究の評価を社会的有意義性の基準に基づける可能性もある。問題共同体においては，相互のアプローチを検討しあい，互いの成果を参照しあうとともに，科学の方向を規定する様々な目的を，科学の成果に照らして批判的に吟味する可能性も開けるだろう。（丸山徳次）

も一定の理論は歴史的に安定している。目的内在化は厳密な意味での理論の「完成・完結」ではなく，「理論成熟」を基礎とする。「完結理論」については，ヴェルナー・ハイゼンベルク『限界を越えて』（蒼樹書房，1973年），ヴァイツゼカー『自然の統一』（法政大学出版局，1979年）を参照。

▷4 **再生産連関**
ここでの再生産とは，あらゆる生物の自己生命維持作用と新たな生命を産み出す生殖・繁殖・更新のこと。そうした再生産が相互につながりあい，循環しながら無機的自然とも関連している状態が再生産連関。生態系には人間社会も含まれ，再生産連関の保持のためには，人間による自然への介入の仕方と度合いがどのようであるべきかという規範が問題になる。

▷5 **問題共同体**（Problemgemeinschaft）
科学者共同体（scientific community）が専門分野ごとに集合する組織であるのに対して，共通した問題をめぐって協働する研究組織。例えば，ガン研究は多数の専門分野の複合体であり，研究者たちはそれぞれ異なった科学者共同体に所属し，そこで評価をうけながらも「ガン」問題をめぐって学会，研究会などを組織する共同体が構成される。

参考文献

ベーメほか（丸山徳次訳）「科学の目的内在化」『現代思想』7月号，1985年。
丸山徳次『現象学と科学批判』晃洋書房，2016年。

6 概念と方法

3 パラダイム論

1 論理実証主義の科学観

科学についての古典的なイメージとして，客観的・合理的に研究を進めるのが科学だ，という考え方があるだろう。20世紀前半には，このイメージを哲学的な科学観へと昇華させた**論理実証主義**◁1という立場が提唱され，大きな影響力を持った。この立場からは，検証不可能な哲学的な世界観は科学の中に居場所を持たず，そもそも無意味だと考えられた。科学的な研究は正しく行う限り誰がやっても同じ結論になるはずで，科学者の個人的な背景は問題とならない。論理実証主義と対抗する哲学理論として，**反証主義**◁2という立場などもあるが，これも科学の本質を理論と証拠の論理的な関係にあると考える点では非常によく似ている。

1962年にトーマス・クーンが発表した『科学革命の構造』は，科学者の世界観など，個人的な背景の果たす役割を強調し，論理実証主義などの科学観に対して根本的に異を唱えた。彼の立場はパラダイム論と呼ばれる。

2 パラダイム論の概要

パラダイム論によれば，ある研究分野が成立するときには，**パラダイム**◁3というものが共有される必要がある。パラダイムとはその研究対象について実り多い研究をするための問題設定，例題，評価基準などのセットである。パラダイムについて合意できていない集団は，研究の前提についてばかり論争し，研究そのものはなかなか前進しない。ニュートンの『プリンキピア』など，ある分野を開く著作は，この意味でのパラダイムを与えるものである。

パラダイムが共有されると，それにそって順次問題を解いていく「パズル解決」の営みが始まる。これが**通常科学**◁4と呼ばれるものである。通常科学は問題の解き方や評価基準が共有されているため，効率的に研究を発展させていくことができる。我々が知っている科学研究の大半はこの通常科学の営みの中で進められる。

通常科学の営みを続けていくうちに，アノマリー（逸脱例），つまり解けないパズルが次第にたまっていく。最初は科学者たちは同じパラダイムの範囲内でその問題に取り組み続けるが，そのうち，これらの問題が解けないのはパラダイム自体に問題があるせいではないかと考える科学者が出てくる。彼らは新し

▷1 **論理実証主義**
20世紀初頭発達しつつあった記号論理学を背景に，科学は直接実験・観察したことから論理的に導出できることだけを扱うものだと考えた立場。

▷2 **反証主義**
カール・ポパーの説で，その仮説を反証するような証拠が存在しえない（反証可能でない）ような仮説は科学的な仮説ではない，という形で科学の本質を捉えようという考え方。

▷3 **パラダイム**
一般には「世界観」などの漠然とした意味で使われることが多いが，クーンのもともとの用法は本文で説明したような様々な要素の組み合わせを指す。後の著作では特に「例題」にあたる模範例をパラダイムと呼び，他の要素には「専門母型」という他の用語を使うようになっている。

▷4 **通常科学**
原語は normal science で，norm に規範という意味もあることから，規範型科学などと訳されることもある。

▷5 **相対主義**
科学が基本的には合理的な

いパラダイムを提案し，その実り多さが他の科学者にも認められることでパラダイム・シフトが起きる。新しいパラダイムの下ではそれにそった新しい通常科学の営みが始められる。この移行のプロセスがクーンの本のタイトルにもなっている「科学革命」である。

3 通約不可能性

パラダイム論は大きな論争の的となった。その一つの理由は，科学における理論変化が宗教的な改心にも似た不合理なプロセスに依存しているという**相対主義**◁5の主張をしているように見えたことである。パラダイム論のこの側面を代表するのが「通約不可能性」の概念である。

古典的な科学のイメージにおいては，競合する科学理論のどれが正しいかは**決定実験**◁6を行って決着すればよい。しかし，パラダイム論によれば，解決すべき問題の優先順位や，問題が解けたと見なす基準がパラダイムごとに違うため，どの理論が一番成功しているかの判断も分かれる。このような比較が困難な状態を「通約不可能性」と呼ぶ。

決定実験が不可能だという考え方はパラダイム論以前から存在していた。科学的な仮説からの予測が間違いだとわかったとしても，仮説から予測を導き出す過程で用いられる補助仮説のどれかが間違いかもしれないからである。これを**デュエム＝クワインテーゼ**◁7と呼ぶ。また，同じものを見ていても，何が見えると予期するかによって見えるものが違うという「**観察の理論負荷性**◁8」も，決定実験を困難にし，通約不可能性を生む要因となる。

4 新科学哲学

1960年代から70年代前半にかけては，既存の科学観に異を唱えるような様々な哲学的な理論が提案された。これらの理論を総称して「新科学哲学」と呼ぶ。新科学哲学の代表的な論者イムレ・ラカトシュはパラダイム論の要素に合理主義的な科学方法論の要素を加え，競合する研究プログラムが「前進的」か「後退的」かによって優劣を評価することを提案した。ポール（パウル）・ファイヤアーベントは科学の正しい方法論が何らかの形で定式化できるという発想自体を否定し，「何でもあり」をスローガンとするアナーキズムの立場を標榜した。

その後の科学哲学では，新科学哲学の相対主義的な面は厳しく批判され，クーン自身も理論選択の合理性を強調するようになる。しかし，科学社会学における「科学知識の社会学◁9」などの動きに，新科学哲学は大きな影響を与えた。また，科学とは何かを考えるときに，理論や証拠といった抽象的なレベルで考えるのでなく，生身の科学者が何をしているのかに注目するという視点の重要性はその後の世代にも受け継がれている。（伊勢田哲治）

方法論に基づいて進められているという考え方を合理主義と呼ぶのに対し，個人の利害や文化によって理論選択が左右されているという考え方は相対主義と呼ばれる。

▷6 **決定実験**
対立する２つの仮説があるときに，両者の予測が食い違う部分に注目し，どちらの予測が正しいかを確かめる実験手続きを決定実験と呼ぶ。

▷7 **デュエム＝クワインテーゼ**
仮説から予測を導出する上では実験装置の仕組みなどについて多くの補助仮説を必要とするため，仮説に反するように見える結果が出ても仮説は直接反証されないという考え方。決定不全性論法とも呼ばれる。デュエムとクワインはこの論法を考案した論者の名前。

▷8 **観察の理論負荷性**
観察は予期しているものに依存するため，異なるパラダイムを背景とする人は同じ実験結果を見てもそれを異なった事実として見ることになり，パラダイムを比較するのに使える中立的な観察事実というものがなくなってしまう。これを観察の理論負荷性と呼ぶ。

▷9 Ⅱ-6-4 参照。

参考文献

トーマス・クーン（中山茂訳）『科学革命の構造』みすず書房，1971年。
伊勢田哲治『疑似科学と科学の哲学』名古屋大学出版会，2003年。
野家啓一『科学哲学への招待』ちくま学芸文庫，2015年。

6　概念と方法

科学知識の社会学（SSK）

1　SSK誕生の背景

SSKとはSociology of Scientific Knowledgeの略称である。名前からわかるようにそれは自然科学的な知識を社会学的分析にかけようとするSTSの一つのアプローチであり，マートンの科学社会学[1]やアクターネットワーク理論[2]とならんでSTSの重要な一角をなす。

SSKはそれまでの（科学）社会学，科学史に対する批判から生まれた。まず，（科学）社会学についていえば，SSKが登場する以前は，マートンの科学社会学のように科学者集団が分析の対象とされ，科学知識は対象外であった。**マンハイム**[3]の知識社会学のように知識を社会学的に分析するものもあったが，数学や自然科学は考察の対象外であった。SSKが生まれた背景には，このように科学知識が考察の対象外とされてきたことがあった。

他方，科学史に対する批判とは，**内的科学史**[4]と呼ばれる科学史のアプローチに対する批判である。内的科学史とは，科学理論の変遷や思想的背景を扱ういわば学説史研究である。しかし，科学知識を生み出すのは科学者という人間であるから，当該科学者が生きた時代背景と無縁ではない。ところが内的科学史はそうした点を看過し，あたかも科学理論は，社会とは無関係に自律的に発展しているかのような歴史像を描いている。これがSSKが誕生したもう一つの理由である。

2　クーンの影響

こうして1970年代になるとSSKが登場する。そうしたSSKの誕生に大きく寄与した一人がクーンであった。

周知のようにクーンは，主著『科学革命の構造』において，パラダイム[5]という概念を駆使しながら，科学理論が変化する要因を描き出した。一般に，科学理論が変化するのは，新しい観察事実が発見されたことによってもたらされるというのがおおかたの共通了解であろう。しかしクーンは，理論を打ち倒せるのはそうした新しい観察事実ではなく新しい理論であるとした。なぜなら，理論といえども，ある時期にある分野の科学者集団が共有する信念（これをパラダイムという）に過ぎないのであるから，それが変わるためにはそうしたパラダイムを壊すような別の新しい理論がなくてはならない。このように，その信

▷1　Ⅱ-6-1 参照。
▷2　Ⅱ-6-6 参照。

▷3　**カール・マンハイム**（1893～1947）
ハンガリーで生まれドイツ，イギリスで活躍した社会学者。知識の存在非拘束性を指摘するなど，知識社会学の確立に貢献した。著書に『イデオロギーとユートピア』『変革期における人間と社会』などがある。

▷4　**内的科学史**（Internal History of Science）
科学の歴史を理論や思想的背景との関連で記述するアプローチ。内在史とも呼ばれる。なお，科学史では内的科学史に対して，外的科学史（External History of Science）という，社会との関係で科学の展開を記述しようとするアプローチもある。

▷5　Ⅱ-6-3 参照。。

念を支持する科学者集団があたかも改宗するかのごとく，こぞって古い理論から新しい理論に移行することで理論の転換が起こると考えたのである（これを科学革命という）。クーンの主張に対しては，ポパーをはじめとした科学哲学者たちからの強い反発があったが，理論の変化において社会的要因が大きな影響を及ぼしていることが示されたことは，SSK が登場する上で大きな役割を果たしたことは否めない。

3 ストロング・プログラムの誕生

こうして登場したSSKはその後，飛躍的展開を遂げる。そこには様々な要素が含まれるが，SSK の基本的な考え方をよく表すのが，**ブルア**◁6のストロング・プログラムである。それは①因果性，②不偏性，③対称性，④反射性という 4 つの方法論的規則からなる。

①因果性とは，科学的信念や知識を生み出す諸条件や利害関心に注目すること，②不偏性とは，真理と虚偽，合理と不合理，成功と失敗の双方を公平に扱うこと，③対称性とは，説明様式が対称的であること，つまり，同じ型の原因で，例えば正しい信念と間違った信念とを説明できなければならないというものである。そして，以上述べたような説明パターンは，分析対象者自身についても適用しなければならないというのが④反射性である。

例えば，誤った理論が出された場合，政治的圧力といった社会的要因が指摘される。つまり，正しい理論が導かれなかったのは，社会的要因によって歪曲されたからだと解釈される。だがブルアは，正しい理論についても，それを促す社会的要因を考えるべきだとする。このように科学知識の生成に関して，経験や観察のみならず，社会的要因の影響もあわせて考慮に入れようとするのが SSK の考え方であった。

4 興隆から停滞へ：SSK の現代的意義

こうして始まった SSK は80年代に入ると勢いを増してくる。数々のモノグラフが書かれ，STS＝SSK とも呼べるような状況となった。そこには力点や立場の異なる様々なものがあるが，共通する点をあえて一言でまとめるならば，科学への過剰な信頼に対して留保をかけようとする姿勢である。SSK の立場をとる論者の中には，科学知識はすべて社会的に構築されたものだという過激な思想も現れ，90年代になると**サイエンス・ウォーズ**◁7が勃発したが，SSK のすべてがこうした過激な思想だったわけではない。

とはいえ，90年代になると SSK はかつてのような勢いを失っていく。ただし，そうなったからといって SSK が無価値になったわけではない。科学に対する信頼が依然として高い現状に鑑みるなら，SSK の考え方は，いまなお意義を失っていないといえよう。

（綾部広則）

▷6 デーヴィッド・ブルア（1942～）
イギリスの社会学者。イギリスにおける初期の SSK の重要拠点であるエジンバラ大学サイエンス・スタディーズ・ユニットの中心人物の一人。もとは哲学と心理学を専攻していたが，のちに STS に転じる。主著『数学の社会学』（原題は，Knowledge and social imagery）。

▷7 サイエンス・ウォーズ
1990年代後半にアメリカで起こった自然科学者とポストモダンの思想家，科学論者らとの論争。1994年にニューヨーク大学の物理学者アラン・ソーカルが，意図的にでたらめな内容の論文を作成し，『ソーシャル・テキスト』誌に投稿したところ，それが掲載された（のちにソーカル自身がその事実を暴露）ことが発端となる（ソーカル事件と呼ばれる）。

参考文献

金森修・中島秀人編著『科学論の現在』勁草書房，2002年。
金森修『サイエンス・ウォーズ　新装版』東京大学出版会，2014年。

6　概念と方法

5 技術の社会的構成論（SCOT）

▷1　**技術決定論**
技術がその外部環境である社会とは独立して内在的な論理に基づいて自律的に発展し，社会を変革する要因となるという考え方である。社会を進歩させるのは技術であり，基礎的な科学の振興が新技術を生み出し，その実用化でもって社会の発展に結びつくというリニアモデルにもつながる。

1 アンチ技術決定論

技術の社会構成論（Social Construction of Technology：SCOT）は広義には**技術決定論**▷1に対抗するものとして生まれた。例えばインターネットのように，技術が社会のありようを大きく変える事例は多く，技術決定論には根強い支持がある。しかし，社会のニーズに合わない技術はどんなに斬新で精巧なものであっても普及しないし，社会的ニーズに応えたものであっても，文化的・倫理的理由などによって受け容れられない技術も存在する。

SCOT における「社会的」とは，技術が形成される過程において，技術の外部にある社会がその要因として働くという意味と，技術とそれに関連する要素が相互に影響しあうという両方の意味がある。SCOT では，技術と社会的要素（文化や価値観，経済や政策）が相互作用し一体となって技術のありようを決める様子のモデル化が主眼であり，技術決定論に対峙するものといっても，技術が社会によって一意的に規定されるという「技術の社会決定論」ではない。

2 バイカーとピンチの技術の社会構成論：狭義の SCOT

バイカーとピンチは，科学の社会構成主義（科学知識の社会学；Ⅱ-6-4 参照）を技術に適用することで，技術決定論を批判した。これが狭義の SCOT である。彼らによれば，技術はそれに関わる社会集団ごとに，解決すべき問題の定義や解決策の選択が独立に存在し，「解釈の柔軟性」を有している。その結果，技術は多くの方向性をもった展開をする。それらの方向性の優劣評価は，そもそもの技術の利用目的が異なるので，成り立たない。しかし，それらの多様な選択肢の中から特定のものが社会全体に普及し（安定化 stabilization），典型的な形態となること（収結 closure）がある。

彼らは1880年頃の自転車のデザインの変化を SCOT の例として挙げている。すなわち，当時は大きな前輪にペダルが直結し，前輪上の高いサドルに跨がる Penny-Farthing 型が主流であった。このタイプは，スポーツ向けとして若い男性層に支持を得ていた。高速走行には適していたが，安定性に欠け，ブレーキも装着されないなど安全性は考慮されていないものだった。したがって，女性や高齢者などの社会グループは安全に乗れる自転車を求めていた。つまり自転車という人工物に要求される性質は一通りではなく，解釈の柔軟性があった。

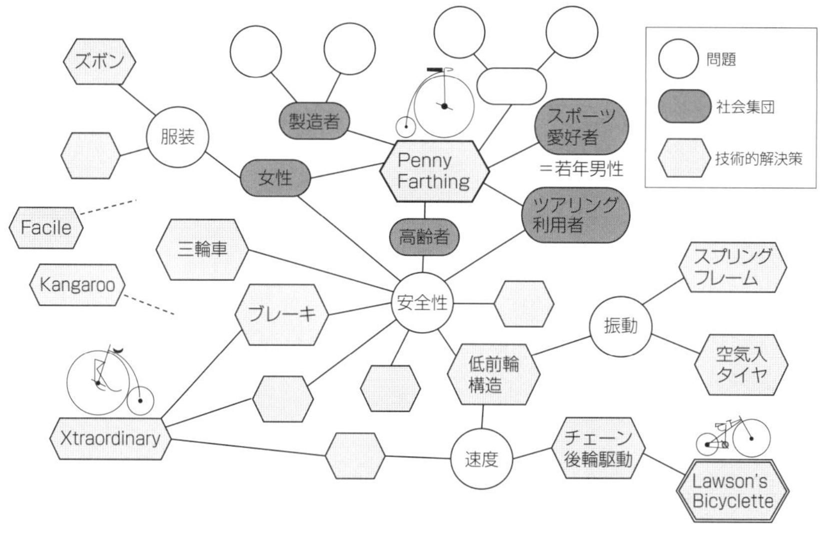

図1　バイカーとピンチによる自転車の社会的構成

出典：Bijker, Hughes and Pinch (1987, p. 37) をもとに筆者作成。

安全のためには三輪車という選択肢もあったし，裾の長いドレスを着用していた女性層に対してはズボンを履くという手立てもあったように，様々な解決策がありえた。関与度の低い集団は変則的な解決策をとる。そして，有力な集団がない場合は多様化が進む。その中に，現在われわれが目にするのに近いBicyclette 型が生まれた。ただし，これが多くの社会集団に応えられる自転車の典型として安定化するのは，ゴム製の空気入りタイヤが装着され，高速走行が可能となってからであった。このようにバイカーとピンチのアプローチによれば，社会集団によって多様な技術の変種が生まれ，選択されていくプロセスが示される。

3 広義の SCOT

技術史あるいは科学社会学の立場から技術を中心に展開するシステムの変化のメカニズムを追求したヒューズの**技術システム論**[▷2]やカロンの**アクターネットワーク理論**[▷3]も広義の技術の社会構成論に位置づけられる。これらは狭義の SCOT に比べると技術の社会への影響力に一定の配慮がみられる。

一方，経営学の分野では「技術の社会的形成論（Social Shaping of Technology）」として，技術間競争に対応するための組織・制度設計や開発戦略に役立てようという意図をもって，外部の社会や行為主体によって技術が形成されるメカニズムを理解しようとする研究がある。古くからの技術 Push か需要 Pull かの議論をはじめ，分析の方法論，対象（技術の形態や内容，技術が社会に及ぼす影響，技術発展の方向性や速度），技術の捉え方（知識か人工物か）など，論者によって多様な議論が展開されている。

（柴田　清）

▷2　技術システム論
技術的なシステムの発展過程を，関連する技術・経済・政治・社会慣習などが相互作用しながら，役割の変化によってクリティカルな障害を特定・解決し，システムの境界を変化させていく特有の運動量を持つもの，として説明するアプローチ。

▷3　アクターネットワーク理論
ネットワークを構成するアクターとして，個人や組織のような人的要素だけでなく，人工物や自然物も同等に扱い，それらが織りなすシステムが機能するためには，アクターが他のアクターの役割を規定していくという関係が安定する必要があるとする。Ⅱ-6-6 も参照。

参考文献

宮尾学『製品開発と市場創造』白桃書房，2016年。
Bijker, W. E., T. P. Hughes and T. Pinchi, *The Social Construction of Technological Systems*, MIT Press, 1987.

6　概念と方法

アクターネットワーク理論

1　アクターとネットワーク

社会構成主義の中で科学的知識や技術を生み出すものとして社会が極端に重視されたことにより，サイエンス・ウォーズ[1]と呼ばれる一大論争が巻き起こった。こうした社会構成主義への反発の中で展開した理論的枠組みが，アクターネットワーク理論である。

▷1 Ⅱ-6-4 側注7参照。

アクターネットワーク理論は，パリ国立高等鉱業学校に設立されたイノベーション社会学センターに所属していたカロンやラトゥールを中心に誕生し，発展した。それまで科学的知識や技術の誕生においては社会，科学者や技術に関連する社会集団等，の役割が重視されてきたが，これに対してアクターネットワーク理論では，社会以外のモノ，科学的探究の対象となる自然物，実験機器や試薬や新たな技術等の人工物まで，を考慮に入れる。こうしたヒトやモノを含む様々な要素が行為項（アクター）として互いに作用し，結びついてネットワークを形成することで科学的知識や技術が生み出されていくというのが，アクターネットワーク理論の考え方である。

例えば，ポルトガルが大航海時代に世界各地に赴き栄華を極めたのは，海流や風等をコントロールするために羅針盤の改良や航海術の向上，新たな船の開発等を行ったからであるとされている。ローはこうしたポルトガルの拡張を分析する中で，船員といった社会的要素に加え，技術や自然の重要性も指摘している[2]。ローによれば，海流や風等の自然が様々な技術によって利用可能なものとなり，ポルトガルに味方し世界進出のためのネットワークの中に組み込まれることで，ポルトガルの拡張が達成されたという。もちろん自然がはじめからポルトガルに協力的だったわけではなく，時には船を破壊しその目的に反するような振る舞いもしたという。

▷2 Law, J., "Technology and Heterogeneous Engineering: The Case of Portuguese Expansion", Bijker, W. E., Hughes, T. P., and Pinch, T. (eds.), *The Social Construction of Technological Systems: New Directions in the Sociology and History of Technology*, MIT Press, 1987.

アクターネットワーク理論においては，これまであまり考察対象とされてこなかったモノへも光が当てられ，モノもヒトのように自立的に振る舞い，モノがネットワークへの参加に合意する場合もあるし，しない場合もあるという観点から考察が行われてきた。

2　ネットワークと翻訳

こうしたヒトやモノからなるネットワークの形成において重要になるのが，

翻訳という概念である。細菌学者として著名なパストゥールについて分析したラトゥールによれば，パストゥールはフランスの農家や獣医師を悩ませていた家畜の炭疽病に注目した。そして炭疽病の要因として微生物の存在を指摘し，パストゥールの実験室であれば微生物をうまく操作し，炭疽病を解決できると主張し，農家や獣医師の関心を自分の実験室に向け，その活動に巻き込んでいった。さらに1881年に初の人工予防接種法を開発すると，マスメディアの前でその実証試験を行い，フランス中の関心を引き，世界の注目を集めていく。

ここで言う「翻訳」とは，他者の利害関心を自分の関心に引き寄せる形で読み替え，その結果として多くの要素をその活動に巻き込んでいくことであり，パストゥールの活動を特徴づけるものだとラトゥールは分析した。パストゥールは，「翻訳」によって微生物，家畜，農家，獣医師，フランス国民，獣医学，生物学等多種多様なものを結びつけ，細菌学に関するネットワークを構築していったというのだ。強制的にネットワークに組み込むのではなく，翻訳という形をとることで，多様な要素がある意味自発的にネットワークに組み込まれていき，こうした自発的かつ多数の要素からなるネットワークは，科学を支えるものとして強く機能する。

3 アクターネットワーク理論の拡大と批判

さらにアクターネットワーク理論の影響力は，STS にとどまらない。例えば，ラボラトリー研究等で STS においても重要な役割を果たす文化人類学は，元来自然と文化とを区分して分析を行ってきた。文化人類学においては，文化の側にいる人々が自然をどのように解釈しているのかが重要とされ，自然それ自体は考察の対象とはされてこなかった。これに対し近年では，アクターネットワーク理論を取り入れ，自然とは必ずしも文化によって解釈されるだけの対象ではなく，主体的に文化に関わる存在であるという観点から，**マルチスピーシーズ研究**[3]等の新たな研究領域が誕生している[4]。

一方でアクターネットワーク理論へは様々な批判も存在している。例えば，アクターネットワーク理論においてはヒトとモノを同等に扱っているが，モノは行為の前提となる意図を持たず，ヒトとモノは同一視できないのではないかという批判がなされている。さらにアクターネットワーク理論ではネットワークの背景が均質な空間とされており，行為項が所属する文化がその振る舞いに与える影響が考慮されていないといった点も，指摘されている[5]。アクターネットワーク理論は，その誕生の経緯ゆえに文化や社会とは一定の距離を保ってきたが，そのあり方が今後どのように展開していくのか，注視する必要がある。

（鈴木　舞）

▷3　**マルチスピーシーズ研究**
人間のみを特権化するのではなく，人間を含んだ様々な動植物種が互いに影響を及ぼしながら世界を構成しているという観点に基づき，その相互交渉の様を分析する研究領域。

▷4　エドゥアルド・コーン（奥野克己・近藤宏監訳）『森は考える』亜紀書房，2016年。アナ・チン（赤嶺淳訳）『マツタケ』みすず書房，2019年。

▷5　Sismondo, S., *An Introduction to Science and Technology Studies*, Wiley-Blackwell, 2010.

参考文献

ミッシェル・セール（豊田彰・輪田裕訳）『翻訳』法政大学出版局，1990年。

ブルーノ・ラトゥール（川崎勝・高田紀代志訳）『科学が作られているとき』産業図書，1999年。

6　概念と方法

7 ポスト・ノーマルサイエンス

1 PNSダイアグラム

科学は客観的で価値から自由であるはずであり，またあるべきだという期待の起源は，ガリレオの時代にまで遡及できるかもしれない。しかし私たちが生きるこの時代において，果たしてそれは自明なことだろうか。

科学論研究者の**ラベッツ**[1]は，不確実性が高く，かつ社会的に影響の大きい科学的なイシューを扱うためには，これまでの一般的な科学観とは異なる「新しい見取り図」が必要であると考えた。1990年代，このことを共同研究者の**フントヴィッチ**[2]とともに検討を続けた結果，ポスト・**ノーマルサイエンス**[3]（PNS）という考え方にたどり着いた。

これは「PNSダイアグラム」（図１）を使って説明される。まず，グラフの横軸は検討対象のシステムにおける不確実性の程度を，また縦軸はその対象に関する意思決定に関わる利害関係者の規模を示している。ここで，原点に近い「応用科学」の領域は，一般的な意味での「科学技術」と見なしてよかろう。そこでは，科学的知識が安定的に通用し，基本的に社会的な問題は生じない。私たちの近代社会の屋台骨は，ここでの活動によって支えられている。

しかし対象の利害関係者が増え，あるいは不確実性が高まってくると，「専門家への委託」の領域に入ってくる。これは，外科医の仕事を想起すればよい。手術中には予想外のことが起こるので，術前の患者への説明とは異なる対処をする場合もあるだろう。土木工事でトンネルを掘っている時も，同様だ。突然岩盤が崩落し，地下水があふれてくることもあるだろう。そのような不確実性の高い問題に対処するには，私たちは専門家に任せるよりないと考える。

2 地球温暖化の場合

だが，さらに利害関係者の範囲が拡大し，またより不確実性が高まったらどうだろうか。例えば，「地球温暖化[4]」を例に考えてみよう。

当然ながら，この問題の影響を受けるのは，全人類を含むのみならず，将来生まれてくるであろう，いまだ存在しない人類までも含む。利害関係者は途方もなく多い。そして，地球温暖化は，従来的な意味での「専門家」に任せれば解決する類の問題ではない。それは，いくつかの意味で，従来の科学研究のモデルを超えているからだ。

▷1　**ジェローム・ラベッツ**（1929～）
アメリカに生まれ，ケンブリッジ大学に留学，数学で博士号を取得。1958年にリーズ大学に移り，科学史を専門にする。1971年に『批判的科学』を著して注目を集めた。90歳を迎えた2019年にも *Nature* 誌に寄稿するなど，精力的な活動を続けている。

▷2　**シルヴィオ・フントヴィッチ**（1946～）
アルゼンチン出身の科学哲学者。PNSのほか，政策プロセスにおける不確実性を評価する手法「NUSAP」を開発。

▷3　**ノーマルサイエンス**
PNSの「ノーマルサイエンス」は，まずもってトーマス・クーンによる『科学革命の構造』のパラダイム論における「通常科学（Normal Science）」のことを指している。その含意としては，政策プロセスに対して提供される科学知識が，このような「ノーマルな」レベルという点で，その政策課題も「ノーマル」の段階にある，ということを意味している。したがってPNSにおいては，両方の点で「その次の段階」に入っていると考えられる。

▷4　Ⅱ-5-18 参照。

まず，これは自然科学から社会科学まで，非常に多くの分野の協力が不可欠な，学際的研究にならざるを得ない。また複雑なシステムの挙動の予測が中心的な意味を持つわけだが，当然，科学的不確実性が大きく，現象のどこに注目するかによってもその理解が異なってくるため，専門家の意見も収束しにくい。

加えて，従来型の科学の活動では，「今後，時間をかけて研究を進めることで真実を明らかにしよう」という態度も許されるかもしれないが，温暖化は「今そこにある問題」でもあり，のんびりと構えるわけにはいかない。

加えて，地球という巨大なシステムについてのデータを得るには，グローバルに張り巡らされた高度な観測体制が必要となる。当然，それらを維持するには，高額の資金が継続的に投入されることが求められ，各国政府の理解が必要となる。したがって，研究の出発点としての「基礎データを集めること」だけをとってみても，これは政治と無関係ではありえないのだ。

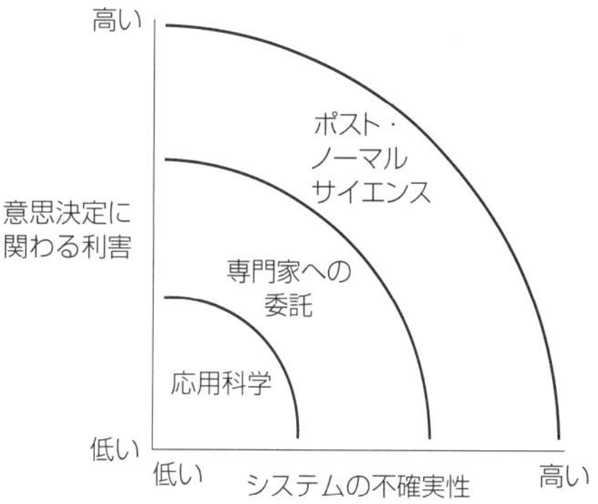

図1 PNSダイアグラム

出典：S. O. Funtowicz and J. R. Ravetz, "Three types of risk assessment and the emergence of post-normal science", S. Krimsky and D. Golding (eds.), *Social Theories of Risk*, Westport, Connecticut: Greenwood, 1992, pp. 251-273 をもとに筆者作成。

3 「拡大されたピア」

以上のように地球温暖化問題は，PNS ダイアグラムにおける「ポスト・ノーマルサイエンス」の領域に位置づけられることがわかるだろう。ラベッツらは，「事実が不確実で，価値が論争的であり，利害関係者が幅広く，決定が急がれ，通常はイシューが主導するタイプの研究」（ラベッツ 2010）がそこに該当すると説明する。地球温暖化以外にも，遺伝子操作技術，原子力発電，AI やロボティクスなどが含まれる。そして COVID-19 への対処も，その典型例であると考えられる。ちなみに，このような科学と政治の境界に位置する問題群の存在について，核物理学者のワインバーグが1972年に先駆的な指摘を行っており，彼はそれを「トランス・サイエンス[◁5]」と名づけている。

それでは，もはや専門家に任すことで解決できない PNS 領域の問題に，どう対処すればよいのか。ラベッツらの優れた点は，これに対して「拡大されたピア」というアイデアを提示した点だ。彼らは，科学研究を同僚＝ピアが評価することに倣い，そのピアの範囲を，当該分野の専門家に限ることなく，広く利害関係のある人たちに広げるべき，と主張した。これは専門主義の民主化という方向性を示しており，ワインバーグの議論では重視されていなかった観点だ。テクノロジー・アセスメント[◁6]への市民参加[◁7]を基礎づけているという側面も重要であろう。さらに彼らは，「拡大された事実」という概念を示し，**ローカル・ナレッジ**[◁8]など，特定の領域を対象とする専門家には気づかれにくい，そのイシューに特有の事実に注目し，議論の俎上に載せることを求めている。PNS は，今後さらに重要性を増す概念であるに違いない。（神里達博）

▷5 Ⅱ-6-12 参照。
▷6 Ⅱ-6-22 参照。
▷7 Ⅱ-6-20 参照。
▷8 **ローカル・ナレッジ**
元々は文化人類学の用語。人々がそれぞれの生活や仕事，その他日常的実践や身のまわりの環境について持っている知識のこと。特定の地域や実践の現場の文脈に固有の知。

参考文献

J・R・ラベッツ（中山茂他訳）『批判的科学』秀潤社，1977年。
小林傳司『トランス・サイエンスの時代』NTT 出版，2007年。
ジェローム・ラベッツ（御代川貴久夫訳）『ラベッツ博士の科学論』こぶし書房，2010年。

6　概念と方法

8 フェミニズム科学論

1 フェミニズム科学論とは

「科学論」が前面に押し出されている項目は他にないので，最初に科学論の意味するところと位置づけについて述べておこう。科学論というのは，まさに本書全体（特に後半）を意味する学問分野で，「科学研究とは何か」「科学はどのように機能するか」などを探究するために人類学，文化論・文化研究，経済学，歴史学，哲学，政治学，社会学，そしてフェミニズムなどを利用して研究を進める学際的な学問分野である。本書の多彩な項目がそれを示している。

これにフェミニズムが絡んでフェミニズム科学論であるが，フェミニズムという言葉も，この項目以外にないので少し説明が必要だろう[◁1]。フェミニズムというのは女性のための平等な権利を求める運動で，第1波（19世紀から20世紀初め：主に婦人参政権の獲得を目指す）と第2波（1960年代後半：主に**リプロダクティブ・ライツ**[◁2]の獲得を目指す）の段階を経てきている。この運動主体がフェミニストで，女性を排除する形で形成されてきた科学に対する彼女たちの批判は1970年代半ばから始まった。フェミニストによる科学批判がフェミニズム科学論で，批判の重要な道具がジェンダー分析である。こうして研究領域に生物学や科学史，科学哲学，ポストコロニアル研究，女性学などが加わる。それらの研究者は，科学，**ジェンダー**[◁3]，人種，階級，セクシュアリティ，障害，植民地主義などの間の関係および，科学がこれらの差異をどのように構築してきたかといった問題にも関心を寄せている。

2 科学知識の客観性と価値中立性への揺さぶり

科学を社会や時代の影響から独立し，特定の価値に与しない中立かつ客観的なものとしてきた伝統的な科学観に揺さぶりをかけたのはフェミニストたちである。それは，主に歴史研究と認識論研究の両面から行われた。

それは例えば18世紀リンネの博物学研究がどんなにその当時の男女のジェンダー関係を色濃く反映したものであったか[◁4]。20世紀以降の卵子や精子の描かれ方がどれほど**ジェンダー・ステレオタイプ**[◁5]化されたものであったか。性染色体研究がどんなに男らしさや女らしさと関係づけられ，Y染色体に主導権を付与して進められてきたかなど，フェミニストたちは，科学の歴史研究を通じて科学知識の客観性と価値中立性を打ち砕いてきた。

▷1　女性に関係するもう一つの項目は，[Ⅰ-3-17]「女性と科学技術の歴史」で，women in science といった科学における人材問題はそちらでカバーされるだろう。「反科学論」は反科学・論であろうし，「科学論争」は科学・論争であろうことから。

▷2　**リプロダクティブ・ライツ**
妊娠・出産・中絶・避妊・生殖器のあり方等について社会的な圧力を受けることなく，それらを女性自身が決定する権利のこと。

▷3　**ジェンダー**
生物学的な性差セックスに対して，社会的な性役割や身体把握など文化によってつくられた性差のこと。

▷4　リンネの博物学に対するジェンダー分析としては，ロンダ・シービンガー（小川眞里子・財部香枝訳）『女性を弄ぶ博物学』（工作舎，1996年）。性染色体についてはサラ・リチャードソン（渡部麻衣子訳）『性そのもの』（法政大学出版局，2018年）。

▷5　**ジェンダー・ステレオタイプ**
男女に期待されるその時代の典型的な男性像や女性像。例えば，勇猛果敢な男性像，おしとやかな女性像など。

他方，科学を権威づける客観性や価値中立性といった概念そのものを問う作業が初期のフェミニストによって取り組まれた。常に歴史の主流にあった男性のものの見方は決して十全なものではなく，むしろ歴史や社会の周辺に追いやられ疎外されてきた人々（女性の大半）の方が，世界についてより十全な知見を獲得できるという理論が，社会学者のドロシー・スミスやマルクス主義フェミニストのナンシー・ハートソックによって提出された。

3 フェミニズム立場理論

こうした中からサンドラ・ハーディングは，フェミニズム経験主義（悪しき科学を正す）とフェミニズム立場理論（Feminist Standpoint Theory）（女性の生活視点から知識を構築）を重要な企てとして挙げ[6]，のちに立場理論をさらに進めて「強い客観性（strong objectivity）」を提唱した[7]。ジェンダーの階層構造を成す社会においては，女性の生活から出発することが研究結果の客観性を増すことにつながるのであり，価値中立的な研究に想定される「弱い客観性」の克服に不可欠と考えられた。

今日でこそ，ようやくダイバーシティの重要性が言われるようになったが，アフリカ系アメリカ人社会学者パトリシア・ヒル・コリンズは性別に加えて人種の多様性に踏み込んだ。長らく主流から外れてきた黒人女性知識人は，自己，家族，社会に関する彼女たちの立場を反映した黒人フェミニストの思想を生み出すのに，内部に存在するアウトサイダーとして彼女たちの周縁性を創造的に利用してきたことを示したのである。

4 発展するフェミニズム科学論

立場理論に対してダナ・ハラウェイは「状況に置かれた知――フェミニズムにおける科学問題と部分的視点が有する特権」で応えた[8]。その冒頭で「フェミニズム研究もフェミニズム運動も，客観性という奇妙ながら避けがたい用語が何を意味するのかという問題に繰り返し取り組んできた」（p. 575）と述べ，科学の客観性切り崩しにフェミニストの貢献を認めた上で，彼女は特定の状況や位置に基づくフェミニズム科学の可能性に注目し，どこにも存在しないような位置から得られるような知識ではなく，固有の位置選択と身体感覚に基づく「状況に置かれた知」を唱えた。

フェミニズム科学論は発展著しい広大な領域で，詳しくは参考文献の飯田（2020）の論考を参照してほしい。そこで触れられていないジェンダード・イノベーションズは，フェミニズム科学論が科学の客観性神話を揺るがしたと同様に，現代の科学／技術に埋め込まれた**ジェンダー・バイアス**[9]や不公平を未来へ向けて是正しようとする画期的試みである。（小川眞里子）

▷6 Harding, Sandra, *The Science Question in Feminism*, Cornell University Press, 1986.

▷7 Harding, S., *Whose Science? Whose knowledge?* Cornell UP, 1991.

▷8 Haraway, Dana, "Situated Knowledges: The Science Question in Feminism and Privilege of Partial Perspective", *Feminist Studies*, vol. 14 (3), 1988.

▷9 **ジェンダー・バイアス**
ジェンダーに基づく偏見・偏向。例えば理系専攻女性の少なさは，構成員の偏向状態で，そうなった原因としては，理系は女子に向かないといった偏見が強く作用してきたことが挙げられる。

参考文献

ダナ・ハラウェイ（高橋さきの訳）『猿と女とサイボーグ』青土社，2017年。
飯田麻結「フェミニズムと科学技術」『思想』3月号，2020年。
小川眞里子「科学とジェンダー」藤垣裕子責任編集『科学技術と社会』東京大学出版会，2020年。
小川眞里子「Gendered Innovations とは」『科学』8月号，2020年。

6　概念と方法

科学計量学とプライスの夢

1 科学計量学とは

科学計量学（Scientometrics）は，科学と呼ばれる営為について量的な観点から探求する学問分野であり，科学史や科学哲学などと同じメタ科学の一種である。ただし，科学技術政策や科学技術イノベーション政策がしばしば英語で Science policy と呼ばれるのと同じように科学計量学もその射程に技術やイノベーションを含むのが通例である。

科学を定量的に分析する科学計量学に対し，科学技術社会論は定性的なアプローチによることが多いという違いはあるものの，両分野で活動した研究者（代表は，ブルーノ・ラトゥールらと共にアクター・ネットワーク理論[◁1]〔ANT〕を生み出したミッシェル・カロン）も少なくないことに加えて，当初両者は科学を単なる研究対象とするだけでなく一定の批判的な眼差しを向けることでも類似していた。

▷1 Ⅱ-6-6 参照。

この批判性こそが科学に関連するものに限らず書誌データを研究の対象とした計量研究を行う隣接分野，計量書誌学（Bibliometrics）と科学計量学とを分かつ違いであった。しかし，現在，ビルトインされていたはずの批判性は失われ，科学計量学と計量書誌学はほぼ一体化している。

2 科学計量学の始まりと科学の指数的成長の発見

科学論文を対象とした計量研究は戦前に出現している。ロトカ（Lotka 1926）は Lotka の法則（特定分野で x 本の論文を出版する著者の数 y に対し $x^n \cdot y$ は一定）を提唱し，*Chemical Abstracts* 掲載の書誌情報などから複数分野でそれを確認した。さらに，グロスら（Gross and Gross 1927）は1926年の米国化学会誌収録論文によって引用された論文の延べ数を学術誌ごとに集計し，その多寡に基づいて小規模の大学図書館に所蔵する学術誌の決定を支援するという研究を行った。後者は，現代の引用分析（科学計量学における主たるツールの一つ）と佇まいは異なるものの，論文が引用される数に着目したおそらく最初の研究である。

それでも，現代的な科学計量学の始まりは，一般に60年代のガーフィールドやプライスからとされ，特に科学史家プライスがその創始者とされる。この研究分野を他のメタ科学とは異なる Science of science と特徴づけたプライスは，1963年に *Little Science, Big Science* を上梓し，科学におけるコミュニケーショ

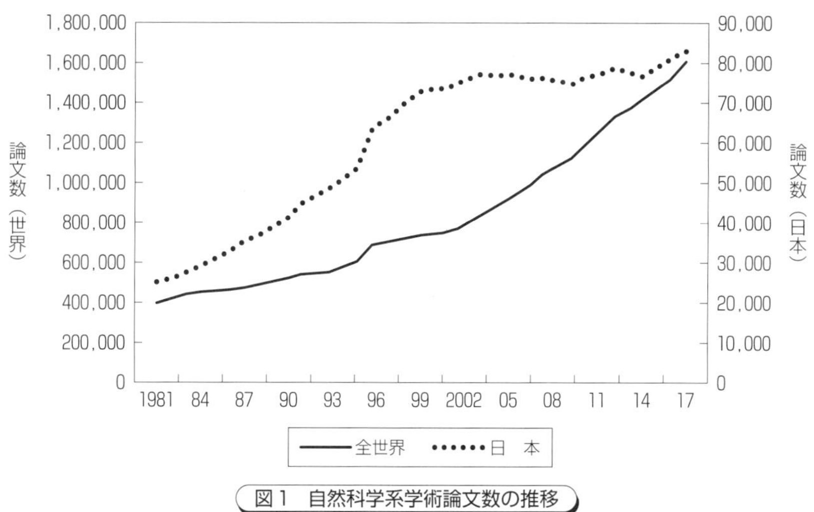

図1　自然科学系学術論文数の推移

出典：文部科学省科学技術・学術政策研究所『科学技術指標2020』調査資料295，2020年８月。

ンの分析を通じて，科学というシステム全体に適用可能な現代科学の構造に対する体系的アプローチを提示した。

その中で，プライスは科学の規模を示す様々な指標（科学者数，論文数，学術誌数，レビュー誌数など）が指数関数的に増大していることを明らかにしたことは，特に重要である。プライスは現代的な研究評価の基礎を築き，またネットワーク分析など現在でも使われている科学計量学独自の技法を生み出したことでも知られており，それゆえに科学計量学の創始者とされる。

3 科学の指数的成長が途絶えるとき

2020年８月７日に報道各社は中国が自然科学系学術論文の本数（分数カウント，３年移動平均）において世界一の座をアメリカから奪取したことを報道した。一方，一時はアメリカに続く２位だった日本は４位に落ち込んでいる。論文数の推移を示す上のグラフからも推測できるようにプライスが科学の指数的成長を見出してから以降もその指数的成長は概ね順調に続き，例えば近年も15年で論文数は倍増している中，日本は先進国の中でも例外的に20年近く飽和状態に陥ったように振る舞ってきたのだから，順位が落ちるのも当然である。

Little Science, Big Science の中でプライスは，このように科学の成長が飽和状態に陥ることを予見し，その段階においては科学に対する科学的アプローチが必要と主張していた。科学計量学を科学の科学と位置づけたプライスは，日本の内閣府の「司令塔」と同種の夢を見ていたのである。　（調麻佐志）

参考文献

Price, D., *Little Science, Big Science*, Columbia University Press, 1963（島尾永康訳『リトル・サイエンス，ビッグ・サイエンス』創元社，1970年）.

Lotka, A., "The Frequency Distribution of Scientific Productivity", *J. Washington Acad. Sci*, 16(12), 1926.

Gross, P. and E. Gross, "College Libraries and Chemical Education", *Science*, 66(1713), 1927.

6　概念と方法

10 科学技術政策

1 科学技術政策の歴史的性格

科学技術政策の起源は第二次世界大戦の末期から戦後早期にある。しかし，科学技術政策の概念が明確になり，国際的にも共通に理解される概念として用いられるようになるのは1970年代のことである。1960年には科学技術担当大臣の設置国は10カ国に満たなかったが，その後，70年代前半にかけて，第二次世界大戦前から存在していた古くからの独立国を中心に科学技術担当大臣が設置された一方で，70年代以降には第二次世界大戦後に独立したアジア，アフリカの新興国を中心に，科学技術大臣を設置する動きが急速に進んだ。新興国では，科学技術政策は，単なる科学振興政策ではなく，国家建設，社会開発のための政策的手段として期待されていた。

一方，OECD（経済開発協力機構）は1960年代に科学技術政策に関する検討を開始し，アメリカの科学技術政策の専門家ブルックスを議長とする専門部会は，科学（技術）政策の概念や内容，課題について1971年に報告書を発表した。ここでの定義は，「科学技術政策は，科学技術研究に対する投資，制度，創造性，活用に影響を与える決定を国が行う際に，十分に検討し一貫した判断を下す基礎となるもの[1]」である。

▷1　OECD 70年代科学政策専門部会編，大来佐武郎監訳『科学・成長・社会』日本経済新聞社，1972年。

ここで留意すべき点は，科学技術研究の振興の面のみならず，科学技術の成果を政策に活用する側面も含んでいることである。このような科学技術政策の二面性を科学のための政策（policy for science）と，政策のための科学（science for policy）と呼ぶことがある。このような科学技術政策の二面性が，政策としての特殊性の源泉となっている。ただし，当初は，両者のための政策手段は未分化であり，科学技術研究を振興することで研究成果が得られ，それらの中から政策に活用できるものが自ずと現れるといったいわゆるリニアモデルに基づく素朴な政策観が支配していた。そのため，科学技術政策は主として大学等の研究者がボトムアップに提案する研究プロジェクトの中から適切な提案を選定して研究費を配分することが，科学技術政策の主たる役割であった。

2 イノベーション政策の登場

多くの国で変わり始めるのは1990年代である。第一の変化は，科学技術振興のための公的資金配分の拡大が止まったため，支援すべき研究の選択が必要になったことである。第二の変化は，東西冷戦の時代から国際経済競争の時代にシフトしたことに伴い経済発展重視の傾向が強まり，その過程で次第に**イノベーション**[2]に注目が集まったことである。これがイノベーション政策へとつながる。イノベーション政策の目的は経済社会全般におけるイノベーションの促進にあり，政府の役割は，本来は，イノベーションの促進に寄与する基礎的研究開発の促進と，民間部門のイノベーション促進のための基盤的条件の整備が中心であり，民間セクターに代わって（商業的）イノベーションを実現することではない。しかし，限られた資金の中で，直接的に政策目的に資する研究を優先する傾向が出てきたために，次第にイノベーションの実現そのものを目標とする施策が登場することになった。こうした施策は，一般的な科学研究の支援と異なって，課題設定がトップダウンで，資金規模が大きく，比較的短期間の支援で目標を実現しようとする傾向が見られ，ハイリスク・ハイリウォード（high-risk, high reward）研究などと呼ばれる。その結果，伝統的なボトムアップの研究活動に配分される資金が圧迫される傾向が見られる。さらに，イノベーション施策の経験が十分にはないことから，多くの国では，ハイリスク・ハイリウォード研究と言いながら，画期的な成果がなかなか出ないという批判もある。

なお，日本では2020年に科学技術基本法が改正され，科学技術・イノベーション基本法となり，イノベーションが法律の対象になるとともに，従来は科学技術から除外されていた人文社会科学を科学技術の一部に位置づけ直し，同法や科学技術・イノベーション基本法の対象となった。この変更が，実質的にどのような効果を持つのかは今後，明らかになっていくであろう。

3 STSと科学技術政策

2000年代には，科学技術政策の科学化への関心も高まった。アメリカでは2006年にScience of Science Policy（SoSP）と呼ばれる研究プログラムが開始された。日本でも2011年に「科学技術イノベーション政策における「政策のための科学」推進事業」（SciREX[3]）が開始された。これらは，素朴で楽観的な科学観，政策観に基づいており，当初から困難な取り組みであると認識されていた。

これらの活動を省みると，科学技術政策および科学技術政策研究は様々な分野から理論や分析枠組み，概念などを借用してきたことがわかる。STSもまた科学技術政策に学問的基盤を提供している（表1）。 （小林信一）

表1 科学技術政策に影響を及ぼすSTS概念およびSTSからの分析が期待される課題

STS概念	STS的課題
境界（確定）作業，境界組織，トランス・サイエンス，市民参加，科学助言，科学技術と民主主義，新興技術のELSI（Ethical, Legal and Social Issues），RRI（Responsible Research and Innovation）	新しいミッション指向研究，イノベーションと格差，軍事研究・デュアル・ユース技術，科学と政治，科学に対する信頼と反科学，根拠に基づく政策形成（Evidence-based policy making：EBPM）

注：表中の概念や課題の多くは本書の他の節で取り上げられている。詳細は該当する節を参照されたい。
出典：筆者作成。

▷2 イノベーション
イノベーション概念は，1926年のシュンペーターの著作に登場した「新結合」の概念にさかのぼり，いわゆる技術革新に限らず，新しい知識，アイデア，プロセス，方法を開発し，それらを社会経済的便益の実現のために応用することを指す。今日では，新たな価値の創造と社会システムそのものの変革を目指した幅広い主体による活動を意味するようになった。

▷3 SciREX
Science for RE-designing Science Technology and Innovation Policy の省略形。

参考文献

小林信一「科学技術政策との関係」藤垣裕子責任編集『科学技術社会論の挑戦1』東京大学出版会，2020年。

11 モード論

1　知識生産の 2 つのモード

モード論，または知識生産のモード論は，ギボンズらにより1994年に提唱された。その要点は，知識生産や研究のあり方が根本的に変容しつつあることを指摘した点にあり，科学研究の伝統的な様式をモード 1 と呼び，科学研究にとどまらない広範な知識生産の新たに勃興しつつあった様式をモード 2 と呼んだ。

モード 1 では，取り組むべき問題はディシプリン（discipline；学問分野）の方向性として決まっており，研究結果がどのように応用されるかを直接の動機とすることはない。一方，モード 2 ではアプリケーション（応用）の文脈によって取り組むべき問題が決まる。応用は，産業的応用のみならず，社会的課題の解決への応用も含む。モード 1 では，問題の解決も学問分野の定める流儀に則って進められる。モード 2 では多様な学問分野の研究者が協働して問題解決に当たるのみならず，伝統的な研究者集団に属さない知識生産者（産業界の技術者，政府の専門家，市民等）が参画する。このような多分野の研究者と非伝統的な知識生産者が参画する知識生産のあり方を**トランスディシプリナリ**◁1（transdisciplinary）という。したがって，問題解決の枠組みも，特定の学問分野の流儀に従うのではなく，トランスディシプリナリな枠組みによって決まり，参加者の変化につれて問題解決の枠組みも変わる。

▷1　**トランスディシプリナリ**
インターディシプリナリ（学際）は複数学問分野の融合による新しい研究領域や学問分野の創出を指すのに対して，トランスディシプリナリは複数学問分野の協働に加えて，研究者集団外に存在する各種ステークホルダーも参画する。定訳はないが，このような特性を踏まえて「学際共創」と言うことがある。

また，モード 1 では研究成果が得られれば，それが応用されていくという「リニア」な関係が想定されることが多いが，モード 2 では問題の設定，解決のプロセスでは試行錯誤が繰り返される。そのため，問題の設定から，解決に向けた取り組みや成果の価値の評価など知識生産プロセス全体がアプリケーションの文脈から方向づけされる。このことから，モード論は知識生産の組織化のモードを区別したものと言える。

表 1　モード 1 とモード 2 の対照

	モード 1	モード 2
問題の設定	ディシプリンの内的論理で決まる	アプリケーションの文脈で決まる
問題の解決	ディシプリン固有の規約，方法にしたがって進められる	トランスディシプリナリな問題解決の枠組み
知識生産の成果の価値	ディシプリンの知識体系の発展への貢献で評価される	問題解決への貢献，スピードで評価される
知識生産の成果の普及	学術雑誌，学会などの制度化されたメディアを通じて普及する	参加者たちのあいだで学習的に知識が普及する（参加型）
参加者	ディシプリンの中（大学の学科など）で養成された研究者が参加	研究者のみならず，産業界や政府の専門家，市民など多様な母体から参加
知識生産の組織	大学など永続的基盤を有する権威ある組織	多様な参加者により構成される一時的な組織，社会に分散

出典：ギボンズ（1997）をもとに筆者作成。

なお，モード1では研究者は研究対象から独立であり，研究成果の知識は客観性，普遍性などがあると考えられているが，モード2では知識生産の参加者の中には対象とする問題に対して当事者性を有する者がおり，知識生産活動は反省的性格を有する。

2 モード論に対する反響と今日的意義

モード2では非伝統的な知識生産者が参画し，知識生産活動は大学などの権威のある研究組織とは別に一時的な知識生産のための組織を形成する。これらのことから，モード2は伝統的な科学研究を否定し，場合によってはそれを破壊する脅威であるといった批判が寄せられた。モード論は，様々な事例を参照しつつも，実証的なアプローチの結果として到達したものではない。そのため，単純化しすぎているとか，モード2は昔から存在している研究様式である等の批判が頻出した。一方で，伝統的な研究像の下で周縁に位置づけられてきた学問分野や現実の社会的問題や環境保護などを対象としてきた分野では歓迎される傾向が見られた。

モード論はその登場後に画期的な展開を見せたゲノム研究，インターネット等を基盤とする情報技術を踏まえていないという限界はあるものの，ゲノム研究やその後の生物医学研究の展開，ビッグデータ解析や人工知能（AI）技術の展開は，むしろモード論が俎上に載せた論点のリアリティを増していると考えられる。何よりも，インターネット社会の到来は，様々な学問分野の研究様式に変化をもたらした。**オープンアクセス**[2]の浸透により，伝統的な研究者でなくとも学術論文にアクセスできるようになり，各種の専門的職業を持ちながら学協会で活躍する者も増加してきたことなどから，大学等の研究者が外部の専門家や市民と協力してプロジェクトを推進する，または専門家や市民が中心になる市民科学（citizen science）も活発になってきた。

2000年前後からは，各国でイノベーション政策[3]が広がり，科学技術研究のみならず社会的課題の解決を重視する傾向や研究成果の社会への還元を目指す傾向が強まった。イノベーション政策も，多分野の研究者やステークホルダーの糾合を目指すものであり，モード2とは相性がよい。ただし，伝統的科学が研究不正等の問題を抱えるのと同様に，モード2の知識生産活動，およびそれらを支える施策や各種制度等も完全ではないことに留意する必要がある。なお，知識生産様式の変容に関しては，ポスト・ノーマルサイエンス[4]，サステイナビリティ科学（Sustainability science）など多様なコンセプトが提唱されており，それらとの関連にも留意する必要がある。

（小林信一）

▷2 **オープンアクセス**
インターネットを通じて，学術論文を誰でも無料で利用できるようにすること。

▷3 Ⅱ-6-10 参照。

▷4 Ⅱ-6-7 参照。

参考文献

マイケル・ギボンズ編著（小林信一監訳）『現代社会と知の創造』丸善，1997年。

6　概念と方法

12 トランス・サイエンス論

1 科学と政治の関係の変化

イギリスの歴史家**ホブズボーム**[1]は第二次世界大戦後から1970年前後の間の時代を「黄金の時代」と呼んでいるが，それはこの時期に科学技術の恩恵が社会にいきわたり，経済成長を実現していったからであった。しかし1970年前後になると科学技術と社会の関係は大きく変容していった。科学技術が社会に持ち込まれた場合に，恩恵だけが生み出されるとは限らないことは，核兵器の開発や公害問題などでかなり明らかになってきていた。しかしこの場合でも，核兵器の基礎となる物理理論つまり科学は中立であり，その社会的，政治的な利用の仕方によって，問題は生まれるのだと考えられていた。いわゆる科学の「善用と悪用論」であり，自然に関する知識生産としての科学とその知識を応用する営みを区別することができる，という発想に立っていた。

しかし技術革新が進行し，その成果たる新製品が次々と社会に投入され，社会の豊かさを実現しつつあった「黄金の時代」も終盤になると，このような発想が非現実的になっていた。アメリカの核物理学者でオークリッジ研究所所長のアルヴィン・ワインバーグは1972年の論文で，科学技術と社会に新たな関係が生まれていることを指摘し，それを「トランス・サイエンス」の出現と拡大と表現してみせた。

▷1　**エリック・ホブズボーム**（1917～2012）
イギリスの歴史家。その著『20世紀の歴史』で20世紀を振り返り，「三つ折の画像」という表現で語っている。1914年から第二次世界大戦終結までの「破局の時代」，その後の25～30年あまりの異様なまでの経済成長と社会的変容を示した「黄金の時代」，そして「黄金の時代」が終わった1970年代初期以降の「解体と不確実と危機の新しい時代」の三つ折である。エリック・ホブズボーム（河合秀和訳）『20世紀の歴史（上・下）』三省堂，1996年。

政 治
科 学
客観的真理？

図１　伝統的な意思決定の前提

出典：小林（2007）をもとに筆者作成。

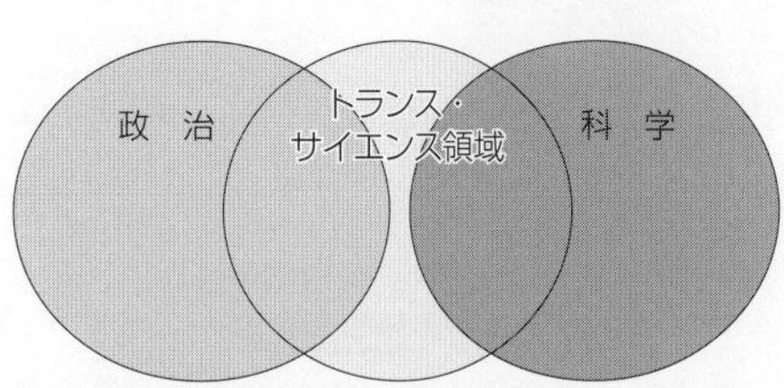

図２　社会的討議に基づく意思決定

出典：小林（2007）をもとに筆者作成。

従来の発想では，図１のように純粋な科学の領域と純粋な政治の領域が区別できることが前提となっている。ワインバーグが指摘したのは，この区別が現実には維持しがたくなり，両者の交錯する領域が大きくなってきていることであった（図２）。彼は科学と政治の交錯する領域を「トランス・サイエンス」と呼び，それを「科学によって問うことはできるが，科学によって答えることのできない問題群からなる領域」と定式化している。

2 トランス・サイエンスの事例

彼の挙げる例を一つ紹介しよう。「運転中の原子力発電所の安全装置がすべて，同時に故障した場合，深刻な事故が生じる」ということに関しては，専門家の間に意見の不一致はない。これは科学的に解答可能な問題なのである。科学が問い，科学が答えることができる。他方，「すべての安全装置が同時に故障することがあるかどうか」という問いは「トランス・サイエンス」の問いなのである。もちろん，専門家はこのような事態が生じる確率が非常に低いという点では合意するであろう。しかし，このような故障がありうるかどうか，またそれに事前に対応しておく必要があるかどうかといった点になると，専門家の間で意見は一致しない。科学的な意味での確率，つまりある事柄の発生の蓋然性に関する数値的見積もりについては専門家の間である程度一致するが，その確率を安全と見るか危険と見るかというリスク評価の場面では，判断が入るため，科学的問いの領域を越え始める（トランス）のである。

故障や事故の起こる可能性がきわめて低い確率であるとしたとき，それを無視できる確率と見なすのか，それとも万が一それが起こった場合の災厄の大きさを考えると無視できないと考えるのか，これは科学が答えを出すことはできない。もちろん科学技術者は「工学的判断」の問題であると答え，十分な余裕を持って設計もしているのだから，無視できると判断するのが普通であろう。原子力発電所をめぐる裁判で争点になるのは，実はこの種の問題であることが多い。

3 社会的意思決定の仕組みを見直す

この「工学的判断」というのは，明確に定義できるような性質を持っていない。ある標準的な工学教育を受けることを通じて習得する専門家としての相場感覚のようなものである。このような訓練を受けた専門家が，社会的意思決定をすべきであるというのが，伝統的な考え方であった。しかしトランス・サイエンスの事例の場合，この専門家の判断が分裂するのである。

科学によって明確な解答が出せる場面では，科学技術の専門家はそれを明確に示せばよい。しかし，科学技術によって明確に解答が出せない場面では，どこまでが科学技術によって解明でき，どこからは解明できていないか，つまり科学とトランス･サイエンスの境界線を明確に示すことが専門家の第一の使命である，とワインバーグは述べる。その上で，トランス･サイエンス的な問題に関する意思決定においては，専門家のあいだでも見解が分かれることが多いので，アメリカの民主主義を支える**対審制度**◁2に則って検討するしかない，というのが彼の主張なのである。つまり，専門家の意見が分かれるトランス･サイエンス的場面では，専門家は意思決定を独占すべきではなく，利害関係者や一般市民を巻き込んだ公共的討議に参加し意思決定をするべきだというのである。

現代社会には，トランス・サイエンス的問題が増えている。原発問題は典型例であるが，ほかにも新興感染症とその対策，バイオテクノロジーの活用法，AI技術の倫理問題など，増えることはあっても減ることはない。科学技術を使いこなすための仕組みを再検討する必要がある。（小林傳司）

▷2 **対審制度**
イギリスやアメリカなどコモン・ローの法体系の国における裁判手続きのこと。紛争当事者が裁判官の前で双方の主張を展開する。陪審員制度の場合には，選任された陪審員の前で当事者が主張を戦わせ，評決が下される。日本国憲法では，第82条に対審への言及がある。https://web.sci.tohoku.ac.jp/hondou/RISTEX/page9/page9.html

参考文献

小林傳司『トランス・サイエンスの時代』NTT出版，2007年。
ジェローム・ラベッツ（御代川貴久夫訳）『ラベッツ博士の科学論』こぶし書房，2010年。
藤垣裕子責任編集『科学技術社会論の挑戦』東京大学出版会，2020年。

6　概念と方法

13 科学の不定性

1 科学の不定性

科学技術や医療をめぐって，社会では様々な問題が生ずる。例えば医療過誤では医師と患者の間で，公害問題では被害者と企業や国との間で，世界的な感染症対策では異なる職業や立場を持つ国民や政府・自治体の間で意見の対立が起こる。それらの問題解決には科学の専門的知識が必要とされるが，専門家の高度な知識があれば問題は解決されるのだろうか。

ワインバーグは「科学に問うことはできても，科学（だけ）で答えることができない問題群」の存在を指摘し，これをトランス・サイエンス◁1（trans-science）と名づけた。しかし，意見の対立が科学的知識だけで解決できないことがわかっても，それだけでは建設的な議論には必ずしもつながらない。

▷1　Ⅱ-6-12 参照。

イギリス・サセックス大学で科学政策論を専門とする**スターリング**◁2は，科学をめぐる社会的問題について，問題に関わる科学的知識の性質や，当事者の捉え方などの多様性に気づくためのツールとして「科学の不定性」（Scientific Incertitude）概念を提唱した。不定性は２次元マトリックスに表現され（図１），リスク，不確実性，多義性，無知という４つのサブ概念を持つ。

▷2　**アンディ・スターリング**（1961～）
イギリスのサセックス大学で科学政策論を専門とする研究者。イギリスやEUの科学政策に関わる審議会委員などを経験する中で，不定性概念やマトリックスを提案するに至った。

2 リスク・不確実性・多義性・無知

科学だけでは答えられない課題については，これまで「科学の不確実性」として認識・議論されることも多かった。科学的知識は必ずしも確実ではなく，その不確実性を踏まえることの重要性が指摘されてきた。しかし，科学をめぐる問題は不確実性だけに由来するものではない。例えば携帯電話の基地局をめぐる対立では，基地局から出る電磁波の健康影響の有無ばかりでなく，景観をめぐる対立もある。健康影響についても慢性影響もあれば急性影響もある。何が重要か，問題か，問題とすべきかをめぐる不一致は，科学の不確実性とは異なるものであり，価値判断の多様性も関わる。

図１　不定性マトリックス（Incertitude Matrix）

出典：本堂・平田・尾内・中島編著（2017，第７章）。

スターリングが提案した不定性マトリックスは，社会的問題に関わる科学的知識に多様な性質があることを可視化する目的で考案された。マトリックスの横軸は，どのような問題があり得るかをめぐる認識の多様性に対応する。認識が一致する場合は科学的知識の確かさをめぐる理解の一致・不一致を考えることができる。通常の交通事故の予測であれば，これまでの経験上，その確率についての理解はよく定まっていると考えることができる。このような科学的知識の状態をリスク（Risk）とする。自動車保険が成り立つのも，事故確率が相応に予測可能と考えられているからである。

どのような問題があり得るかをめぐって認識が一致していても，その問題が起こる確率・確かさがよくわからない，あるいはその確率や確かさについて理解が一致しない場合もある。このような状況をスターリングは不確実性（Uncertainty）と呼ぶ。[◁3]

次に，どのような問題があり得るかをめぐっての不一致がある場合を考える。遺伝子組み換え作物の商業栽培には，健康や生態系への影響とは別に，巨大アグリビジネスと小規模家族農業の格差を拡大させることの是非という論点もある。後者の論点を問題視するかどうかには価値観の多様性が反映される。事象の確かさや確率ではなく，争点をめぐって不一致が生じている状況を多義性（Ambiguity）に関わる不定性が生じているとする。多義性に関わる対立は，遺伝子組み換え作物であれば，健康や生態系への影響を精緻に分析評価しても解決できるものではない。さらに，争点が定まらないだけでなく，争点に関わる科学的知識自体，十分にわかっていない状態もある。使われ始めた時点では夢の化学物質と呼ばれたものの，後に重大な問題を引き起こすことが判明したフロンガスなどの開発直後が該当する。これらは無知（Ignorance）の状態にあると考える。

3 「触媒」としての不定性

マトリックスだけを見ると，科学的知識の不定性があたかも4つの階層に「分類」できるように思われるかもしれない。スターリング自身も述べているように，このマトリックスにある4つの概念は，対立する当事者，あるいは社会全体が，問題に関わる科学的争点・知識をどのように捉えているのかに気づくためのツールであり，4つの階層自体も排他的ではない。一つの科学的現象が，ある当事者からはリスクと認識されても，別の当事者からは多義性を持つと認識されうる。また，時間とともにその認識も変化しうる。科学の不定性は，不確実性や**リスク**[◁4]という旧来の狭い概念では不毛な押し問答に陥る問題に対して，私たちの視点を切り開くこと（opening-up）で建設的な対話を導くための「触媒」なのである。

（本堂　毅）

▷3　AIを利用した自動車の自動運転の事故確率などには，この「不確実性」と呼ばれるべき性質があるだろう。従来のリスク論などでは，一定の確率で起こる事象についても「不確実性」があるとされる場合があるが，このマトリックスでは，そのような事象は不確実性ではなくリスクと考える。このように，不定性概念は，旧来の「リスク論」の適用限界を明らかにするものとも言える。

▷4　**リスク**
リスクは一般に，発生可能性のある有害事象とそれが実際に起きる確率の積として定式化される。したがって，発生可能性のある事象がわからない，または何を事象として検討するかについて意見の不一致がある場合，また事象が起きる確率がよくわからない場合も，適用範囲を超えてしまう。

参考文献

本堂毅・平田光司・尾内隆之・中島貴子編著『科学の不定性と社会』信山社，2017年。

Stirling, Andy, "Keep It Complex", *Nature*, Vol. 468, 2010.

6　概念と方法

科学論争

1 科学技術と社会の論争

本節が取り上げる科学論争は，科学コミュニティ内における理論や実験成果に関する科学者間の論争ではなく，科学技術と社会の界面に起きる論争である。

科学技術の発展に伴い，人々は科学技術の恩恵を享受する一方で，新たに生じるリスクや価値に対する懸念を抱くようになってきた。公衆（一般の人々）を含む利害関係者間の論争は1970年代以降増加してきている。

例えば，化学物質汚染や **BSE（牛海綿状脳症）**[▷1]，原子力発電所事故など，効率重視から科学技術を社会に応用し得られた利便性の副産物として，環境汚染や健康被害など多大な損害を引き起こした。これらに関する論争では，公衆の科学技術と政治に対する態度が表明され，科学技術の管理や制度があらためて問われ再構築が余儀なくされた。このように，科学論争は科学技術の政治のあり方に示唆を与えてきたのである。

▷1　**BSE（牛海綿状脳症）**
牛がBSEプリオンと呼ばれる病原体に感染した場合，牛の脳の組織がスポンジ状になり，異常行動，運動失調などを示し，死亡するとされる。かつて，BSEに感染した牛の脳や脊髄などを原料としたえさが，他の牛に与えられたことが原因で，イギリスなどを中心に，牛へのBSEの感染が広がり，日本でも2001年9月以降2009年1月までの間に36頭の感染牛が発見された。Ⅱ-5-10も参照。

2 科学論争の類型

科学論争の増加に伴い，科学技術と社会の界面に起きる論争に関する研究の蓄積も進んできた。米国の社会学者ドロシー・ネルキン（1995）は，科学論争研究から，科学技術と社会にある政治的緊張や，特定の科学的慣行に対する道徳的留保などの特徴を分析し，論争を４つに分類した。

表１　ネルキンによる論争の４類型

類　型	論争が対象とする科学的事項	利害関係者
Ⅰ道徳観をめぐる論争	進化論，動物実験，胎児組織利用等	教育関係者，宗教関係者，動物愛護団体，科学的専門家等
Ⅱ地域の環境をめぐる論争	有害施設，有毒廃棄物処理場等	地域住民，化学メーカ，自治体，科学的専門家など
Ⅲリスクとベネフィットをめぐる論争	食品添加物，化学物質汚染，放射線等	環境団体，消費者団体，食品業界，行政，科学的専門家等
Ⅳ個人の権利と制度をめぐる論争	医薬品，ワクチン等	公衆（一般の人々），製薬メーカ，行政，科学的専門家等

出典：Nelkin（1995：444-456）をもとに筆者作成。

表１はネルキンが提示した科学論争の４つの類型である。ネルキンは，論争は政治的，経済的，倫理的な懸念から起源すると示唆している。このネルキンの科学論争の類型を次に解説する。

第一の類型は，道徳観をめぐる論争である。科学理論や研究開発手法がそれまでの社会の倫理観をくつがえすような場合に起こりうる論争である。例えば，ダーウィンの進化論は，神が世界や人間を創り出したとする創造論者には受け入れがたい科学理論であった。アメリカでは，この影響を受けて，教育現場において進化論を教えるか否かの論争が続いている。

また，動物実験は，生命科学の研究において様々な病気の解明と治療の開発のために不可欠とされる。しかし，動物実験を人間中心の当然な行為と見なすことに対して，動物愛護団体から非難の声があがった。あらためて動物の権利が主張され，動物に対する道徳観が問われるようになったのである。1970年代に，アメリカで盛んに行われるようになった**胎児組織を用いた研究開発**[◁2]もまた，生命への冒涜として反対運動が起きた。これらの論争では，社会の道徳への先入観が反映されている。

第二の類型は，地域の環境をめぐる論争である。近隣にダイオキシンなど有害な化学物質を発生する施設が建設されたとする。その施設は社会全体では有用とされる施設であっても，近隣の地域住民にとっては健康被害のリスクを生む迷惑施設以外のなにものでもない。このような住民の心理を表す言葉としてNIMBY[◁3]がある。化学プラント，原子力施設，ごみ処理施設などの建設時に住民の反対運動から論争となる。

第三の類型は，リスクとベネフィットをめぐる論争である。発ガン性化学物質や放射線など目に見えないハザード（危害）を警告する科学者，環境団体と，ハザードのリスクに勝るベネフィットを主張する産業界，科学者との論争である。

この場合の論争では，リスクの範囲や程度が不確実で，専門家や行政の複数の科学的助言に矛盾があると，公衆の不安は増し，専門家や行政に対する不信感を招く。また，科学的助言間に対立があると論争は激しさを増す[◁4]。

第四の類型は，個人の権利と制度をめぐる論争である。この論争は，公衆から技術開発や制度の変更を個人の権利として行政に主張して起きる論争である。例えば，エイズ治療薬としてアメリカで第一号に許認可されたアジトチミジン（AZT）は，もともとガン治療薬として開発されたが副作用が強く政府に禁止されていた。しかしその後，エイズ治療に有効であることがわかり，患者団体の強い要請から政府を動かし，アジトチミジンは許認可された。

3 科学論争のトリガー

ネルキンが提示した4つの科学論争の類型に共通するのは，科学論争が利害関係者の権利主張の対立から起きていることである。権利の主張はそれぞれの道徳的義務や信念に基づいているため，相互の妥協や調整の余地はない。さらに，権利主張は，他者の行為の制約を伴うため，必然的に論争を悪化させる。

科学的専門知識はこの権利の主張の正当化に用いられる。科学的な説明は一見，客観的，中立立場を表明しているようであるが，それぞれの価値観や信念に紐づいており，論争において戦術的なツールとなるのである。（上野伸子）

▷2 **胎児組織を用いた研究開発**
自然流産や人工妊娠中絶で母体から取り出された胎児の組織を使った医学研究を指す。2019年，アメリカのトランプ政権は禁止している。日本では，厚生労働省の厚生科学審議会「ヒト幹細胞を用いた臨床研究の在り方に関する専門委員会」の「ヒト幹細胞を用いる臨床研究に関する指針」の対象外とされ規制はない。

▷3 Ⅱ-5-8 側注6参照。

▷4 2004年に科学雑誌 *Science* 誌上に「養殖サケは天然サケよりも発癌性化学物質を多く含む」という趣旨の論文が発表され，論文誌上の論争から社会の論争に発展した。この事例では，科学者，産業界，消費者団体など支持する科学的主張およびその前提にある価値観が異なることから論争は拡大していった。

参考文献

上野伸子・藤垣裕子「科学論争におけるステークホルダーのフレーミング分析」『科学技術社会論研究』9号，2011年。

Nelkin, D., "Science Controversies", *Handbook of Science and Technology Studies*, Sage, 1995.

6　概念と方法

15 状況依存性

1 状況依存性とは

「科学的事実は，科学者共同体が同意する実験上，解釈上の条件に依存して成立する」[1]という性質を，知識の「状況依存性」と呼ぶ。科学的事実の主張とは常に，科学者共同体の中で同意されたある理想的条件に「状況依存」する。科学的事実は，科学者集団の方法論的真偽テストにのっとった，つまり**ジャーナル共同体**[2]の査読規準に合致する条件のもとで成立する。それらの条件や状況に依存して，その事実は成立する。したがって，それを社会的場面に応用するためには，その科学的知見が妥当とされた状況に立ち戻って条件を見直す必要がある。ところが，科学的知識において，その成立条件の仮定がいつのまにか忘れ去られてしまい，「一般に」「どのような条件下でも」成立するかのように考えられがちである。そうではなく，実は事実が成立するための条件があり，その条件の多くは，社会的場面に応用する上では成立しない場合が多い。社会の問題解決に必要なデータとは，理想的条件に状況依存したデータではなく，社会的現場において妥当な，現場条件に状況依存したデータのほうである。

2 具体例

状況依存性の概念を説明するのによく用いられるのがウィン（1996）によるセラフィールドの羊農家の例である。1986年4月に旧ソ連のチェルノブイリで原発事故が発生した。一方，北イングランドの湖水地方の羊農家の生計は，羊関連の産業に大きく依存していたため，個人の健康被害よりも商売への関心が高かった。イギリスの羊は欧州大陸に大量に輸出されるため，一般市民の関心も羊産業に与える打撃に注がれていた。

1986年5月当初，科学者からはチェルノブイリからの放射能漏れによる影響はないと報告された（A)。しかし事故に続いて，イギリスの産地は嵐による拡散のために放射性物質セシウムに悩まされた。6週間後にこの地域を含むいくつかの地域に，羊の移動と販売の禁止令が出された。つまりAの主張が翻された。

なぜ当初Aのような主張がなされたのか。科学者は当初の高セシウム濃度はすぐに低下すると考えていた。このとき根拠となった科学モデルは，アルカリ性土壌下におけるセシウムの行動モデルである（ジャーナル共同体内での理想的

▷1　Jasanoff, S., "What Judge Should Know about the Sociology of Sciences", *Jurimetrics Journal*, 32, Spring, 1992, pp. 345-359の p. 347.

▷2　**ジャーナル共同体**
専門誌の編集・投稿・査読活動を行う共同体を指す。ジャーナル共同体は，科学の知識生産にとって以下の4点において重要である。第一に，科学者によって生産された知識は，信頼ある専門誌にアクセプト（掲載許諾）されることによって，その正しさが保証される（妥当性保証)。第二に，科学者の業績は，専門誌に印刷され，公刊（publish）されることによって評価される（研究者の評価)。第三に，科学者の後進の育成は，専門誌にアクセプトされる論文を書く教育をすることから始まる（次世代の育成)。第四に，科学者の次の予算獲得と地位獲得は，主に専門誌共同体にアクセプトされた論文の本数と質によって判断される（次の研究のための社会資本の基盤)。このようにジャーナル共同体は，科学的知識生産における品質の保証，評価，後進の育成，予算獲得の各側面で大きな役割を果たす。

▷3　その近似によれば，セシウムは土壌に沈殿し，土壌の中で固定され

条件下のモデル）。ところが，汚染地域の土壌はアルカリ土壌ではなかった（酸性の泥炭地〔ベントナイト〕）。しかし酸性の泥炭地についての物理的パラメータ（深度到達度，侵食）はあっても，化学的移動性（mobility）についてのデータはなかった。そのため，科学者は，酸性泥炭地におけるセシウムの化学的移動性を，アルカリ性土壌下のそれで誤った「近似」をしていたのである[◁3]。

3 ローカル・ノレッジ（現場知）

上記の話には後日談がある。科学者は土壌が酸性であることに気づいた後，ベントナイトがセシウムを化学的に吸収する量を測定したいと考えた。そのために，「ベントナイトのある地域にいる羊と，ない地域にいる羊とで比較をしたい」と羊農家に申し出た。この科学者の申し出に対して，農家は「そのような実験は無理である」と答えた。羊は動き回るので，朝ベントナイトのある地域にいても昼にはベントナイトのない地域に移動し，また夜には元の場所に戻る（あるいはその逆）ということを繰り返すためである。実際，科学者の申し出た実験は失敗した。羊農家は，地元の環境，羊の性質，農場経営のリアリティから，そのような実験は無理だといったわけである。

ここで，羊農家のもつ「地元の環境，羊の性質，農場経営のリアリティ」を基礎とした知識をローカル・ノレッジ[◁4]という。ローカル・ノレッジとは，現場条件に「状況依存した」知識，現地で経験してきた実感と整合性をもって主張される現場の勘を指す。

状況依存性やローカル・ノレッジは，現場知が問題解決に重要なことを示す。例えば原発事故後の低レベル放射線の健康影響を考える際，ICRP（国際放射線防護委員会）の報告書では，現場知の有効性について言及している[◁5]。

4 広い文脈での位置づけ

このように科学知識には状況依存性があることや，現場知，ローカル・ノレッジが重要であることは，科学史的には，非西欧社会の知の問題としても扱われてきている（I-2-10 I-3-1 などを参照）。逆に言うなら，それは科学知識の客観性や普遍性を問い直す立場にも通じる見方ともなっていることは，押さえておいた方がいい点だろう。

（藤垣裕子）

(locked-up)，羊への影響は少ないと考えられた。しかし実際には，セシウムは土壌から野菜へ，そして羊へと循環したのである。科学者によるこの近似の誤りが気づかれるまでに2年ほどかかった（Wynne 1996）。

▷4 II-6-7 側注8参照。

▷5 以下に例示する。「当局が主要な利害関係の代表者をこれらの計画（放射線防護計画）の作成に関与させるようにすべきであると勧告する（ICRP Pub. 111 ドラフト JRIA 暫定翻訳版第2項34）」「汚染地域の過去の経験によれば，地域の専門家や住民を防護方策に関与させることが復興プログラムの持続可能性にとって重要であることが実証されている（同4項55）」「ノルウェーにおいて対策の適用とモニタリングに際して現地の人々への権限付与と影響を受けた人々の直接関与が重視されたこと（同A7）」「羊を制限区域の外へ移動させたいと望む農民は放射性セシウムのレベルを判定するために自身の家畜を調べることができた。そのため，生体モニタリング技術が用いられた（同A8）」。

参考文献

藤垣裕子『専門知と公共性』東京大学出版会，2003年。

Wynne, B., "Misunderstood Misunderstanding: Social Identities and Public Uptake of Science", Irwin, A. and B. Wynne, *Misunderstanding Science*, Cambridge University Press, 1996, pp. 19-46.

6　概念と方法

境界作業

1 境界画定問題と境界作業

日常生活でも，物質的根拠があれば科学的である，手続きを共有できれば科学的である，数値にすることができれば科学的である，公理的方法が使えれば科学的であるなど，様々な主張および言説がある。科学論では，「＊＊がなければ科学ではない」として科学的であるものと科学的でないもの（非科学）とを区別することを，境界画定問題（demarcation-problem）と呼ぶ。

科学哲学者ポパーは，**反証可能性**[1]という概念を用いて，反証可能が高ければ科学であるとした。逆に言えば，反証可能性が低いものを非科学としたことになる。科学社会学者マートンは，ノルムという概念を用い，科学者集団には4つのノルム（知識の公有性，普遍性，公平無私，そして系統的懐疑）があるとした。これも，そのようなノルムがあればその集団は科学を営む集団であるとし，そうでないものを非科学とすることに使われる。科学史家のクーンは，1962年にパラダイム[2]という概念を提唱した。これもパラダイムがあるものは科学であり，そうでないものを非科学とするのに使われる。

「＊＊がなければ科学ではない」の＊＊を探すのが境界画定問題であるが，それに対して，そのような区別をしようと「人々が境界を引こうとする」ことをギリンは境界作業（Boundary-Work）と呼んだ[3]。後者では，科学と非科学の境界は「はじめからそこにある」のではなく，「人々が引こうとする」と捉えるのである。境界画定問題では，科学と非科学を分ける“本質”を探ろうとするのに対し，境界作業では，人々が境界を引こうとする作業をていねいに記述する。

▷1　**反証可能性**（Falsifiability）
科学哲学者カール・ポパーが提唱した概念。科学的理論は観察・実験によってテストされ，否定あるいは反駁される可能性をもつというもの。逆にいえばそのようなテストを設計できないものは科学とはいえないということになる。

▷2　Ⅱ-6-3 側注3参照。

▷3　Gieryn (1995).

2 査読システムにおける境界作業

境界作業の概念を使うと，不正の疑われる論文が著名な雑誌に掲載されたときの人々の行動をうまく説明できる。例えば2005年から2006年にかけて韓国のファン教授によるヒトES細胞に関連する捏造論文発覚の際，ネイチャー誌の編集委員会は，「査読システムは論文に書かれているものは実際に真実であるという信頼の上に成り立っている。（中略）査読システムは，虚偽をふくんでいるようなごく一部の論文を検出するためにデザインされているわけではない。」[4]と主張した。査読をする科学者は，投稿されてきた論文に書かれていることは

▷4　*Nature*, 439 (12 Jan 2006), p. 118.

真実であるという前提のもとに，その論文が雑誌にふさわしいか否かで判断をくだすのである。

しかし，査読システムの判断の結果は，共同体の外からみると，真偽のふるい分けをした結果と見られている。同捏造論文発覚の際，例えばニューヨーク・タイムズは，「科学ジャーナルは，虚偽の報告をふるい分けする，重要なゲートキーピング機能を果たす」と主張した。◁5 この主張は，「査読システムとは，科学者が真偽の境界をひいている行為である」というものであり，査読システムを科学者による真偽境界の「境界作業」として捉えている。

現実には，上記ネイチャー誌の編集委員会の弁にあるように，科学者たちは査読システムを真偽境界の境界作業としては捉えていない。査読は，投稿されてきた論文はすべて正しいという仮定の上で行っており，小さな不正を見分けるために行うわけではない。ここに両者のギャップがある。一般の人からみれば査読は科学と非科学を分ける境界作業であるが，科学者からみると，そうではないのである。

▷5 Wade, N. and C. Sang-han, "Researcher Faked Evidence of Human Cloning", *The New York Times* (10 Jan 2006).

3 研究不正と境界作業

この概念を応用すれば，2014年はじめのSTAP細胞をめぐる騒動は，「科学的とは何か」をめぐる境界作業（後述）の宝庫であったことが示唆される。「現象が再現できなければ科学的とはいえない」「研究論文に不備があることと，細胞が存在しないことの科学的証明とは別のことである」など多くの人が，「科学的とは＊＊ということである」についての複数の定義を示して議論した。STAP細胞をめぐる騒動の際の「現象が再現できなければ科学的とはいえない」という言説は，現象の再現可能性をもとに境界作業を行っていることが示唆される。また，「研究論文に不備があることと，細胞が存在しないことの科学的証明とは別のことである」という言説では，論文の査読における真偽の境界作業と，細胞の存在の証明における科学と非科学の境界作業は異なることを主張していることになる。

以上のように境界作業の概念は，科学と非科学を分ける“本質”を探ろうとする境界画定作業に対し，人々が境界を引こうとする境界作業をていねいに記述することによって，社会で流通する「科学的とは」をめぐる思い込みや通念を白日の下にさらすことができる。

また，境界作業（バウンダリーワーク）は科学と社会の関係や科学政策を考える上で，様々なものを分析する概念枠組みとなる。　（藤垣裕子）

参考文献

トーマス・クーン（中山茂訳）『科学革命の構造』みすず書房，1971年。

藤垣裕子責任編集『科学技術社会論の挑戦1　科学技術社会論とは何か』東京大学出版会，2020年，特に第2章および第5章。

Gieryn, T. F., "Boundaries of Science", S. Jasanoff, et al. (eds.), *Handbook of Science and Technology Studies*, California: Sage, 1995.

6　概念と方法

17 レギュラトリーサイエンス

 1 「レギュラトリーサイエンス」という概念とその起源

レギュラトリーサイエンス（regulatory science）は，公衆衛生や環境保護などの規制行政において，基準値の設定など政策決定に根拠を提供する科学のことであり，日本語では「規制科学」と表現される。医薬品分野では，新しい医薬品や治療・予防・診断方法，医療機器の安全性・有効性を評価するための科学研究（評価科学）を指しており，医薬品等の進歩に応じて，それ自体も新しい評価法の研究開発を進めている。この意味で，行政と関わるだけでなく，医薬品等の研究開発プロセスそのものに内在する科学研究となっている。

レギュラトリーサイエンスという言葉は，1970年代前半から英語圏の医薬品開発や化学物質の毒性を扱う研究者の間で用いられていたが，1980年代後半から1990年代にかけて，STS において分析的議論の対象になった。その代表的著書であるＳ・ジャザノフ（1990）では，アメリカの環境保護庁（EPA）や食品医薬品局（FDA）における科学諮問委員会の機能について分析しながら，レギュラトリーサイエンスを，目標，組織，成果物，動機づけ，時間枠，選択肢，およびアカウンタビリティの観点から，通常の「リサーチサイエンス」と区別されるべき科学の概念として提唱した。

他方，アメリカの文脈とは独立に日本では，国立衛生試験所（現在，国立医療品食品衛生研究所）の内山充（1987）によって，レギュラトリーサイエンスは「科学技術の進歩を真に人と社会に役立つ最も望ましい姿に調整（レギュレート）するための，予測・評価・判断の科学」と定義されている。

2 レギュラトリーサイエンスの類似概念

科学と政策決定の関係については，「価値中立的・客観的・確実な科学的知見に基づくことで優れた政策を決定することができる」といった素朴な見方（**リニアモデル**[◁1]）があるが，現実には両者の間には容易に埋められないギャップがある。規制行政で用いられる科学には，疫学データや動物実験結果に基づきつつも，多かれ少なかれ不確実性があり，定められた期限内に何らかの結論を導くには，様々な仮定を設け，限られたデータから推定しなければならない。そのようにして科学と政策決定の間のギャップを橋渡しするのがレギュラトリーサイエンスの役割である。

▷1　**リニアモデル**
科学と政治との関係を「科学から政策決定へ」というかたちで直線的に考えることから「リニアモデル」と呼ばれる。イノベーションのプロセスを「基礎研究→応用研究→技術開発→実用化」という流れで考えることもリニアモデルという。[Ⅰ-4-5] も参照。

科学と政策決定のギャップを示す概念には，他にもいくつかある。その嚆矢は，アメリカの核物理学者A・M・ワインバーグが1972年に提唱したトランス・サイエンス概念である◁2。これと類似して，S・フントヴィッチとJ・ラベッツは，1990年代初頭にポスト・ノーマルサイエンスという概念を提案し，「システムの不確実性」と「意思決定への利害関与の度合い」の少なくとも一方が大きくなるにつれて，応用科学，専門的コンサルタンシー，ポスト・ノーマルサイエンスとなる図式によって，科学を用いた問題処理のあり方を分類している◁3。

▷2 Ⅱ-6-12 を参照。

▷3 Ⅱ-6-7 を参照。

3 2000年以降のレギュラトリーサイエンスの発展

海外では，米国 FDA がレギュラトリーサイエンスを積極的に推進しており，2011年に戦略計画を策定するとともに，米国国立保健研究所（NIH）との共同で，推進イニシアティブ“Collaborative Initiative to Fast-track Innovations to the Public”を打ち出している。欧州化学品庁（ECHA）やオーストラリアの殺虫剤および動物用医薬品庁（APVMA）も，それぞれ2015年，2016年に「レギュラトリーサイエンス戦略」を策定している。

国内では，2004年に厚生労働省が「医薬品・医療機器等レギュラトリーサイエンス総合研究」を開始し，2010年には農林水産省が「レギュラトリーサイエンス新技術開発事業」を開始したほか，医薬品を対象にした一般社団法人レギュラトリーサイエンス学会が設立された。2011年には日本学術会議が「提言 わが国に望まれる食品安全のためのレギュラトリーサイエンス」を発表し，同年８月に閣議決定された第４期科学技術基本計画では，ライフイノベーション推進の一環としてレギュラトリーサイエンスの充実・強化が謳われた。2016年度からの第５期科学技術基本計画では，レギュラトリーサイエンスという用語は用いていないが，公衆衛生分野に限らずすべての科学技術分野で「規制等の策定・実施において科学的根拠に基づき的確な予測，評価，判断を行う科学に関する研究」の推進が求められている。2021年度からの第６期科学技術・イノベーション基本計画では再び「レギュラトリーサイエンス」が明言され，医療分野の研究開発の環境整備として，「橋渡し研究支援拠点や臨床研究中核病院における体制や仕組みの整備，生物統計家などの専門人材およびレギュラトリーサイエンスの専門家の育成・確保，研究開発におけるレギュラトリーサイエンスの普及・充実等を推進する」と謳われている。（平川秀幸）

参考文献

内山充「Regulatory Science」『衛生支部ニュース』272，1987年。

中島貴子「論争する科学」『科学論の現在』勁草書房，2002年。

齊尾武郎・栗原千絵子「レギュラトリーサイエンス・ウォーズ」『臨床評価』38巻１号，2010年。

岸本充生「リスクを巡る意思決定とレギュラトリーサイエンス」『日本 LCA 学会誌』14巻４号，2018年。

Jasanoff, Sheila, *The Fifth Branch: Science Advisers as Policymakers*, Harvard University Press, 1990.

6　概念と方法

18 第二種の過誤

1 統計学における第二種の過誤

統計学では，ある事象とある事象との間の相関関係の検定において，第一種の過誤（**帰無仮説**[1]が合なのに非という）と，第二種の過誤（帰無仮説が非で有意差があるのに合という）とがある。第一種の過誤では，例えば「チッソ工場からの排水の摂取は水俣病[2]の患者の症状と関係しない」という帰無仮説が正しいのに非という。つまり排水と症状に関係がないのに関係があるとする。問題が「ないのにある」ということを指す。偽陽性と言ってもよいだろう。それに対し，第二の過誤は，「窒素水俣からの排水の汚染は水俣病の患者の症状と関係しない」という帰無仮説が非で有意差があるのに，帰無仮説が正しいとすることである。つまり，排水と症状に関係があるのにないという。問題が「あるのにない」ということを指す。偽陰性と言い換えてもよい。

この第二種の過誤を行政の責任に応用することができる。事態が悪化するまで規制しない誤りを統計学に準じて「第二種の過誤」と呼ぶ。排水に問題があるのに正当な規制をしなかった，しなくてはならないことをしなかった場合のことを指す。水俣のケースはまさしく第二種の過誤が考慮されていないケースと考えられる[3]。

2 応用可能な事象

行政による第二の過誤，つまり問題があるのになしとした例は少なくない。水俣ケースは，窒素水俣工場の排水に問題があったのに問題なしとして規制しなかった例である。2001年９月には日本の牛がBSE[4]に感染していることが発覚し，国際的な問題となった。これは，欧州からの再三の警告にもかかわらず，日本政府が日本の牛に問題がないと言い続けたもので，やはり問題があるのに問題ないといったケースである。また，1985年から86年に帝京大学の安部英医師によってエイズに汚染された非加熱製剤を投与され，患者がエイズを発症して死亡した**薬害エイズ事件**[5]では，非加熱製剤に問題があるのに問題ないとしたケースである。さらに，イタイイタイ病[6]の例では，疫学者が第一種の過誤「ないのにある」を恐れるあまり第二種の過誤「あるのにない」を犯したケースも紹介されている[7]。このような行政の対応の遅れは，実は日本だけに限った話ではなく，欧州の科学政策の場でも十分使用可能である[8]。

▷1　**帰無仮説**
ある変数が他の変数と関係ないとする仮説。否定されることを期待する形で提出される。差がないという仮説が棄却され差があるが結論になる。

▷2　Ⅱ-5-6 参照。

▷3　松原（2002）。

▷4　Ⅱ-5-10 Ⅱ-5-11 Ⅱ-6-14 Ⅱ-6-20 参照。

▷5　**薬害エイズ事件**
1985年から86年に帝京大の安部英医師によって非加熱製剤を投与され，後にエイズを発症して死去したK氏およびJ氏への責任をめぐって裁判がおこされた。安部医師は無罪，非加熱製剤を販売していたミドリ十字社（業界ルート）は有罪，管理責任を負っていた当時の厚生省製剤課の課長は有罪となった。廣野喜幸「薬害エイズ問題の科学技術社会論的分析にむけて」藤垣編（2005），第５章を参照。Ⅰ-1-12 Ⅰ-3-16 も参照。

▷6　Ⅰ-2-5 Ⅱ-5-6 参照。

▷7　梶雅範「イタイイタイ病問題解決にみる専門家と市民の役割」藤垣編（2005），第２章。

▷8　松原（2002）。

3 事前警戒原則

第二種の過誤を回避することが「先制的予防原則」である。先制的予防原則は，事前警戒原則[9]とも呼ばれる。「環境や人の健康に重大で不可逆な悪影響が生じる恐れがある場合には，その科学的証拠が不十分でも対策を延期すべきではない，もしくは対策を取るべきである」とするリスク管理の原則である。1992年の国連環境開発会議「リオ宣言」や気候変動枠組み条約，生物多様性条約などで採用されている。事前警戒原則には，強い事前警戒原則と弱い事前警戒原則がある。強い事前警戒原則とは，「まったくリスクがないと証明できないのであれば技術を開発してはならない」というものであり，弱い事前警戒原則は「科学的な確かさに欠けるとしてもそれ自体では対策を取らない理由にはならない」[10]というものである。近年では，2000年代にナノテクノロジーのリスクをめぐって議論が起こり，弱い事前警戒原則が議論された。

日本では，イタイイタイ病事例において，1968年に当時の厚生省公害部公害課課長の橋本氏が事前警戒原則と同じ考え方を「厚生省見解」として打ち出した。「科学的不確かさは半分近く残っているが，すべてが明確になる見込みはまずないので，それを待ってから行政としての判断と対応をするのでは，水俣病を二度繰り返すようなとりかえしのつかない大失敗をくりかえすおそれがある。したがって，最善の科学的知見に基づいて行政としての判断と今後の対応を宣言したものであり，科学的究明は今後も積極的に続けなければならない」。1992年のリオ宣言よりも24年も前にこのような考え方をとった行政官がいたことは誇ってよいだろう。

ただ，それ以外の事例においては日本の対策は遅れがちである。2002年9月にBSEスキャンダルが発覚したときのネイチャー（2001）の記事では「日本政府の対応の遅いことは，他の事件の場合にもよく示されている（水俣，HIV汚染，など）」「日本は，高価だが必要なテストを行って適切な制限処置をとるための経済力と，規制に関する実際的知識を持っていると考えられる。日本は，どういう対策をとればよいかを日本ほど裕福でないアジアの近隣諸国に教えるモデルとなることもできたはずだ。ところが，日本は完全に遅れをとってしまった」と指摘されている[11]。

この記述から，単なる日本批判というより，日本に対する高い期待とそれが裏切られた失望感がこめられていることがわかる。行政の第二種の過誤は，決して日本国内にとどまらず国際的な問題にもなりうる。そして日本政府の第二種の過誤が国際社会からどうみられているかということを，常に考える必要があることが示唆される。

（藤垣裕子）

▷9 I-2-2 II-5-6 II-5-24 参照。

▷10 橋本道夫『私史環境行政』朝日新聞社，1988年。

▷11 "Japan's Beef Scandal", *Nature*, vol. 413, p. 333 (27 September 2001).

参考文献

松原望「環境学におけるデータの十分性と意思決定判断」石弘之編『環境学の技法』東京大学出版会，2002年。
藤垣裕子編『科学技術社会論の技法』東京大学出版会，2005年。

6　概念と方法

科学コミュニケーション

1 人々にわかりやすく！

米村でんじろう◁1のプロデュースによるサイエンス・ショーをお楽しみの方も多いだろう。こうしたエンターテインメントとしての科学コミュニケーションは，16〜17世紀における近代科学の成立直後にさかのぼるほどの伝統を誇る。1712年にデザギュリエ◁2が始めた一連の公開実験科学講座が，そのはしりになるだろう。

その後，自然科学は発展し，理論はますます高度化し複雑になり，理解しがたくなってしまった。そこで，かみ砕き，人々にわかりやすく説明する方法を開発し，科学と一般市民のあいだに横たわる溝を埋めなければならない――科学コミュニケーション（以下，SC）の営みや狙いを，そのような作業だと思っている人も多いのではないだろうか。もちろん，この課題も重要であり続けている。

しかし，今日では，文部科学省の科学技術社会連携委員会も記すように，「「科学コミュニケーション」という用語が示す範囲は非常に広」くなっている（平成31年2月8日文書「今後の科学コミュニケーションのあり方について」）。

2 経済成長のために

なるほど，雑談で重要な情報を得る場合もある。だが，雑談の醍醐味は会話を，交流自体を楽しむことにある。いわば，目的としてのコミュニケーションである。サイエンス・ショーには，「目的としての科学コミュニケーション」の要素が多分に含まれる。一方，先進国では近年SCの推進が声高に叫ばれ，実際盛んになってきた。これは，SCに機能不全が認められ，それが芳しからざる事態をもたらしているという危機意識による。この場合，不都合な事態の改善が目的であって，SCは手段と位置づけられる。

イギリスでは，経済停滞が一つのきっかけであった。王立協会特別委員会は，『公衆の科学理解（The Public Understanding of Science)』（1985年）なる報告書（委員長の名を冠してボドマー◁3・レポートと呼ばれる）を公刊し，SCの促進，それによる科学の振興，それに基づく経済成長を社会に訴えた。かくして，「経済成長のため」という次元がSCに加わることとなった。

3 複眼的科学コミュニケーション

1991年，同報告書は，ウィン◁4等によって，批判を蒙ることとなった。一般市

▷1　**米村でんじろう**（1955〜）
千葉県出身。東京学芸大学卒業。同大学院修士課程修了後，高等学校の教員を経て，サイエンスプロデューサーとして独立。科学技術館をはじめ，各地のライブショーで人気を博している。

▷2　**ジョン・デザギュリエ**（1683〜1744）
フランス出身のイギリスの科学者。電気の研究で成果をあげ，王立協会のフェローに選出される。

▷3　**ヴァルター・ボドマー**（1936〜）
ドイツ生まれのイギリスの遺伝学者。ヒトに関する集団遺伝学の研究で有名。

▷4　**ブライアン・ウィン**（1947〜）
イギリスの科学論の研究者。ウィンについては，Ⅱ-6-29も参照。

▷5　**公衆の科学理解論**
頭文字をとって，PUS論と呼ばれている（「パスろん」と読む）。Ⅱ-6-20側注1も参照。

▷6　**「不自然な自然科学」**
ニュートンによる力学体系では，「大きさはないが質量をもつ」質点なる存在が想定される。およそ実在しないはずの存在を仮定した理論が，なぜか日常の力学現象をうまく記述するのである。量子力学では，「ある位置に30％で，他の位置

民，あるいは科学の素人の個々人を，科学知識が欠如しており，これから科学知識を注ぎ込むべき容器としてしか捉えていない「欠如モデル」になっているとされたのである。

一般に人は自らの興味関心・解釈図式・発想様式・フレームによって，物事を理解していく。なるほど，フレームがほぼ同様な状況では，注ぎ込み戦略が功を奏することもあるだろう。しかし，SC の場合，科学者と一般市民は，フレームが違う。つまり，SC は異文化コミュニケーションに似ている。

あるアクターが意味Aを伝えたくてある発話・テキストαを発信したとしても，αがAを意味するのはフレームXのもとであって，フレームYのもとで解釈する受信者にとって，テキストαの意味はB（$\neq$A）となるといった事態が SC では容易に，かつ頻繁に起こりうる。SC の機能不全改善策は，フレームの違いを考慮した文脈依存モデルによらなければならないのであって，ボドマー・レポートが依拠する欠如モデルは成果をあげえないであろうとされたのである。

文脈依存モデルの提唱は，非専門家のもつフレームを系統的に探究する**「公衆の科学理解」論**◁5なる学問領域の次元を用意した。一方，専門家のフレームは，「確率50％での存在」といったような非常識な主張もまま見られ，**「不自然な自然科学」**◁6という標語のもとでの論考をいくつか生み出してきた。科学コミュニケーターには，発信側のフレームと受信側のフレームの差異を明示的に弁え，自在に行き来しつつ，両者を取り持つ力が要求される。

4 科学技術リスク

2009年1月からイタリアのラクイラでは地震が頻発していた。3月31日，地震委員会で科学者たちは，群発地震は大地震につながらない場合が多いという一般論を述べた。これを受け，行政当局もマスコミも安心情報が発せられたと喧伝したが，果たして4月6日に大地震が起こり，300名以上が死亡した。有り体に言えば，現代科学は地震をピンポイントで予測する力はもっていない。せいぜい，ある地域で震度7以上の地震が30年以内に起こる確率は70％といった程度である。科学者たちは下手な予測などせずに，正直に「わからない」と言い，不確実性下の意思決定を行政に差し戻すべきだったのかもしれない。あるいは，起こることもある点の方を強調すべきだったのかもしれない。

従前，伝えるべき内容は決まっており，それをいかに理解しやすく伝えるかの工夫が凝らされてきた。言わば，ハウツー SC であった。しかし，科学が関連する災害やリスクについては，何を伝えるべきかの◁7探究が SC の重要な課題として浮き上がってくる。それまでリスク・コミュニケーションと SC の間にさしたる交流はなかったが，日本でも，2011年の東日本大震災をきっかけに，科学コミュニケーターの一部は，科学技術リスクのコミュニケーションを自らの課題として引き受け，「何を」という新たな次元の探究に挑みつつある。（廣野喜幸）

に70％の確率で存在する粒子」といった，日常の感覚ではおよそ想起すらしえない存在の実在が説かれる。ある種の自然科学は，日常的直観に反する「不自然な」発想をとることを人々に強いるが，そうした「不自然さ」に一般市民がついていけないのが，「公衆の科学理解」の足枷になっている可能性がある。さらに詳しくは，Louis Wolpert, *The Unnatural Nature of Science*（Faber and Faber, 1992）やロビン・ダンバー（松浦俊輔訳）『科学がきらわれる理由』（青土社，1997年〔原著 1995年〕），三井誠『ルポ 人は科学が苦手』（光文社新書，2019年）などを参照されたい。

▷7　東日本大震災の際，100億以上かけて開発された緊急時迅速放射能影響ネットワーク（System for Prediction of Environmental Emergency Dose Information: SPEEDI）による放射性物質飛散情報は，「試算にすぎない」という理由で情報公開が見送られた。だが，真の理由は「パニックを避けたい」とする為政者の思惑であり，飛散方向に多くの人が避難する結果となり，後に政府は判断の誤りを謝罪することになった。これも，「何を伝えるべきか」をこれまできちんと議論してこなかったつけであろう。

参考文献

藤垣裕子・廣野喜幸編『科学コミュニケーション論』東京大学出版会，2005年。
岸田一隆『科学コミュニケーション』平凡社新書，2011年。

6　概念と方法

20 科学技術への市民参加

1　市民の科学技術理解（PUS）

科学技術をめぐる重要な社会課題について，多様な一般市民が集い，その問題について議論し，その結果を政策決定の場面に生かす「科学技術への市民参加」の取り組みが，1990年代半ばから日本を含む世界各地で盛んとなっていった。

すでに1970年代から欧州では，環境汚染や放射性廃棄物の問題などに影響を受け，科学研究への負の評価や無関心が一般市民の間に広がっていた。これに対して，イギリスを中心とする欧州の科学者の間で危機感が強まり，1985年に，英国王立協会の委員会により，「**市民の科学理解**[1]（PUS）」を推進することの重要性が指摘され[2]，科学技術政策の転換が図られた。

しかしこの PUS の考え方は，科学技術への無関心や反対の理由を，一般市民の知識や理解の不足にのみ求めていたことから，批判をうける。1990年代には各種調査の結果から，一般市民の科学技術への無関心や反発には，多様な背景や理由があることが明らかにされるようになったことにより，PUSの考え方は，「欠如モデル」として批判されるようになっていった[3]。

▷1　**市民の科学理解**（PUS）
学校教育で理科や数学に力を入れるのみならず，大人も含む市民の科学理解を直接高める対策が必要であるという考え方。そのためにはマスメディアを通じた情報提供や，科学者自らが専門分野や研究について「わかりやすく」伝えることが重要とされた。

▷2　Royal Society (1985).

▷3　Wynne (1992=2011).

2　PUS から PEST へ（情報提供から対話へ）

このような中で広がったのが，「科学技術への関与（public engagement with science and technology：PEST）」という考え方である。1980年代当時欧州では，遺伝子組み換え（GM）作物をめぐる社会的論争において，政府や専門家が欠如モデルに基づく情報発信を行ったことへの反発から，それらに対する社会の厳しい目が向けられるようになっていた。加えて人々は，GM 作物の利用を誰が決定し，利益を誰が得るのか，予見できない悪影響が生じた場合，その責任を誰が負うのかなど，幅広い観点から評価のあり方を捉え，リスク管理や規制を担う専門家や公的機関が「信頼」に足る対象かという点において，疑念を持ち始めていた。それらの疑念は，BSE（牛海綿状脳症）騒動により，よりいっそう強固なものとなった。

この反省をうけ，2000年に発表された英国上院科学技術委員会の「科学と社会」報告書[4]では，PUS からの転換，すなわち「対話」の必要性が強調された。またこの報告書では，コンセンサス会議，討論型世論調査，市民陪審などの参加型の手法が実例を含めて詳細に紹介されており，これらの手法は1990年代後

▷4　House of Loads (2000).

半以降，日本にも導入されるようになった。

3 市民参加型手法の国内への導入と展開

科学技術への市民参加の具体的な取り組みは，専門家ではない多様な経験や知識，価値観を持つ人々が，導入されようとしている科学技術について，その有用性やリスクを評価し，社会に導入すると仮定した場合の限定条件や適用範囲について議論し，市民の立場からの意見を示すことが目的となって実施される場合が少なくない。

1990年代以降，日本国内で実践されてきた手法の一つは，コンセンサス会議である。コンセンサス会議とは，公募などで選ばれた20名前後の一般市民（「市民パネル」）が，社会的な論争となっている科学技術の問題について，専門家から情報提供を受け，参加者同士で議論しながら，合意（コンセンサス）をとり，その結果を議会や行政にむけて提案するものである。市民参加者自らが議題を設定し，市民参加者の質問に専門家が応答する形で，議論が展開されるため，一般市民の不安や懸念，価値観を基軸としたリスク評価が可能となることが，その大きな特徴である[5]。日本では，1998年を最初として，遺伝子治療，高度情報化社会，遺伝子組み換え農作物，ヒトゲノム研究など多様なテーマを対象にコンセンサス会議が実施されてきた。また2000年代に入ってからは，日本独自の市民参加の実践手法も開発・実践されるようになっていった。

▷5 若松（2010）。

4 市民参加から「責任ある研究・イノベーション（RRI）」への展開

PUS から PEST へと変化した市民参加の試みは，2000年代後半以降，「科学技術イノベーション」という枠組みの中で再評価されることになる。2014年から開始された欧州委員会の「ホライズン2020」では，主要推進プログラムの中で「責任ある研究・イノベーション（RRI）」が中心的なコンセプトとして位置づけられている。RRI では，人工知能技術（AI）に代表される科学技術のさらなる進化のために，専門家集団のみならず一般市民を含む多様なステークホルダーが，対話・協働し，幅広いアクターの問題意識や価値観を包摂し，その相互作用のプロセスも含めた省察を行いつつ，新しいイノベーションを模索することが重要視されており，市民参加の研究や実践を発展させつつある。

一方で市民参加の試みは，科学技術政策に市民の意見を反映させる役割を一定程度担ったと同時に，「対話」という本質的な意味が満たされず，科学技術推進（もしくは既存の政策）を追従する結果を後押ししているという観点から批判することもできる。これは，外形的には PUS のモデルから脱却したとしても，議論すべき問題の構造や議論の結果の取り扱われ方において，結局のところ科学者主導の政策決定のあり方から抜け出せていないとの指摘でもあり，これらの課題を踏まえた，新しい展開が求められている。（八木絵香）

参考文献

若松征男『科学技術政策に市民の声をどう届けるか』東京電機大学出版局，2010年。

Wynne, B., “Misunderstood Misunderstanding: Social Identities and Public Uptake of Science”, *Public Understanding of Science* 3 (1), 1992（立石裕二訳「誤解された誤解」『思想』1046号，2011年).

Royal Society, *The Public Understanding of Science*, 1985.

House of Loads (Select Committee on Science and Technology), *Science and Society: Third Report*, House of Loads, UK Parliament, 2000.

6　概念と方法

21 科学技術と公共空間

1 公共空間（公共圏）の概念：ハーバーマスとアーレント

「公共空間」(public sphere 公共圏）は，今日の政治学や社会学など社会科学において欠かせない概念である。その起源の一つは，ドイツの哲学者ユルゲン・ハーバーマスの『公共性の構造転換』(1962年）であり，それによれば公共圏とは「人々が共に関心を抱く事柄について意見を交換し，政治的意思を形成する言論の空間，とりわけ非国家的かつ非市場的な領域としての市民社会に自発的に形成される強制や排除のない言説の空間」である。

公共空間概念のもう一つの起源は政治哲学者ハンナ・アーレントである。ハーバーマスも彼女の議論に大いに影響を受けているが，前者が公共空間における合意形成を重視するのに対し，後者は，互いに異なる観点や意見をもつ人々の「複数性」を重視する。アーレントにとっての公共空間は，互いに異なる人々が言葉と行為を通じて互いに見られ聞かれる「現れの空間」であり，特定の価値観の共有や合意ではなく，意見の多元性や対立に開かれた「アゴーン（闘技）の空間」である。民主主義モデルでいえば，ハーバーマスの公共空間論は「**熟議民主主義**[▷1]」に，アーレントのそれは「**闘技民主主義**[▷2]」に相当する。

2 科学技術に関する意思決定と公共空間

科学技術に関する意思決定にとって公共空間はどういう意味をもつだろうか。A・エドワーズ（1999）によれば，従来の科学技術に関する意思決定のモデルは，専門家と政策立案者の関係に焦点を置いたものであり，公衆（the public）は埒外に置かれていた。これに対しエドワーズは，ハーバーマスの公共空間論をもとに，専門家と政策立案者の間を積極的に調整し，媒介する構造としての公共空間の概念を提唱している。それによれば，公共空間とは，①民主的コントロールを必要とし，②公共の目標設定を行い，③利害関係者の調整を行い，④社会的学習の場となるものであり，具体例としては，言説の場としてのメディア，社会運動，コンセンサス会議など参加型テクノロジー・アセスメント[▷3]を挙げている。藤垣裕子[▷4]によれば，このような公共空間モデルの導入には3つの意義がある。第一にこのモデルは，多様な利害関係者が関わる問題において，利害関係者間の交渉を通じて合意形成を行うプロセスを設ける点で，科学技術のガバナンスにおける「自由放任か制御か」という二項対立的な古典的図式よ

▷1　**熟議民主主義**
熟議（deliberation）を基盤とする民主主義のモデル。討議デモクラシー，討議民主主義ともいう。熟議では，対話・討論を通じて参加者が，テーマや他者の視点について理解を深め，自らの考えの前提を反省し，意見や選好を修正しようとする態度が重視される。

▷2　**闘技民主主義**
理性的な熟議による合意形成ではなく，政治における意見の対立や紛争，差異，多元性，情念の役割を重視する民主主義のモデル。

▷3　Ⅱ-6-22 参照。

▷4　藤垣裕子『専門知と公共性』東京大学出版会，2003年。

りも有意義である。第二に公共空間モデルは，科学の専門家と政策立案者の間の相互作用を促すとともに，社会の多様な人々による両者の「仲介的」役割に光を当てる。第三に同モデルは，統治者－被統治者，加害者－被害者，専門家－素人といった従来の権力関係に対する批判を組み直し，科学者，政策立案者，市民の責任のあり方について再考を迫ることができる。

3 公共空間論のアップデート

参加型テクノロジー・アセスメントは，科学技術における公共空間モデルの代表例である。コンセンサス会議のほかにも市民陪審，討論型世論調査など様々な手法があり，熟議民主主義論では「ミニ・パブリックス」と呼ばれる[5]。1990年代後半から2000年代には，国内外で様々な実践が行われ，その経験に基づき，手法の洗練や多様化，その評価に関する研究が行われてきた。しかしながら2010年代中頃からは，これを反省的に発展させる研究も現れている。J・チルバースとM・カーンズ（2015）によれば，従来の参加実践に関する研究は，「参加」や「公衆」を所与で，科学や政治の営みにとって外的な存在と見なす「残余的実在論（residual realism）」に留まるとともに，参加を，それが行われる社会的・政治的文脈から切り離し，単独の出来事として扱う傾向があった。これに対しチルバースらは，「**共－生成**[6]（co-production）」の観点から，「参加」や「公衆」を，議論のテーマや参加者の関心内容，手法の選び方に応じて，また他の同種の参加の実践や社会的・政治的文脈との相互作用を通じて，その都度生成される動的なものとして扱うとともに，そのような分析を通じて，参加の実践や制度を批判的に再構築していくことを提案している。

近年の熟議民主主義論でも，「熟議」を，その参加者や議論の方式や質について特定の条件・形態を備えた単独の議論の場としてではなく，日常的な親密圏における家族や友人との会話，ソーシャル・ネットワーク・サービス（SNS）の投稿，メディアの言論，国会審議など社会に散在する多様な言論とそれらの相互作用からなる集合的なプロセスとしてみる「熟議システム（deliberative system）」という概念が提案されている。

社会運動も科学技術にとって重要な公共空間であるが，それが開く「闘技の空間」はミニ・パブリックスに代表される「熟議の空間」とは相容れないと見なされる。対話を通じて参加者が意見や選好を修正する姿勢（反省性）を重視する熟議と異なって，自らの主張や要求を掲げる社会運動は対抗的姿勢が強いからだ。しかしながら熟議システム論の観点では，そうした運動でも，社会全体に当該の争点についての反省をもたらす場合には，「ミクロな非熟議的実践のマクロな熟議的効果[7]」を持つものとして，熟議システムの構成要素と見なすことができる。

（平川秀幸）

▷5 II-6-22 参照。

▷6 **共－生成**（co-production）
科学や技術は常に社会と相互作用しており，科学知識や技術の形成は，様々な社会的実践，アイデンティティ，規範，慣習，言説，機関，制度など社会の構成要素から影響を受けると同時に，社会の側も科学技術の変化から影響を受け，形成・変化していくということ。

▷7 田村哲樹「熟議民主主義研究の現在とミニ・パブリックス」『地域社会研究』26号，2016年を参照。

参考文献

ユルゲン・ハーバーマス（細谷貞雄・山田正行訳）『公共性の構造転換』未來社，1973年。

ハンナ・アレント（志水速雄訳）『人間の条件』筑摩書房，1994年。

Edwards, Arthur, “Scientific expertise and policy-making: the intermediary role of the public sphere”, *Science and Public Policy*, 26(3), 1999: 163-170.

Chilvers, Jason and Mathew Kearnes, *Remaking Participation Science, Environment and Emergent Publics*, Routledge, 2015.

6　概念と方法

22 テクノロジー・アセスメント

1 テクノロジー・アセスメント（TA）とは

科学技術の研究開発や利用をめぐっては，その推進のため公的資金を投入したり，規制のための制度を設けたりといった形で，政府の政策が大きな役割を果たす。こうした科学技術に関わる政策[◁1]では，研究開発の途上にある新たな技術がもたらす効果や影響を的確に評価し，政策の立案や決定に生かすことが重要である。とりわけ環境や社会に与える負の側面も含む影響を，特定の利害に偏らない視点から評価することが欠かせない。このような役割は，専門分化したアカデミズムや，関連業界との結びつきが強い行政機関などだけでは十分に担えない。そこでアメリカや欧州諸国で生まれたのが，テクノロジー・アセスメント（technology assessment：TA）の仕組みである。

TAとは，新たな科学技術の社会的影響を多面的に予測して評価する活動や，そのための制度である。科学技術に関する政策が，そうした影響を適切に考慮して行われるよう，独立した立場からの分析や評価を提供する。

この役割を担うため，欧州などの諸外国では，TA機関と呼ばれる専門の公的機関が，立法府や行政機関の付属機関や，独立機関の形で設けられている。1972年に制定された法律に基づいて，アメリカの連邦議会に技術評価局（**OTA**[◁2]）が世界で最初のTA機関として設置され，1980年代から90年代にかけて欧州諸国においても設置が進んだ。日本では，TAが恒常的な形で制度化されたことはないが，国立国会図書館の調査および立法考査局が，類似の活動として「科学技術に関する調査プロジェクト」を行っている。

2 TAのテーマと実施方法

TAにおいて実際に取り上げられるテーマは幅広い。表1は，イギリス議会付属のTA機関である科学技術局（POST）が対象としたテーマの例である。多岐にわたる分野で，最新の技術や研究開発の動向，関連する社会問題が取り上げられている。気候変動やエネルギー，情報通信技術については，様々なトピックや切り口で繰り返し扱われている。2020年春以降は，新型コロナウイルス感染症（COVID-19）に関するプロジェクトが多数を占め，ワクチンや検査方法，接触追跡アプリの効果や課題もテーマとなっている。

TA機関の活動は，限られた人員や予算のもとで，どのようなテーマを取り

▷1　Ⅱ-6-10 も参照。

▷2　**OTA**（Office of Technology Assessment）
1972年に制定されたTA法に基づいてアメリカの連邦議会に設置されたTA機関。1995年に議会改革の一環として廃止されたが，その後もTAの機能は，議会付属の政府監査院（GAO）によって担われている。

▷3　**コンセンサス会議**
一般からの公募や無作為抽出で集まった10～25人程度の市民参加者が，社会的論争をはらむ科学技術の問題を話し合い，合意による提言をまとめる会議。日本でも，遺伝子組換え作物（Ⅱ-5-11）をテーマとして，農林水産省の外郭団体（2000年）や北海道（2006～07年）が開催した。Ⅱ-6-20 Ⅱ-6-21 も参照。

▷4　Ⅱ-6-20 も参照。

▷5　**構築的TA**（constructive TA：CTA）
研究開発の早い段階から一般市民や利害関係者，研究者が対話を重ねアセスメントを行い，新たな技術が構築される過程にその結果をフィードバックする参加的・学習的なアプローチ。

▷6　**上流での参加（アップストリーム・エンゲージメント）**

上げるかを判断するところから始まる。設定されたテーマについて，多くの場合，1年程度の調査が行われる。文献調査や，専門家へのヒアリング，関係者によるワークショップを実施し，対象とするテーマや技術の動向，社会的・倫理的な影響について，知見を集約し分析する。結果は報告書にまとめられ，議会や行政機関での政策決定に活用されるとともに，マスメディアなどを通じて広く発信される。

表1 テクノロジー・アセスメント（TA）のテーマ例（イギリスのTA機関）

テーマ	プロジェクトの例（速報や着手予定も含む）
新型コロナウイルス感染症	ワクチン開発の最新動向（臨床試験の進捗），「検査・追跡・隔離」プログラムの効果と課題，新型コロナと職業的なリスク，異なる民族集団への影響
犯罪・司法	情報技術と家庭内での虐待，食品偽装とその対策技術，民生用ドローンの悪用・乱用，目撃者による証言の改善方法，暴力犯罪減少のための早期介入
デジタル技術	説明可能な機械学習，接触追跡アプリの最新動向，エッジコンピューティング，クラウドコンピューティング，リモートセンシングと機械学習
教育	オンラインでの安全に関する教育，自閉症，学力以外のスキル
エネルギー	熱エネルギーネットワーク，CO_2回収貯留付きバイオエネルギー（BECCS），低炭素型の航空燃料，風力発電の動向，CO_2の回収利用，柔軟な電力システム，海洋エネルギー
環境	1.5℃目標に対する寒冷圏科学の政策的含意，食品プラスチック包装のリサイクルを増加させるための提案，環境保全に寄与する土地利用管理，自然環境を生かした治水
食料安全保障	食料供給システムに対する新型コロナウイルス感染症の影響，レジリエントな食料システムのあり方，堆肥化可能な食品包装，気候変動と漁業，気候変動と農業，農業の動向
保健・公的介護	人獣共通感染症の予防，子どもの肥満，国外への医療ツーリズム，医療における3Dバイオプリンティング，医療と公的介護の統合，がん治療の進歩
安全保障・防衛	EU（欧州連合）の主要な宇宙プログラム，化学兵器，科学外交，核安全保障，英国のプルトニウム備蓄管理，電気通信のセキュリティ
交通・社会基盤	社会基盤と気候変動，移民と住宅，都市のグリーンインフラと生態系サービス，電気通信インフラ，高齢者にやさしい都市づくり，緑と健康

出典：イギリス議会科学技術局（POST）ウェブサイト（https://post.parliament.uk/research/，2020年11月25日閲覧）をもとに筆者作成。

3 TAと市民参加

1980年代に欧州諸国において，アメリカにならう形でTAの仕組みが制度化されはじめたとき，アメリカのOTAにはなかった新機軸が加えられた。新たな技術の社会的影響の評価を，専門家だけでなく，一般の市民を含めた幅広い人々の参加を得て行う，参加型TAが取り入れられたのである。そのための具体的な手法として，1980年代後半に北欧のデンマークで開発された**コンセンサス会議**[◁3]は，1990年代以降，日本などアジアも含む世界中に伝播し，狭義のTAという枠を越えて，科学技術への市民参加[◁4]の方法として用いられた。

欧州では，一般市民や利害関係者が，新たな技術の研究開発の早い段階から参加してアセスメントを行い，その結果を研究開発の針路決定に生かす，**構築的TA（CTA）**[◁5]というアプローチも提唱され，オランダの研究者やTA機関などを中心に実践が重ねられてきた。このCTAは，2000年代に入ってから，科学技術への市民参加で強調されるようになる，「**上流での参加（アップストリーム・エンゲージメント）**[◁6]」を先取りしたものであり，やがて欧州の科学技術政策の指針となる「責任ある研究・イノベーション（RRI）[◁7]」にもつながっていく。このようにTAは，新たな技術の社会的影響の調査・評価にとどまらず，科学技術に関わる社会的な課題についての議論を，一般の人々に開き，意思決定への参加の機会を広げる科学技術への市民参加の取り組みとも密接なつながりがある。

（三上直之）

基礎研究から実用化にまで至る一連の過程を川の流れにたとえて，商品やサービスが社会に登場して人々への影響が顕在化する「下流」の段階に至る前に，柔軟な軌道修正が可能な「上流」において市民参加の取り組みを行うこと。製品が市場に出回った段階で巻き起こった，遺伝子組換え作物（Ⅱ-5-11）をめぐる論争の経験から，2000年代半ばに欧州で提唱された。

▷7 Ⅱ-6-30 も参照。

参考文献

小林傳司『誰が科学技術について考えるのか』名古屋大学出版会，2004年。

藤垣裕子『科学者の社会的責任』岩波書店，2018年。

三上直之「テクノロジーアセスメント」藤垣裕子編『科学技術社会論の挑戦2 科学技術と社会』東京大学出版会，2020年。

6　概念と方法

23 法と科学

1 社会を支える法と科学

法は法律を中心とした法体系と裁判制度によって，科学はそれを基礎とする技術（医療を含む）によって社会の秩序を形成している。法は技術を利用し[1]，また規制する（クローン技術規制法など）。法と科学は必然的に相互作用し，その分析は科学の社会的性格を示す格好の場である。

2 法廷における事実

法廷における事実の認定は裁判官の自由な**心証**[2]（確信）による。高度に専門的な科学的証拠の評価は困難であり，そのために専門家の助言（鑑定）を用いることができる。鑑定結果を採用するかどうかも裁判官の心証によるのであり，そこに「**科学鑑定**[3]のジレンマ」が起きる。「裁判官に専門知識がないから鑑定を必要とするのに，得られた鑑定意見を正しく理解し評価するためには，それだけの専門的知識を必要とする」。

科学鑑定や専門家の証言を証拠として採用するか否かについてアメリカで長く用いられていたフライ基準（1923年）は，採用の必要条件を「専門家の間で一般的承認を得ている」こととした。これは専門家（集団）を信頼し，裁判官の判断の一部を委ねることにつながる。その背景には，科学への信頼があったと思われる。その傾向はマンハッタン計画[4]の成功などを経て戦後にさらに強まる。「科学に基づく規制行政」のために科学諮問機関が構想され，それは「科学的にもっとも妥当な回答を中立的に提供しうる」と期待された。

しかし1960年頃から，科学の卓越性，中立性への疑念が成長しだした。クーンのパラダイム論[5]やワインバーグによるトランス・サイエンス[6]の提唱もその流れの中にあると考えられる。その傾向が裁判における証拠採用の基準に反映されたのがアメリカ連邦最高裁におけるドーバート判決（1993年）である。この判決はフライ基準を違法とし，証拠の採否を裁判官が「科学的有効性」を基準として自分で判断することを求め，その判断基準（**ドーバート基準**[7]）を示した。科学に対する信頼は保ちながらも，科学の専門家集団による一般的承認の権威には頼らない，というものだ。専門家による一般的承認を得ていなくても有益な証拠はあるというドーバート判決は，専門家による一般的承認があっても疑わしい証拠もあるという見方につながる。日本における例ではあるがこの典型

▷1　Ⅱ-6-24 参照。

▷2　**心　証**
民事訴訟法247条では「裁判所は，判決をするに当たり，口頭弁論の全趣旨及び証拠調べの結果をしん酌して，自由な心証により，事実についての主張を真実と認めるべきか否かを判断する」とある。心証とは頼りないようであるが，太田勝造「社会科学の理論とモデル7『法律』」（東京大学出版会，2000年）では証拠の重要度を勘案して心証を形成するプロセスを確率解釈しており説得力がある。

▷3　**科学鑑定**
法廷における科学的事実の評価を行うものであり，「科学的証拠」を提供するものだけでなく，ルンバール裁判におけるようにある行為と「結果」の因果関係を判定する場合もある。中野貞一郎編著『科学裁判と鑑定』（日本評論社，1988年）では，採録された論文のすべてがルンバール判決について論じている。

▷4　Ⅰ-1-1 参照。

▷5　Ⅱ-6-3 参照。

▷6　Ⅱ-6-12 参照。

▷7　**ドーバート基準**
以下のように要約できる。
- それはテストされているか（テストされ得るか，反証可能か）。
- ピア・レビューを受けているか，あるいは（査読誌に）出版されているかは

例とも言えるのが有名なルンバール判決である。

3 ルンバール判決

1955年に東京大学（医学部附属）病院の医師が当時3歳の男児（原告）に化膿性髄膜炎の治療の一環として行ったルンバール（腰椎穿刺）が脳出血を引き起こし，それがその後に男児が罹患した知能障害，運動障害等の原因であるとして起こされた損害賠償請求事件に対する最高裁判決（1975年）である。被告側は化膿性髄膜炎の再発であるとして争ったが，原告勝訴となった。専門家である複数の医師の鑑定がすべて「ルンバールの実施が後遺症の原因となった可能性はほとんど無い」としているのを覆し，「訴訟上の因果関係の立証は，（略）通常人が疑を差し挟まない程度に真実性の確信を持ちうるものであることを必要とし，かつ，それで足りる」（判決文）として因果関係を認めたもので，科学については専門家ではなく「通常人」である裁判官の心証を優位とした。

この裁判においては信頼できる鑑定が得られなかったために，鑑定をほとんどすべて退ける判決を下さざるをえなかったと解釈できる面がある。その背景の一つに鑑定人選択における困難があった。原告が見解を求めた医師のほとんどは明確な回答を避けた。なんらかの意見を述べた医師も証人として協力することは拒絶したし，被告が東大病院（国）であることを知ると，それ以後は意見を述べることすら断る医師もいた，と原告側代理人は記録している。◁8

4 「より良い」事実を求めて

ドーバート基準は「確実な事実」を求めるものではなく，事実が不明な時に裁判所ができることを示した以上のものではない。科学には不定性◁9があり，その典型的な現象は専門家によって判断が異なることであるが，専門家集団の判断が集団の価値観，相場観，集団的利益に（無意識のうちに）影響されている場合もある。そのように見える時に，裁判官が見識を持って自力で「より良い事実」の心証を得たのがルンバール判決であったとの見方も可能だ。

不定性のある中で鑑定をする専門家にとっても「正しい」鑑定を行うのは難しい。科学研究であれば，よくコントロールされた条件のもとで，観測・実験が慎重に繰り返し行われるのが普通である。科学鑑定では，使える証拠は限られており，再実験もできない。一回かぎりの事象についての科学者としてベストな回答は，判断を控えるか，あり得る複数の可能性を，それぞれが成立するための条件付きで指摘することであろう。

事実が科学によって与えられるとは限らず，その認定は社会的合意によるしかないものならば「より良い事実」は（通常人もふくめた）熟議に基づくものだろう。裁判において熟議を取り入れる改革も行われている（**コンカレント証言**◁10など）。

（平田光司）

（必要ではないが）適切な評価要素ではある。
- 使われている方法の成立する条件や誤りの発生する確率・程度について，法廷は知っておく必要がある。
- 「一般的承認」は（必要ではないが）依然として考慮に値する。

▷8　前掲，▷3参照。

▷9　Ⅱ-6-13 参照。

▷10　**コンカレント証言**
オーストラリアで2005年から導入された方法で，原告，被告の双方から選ばれた専門家が議論によってその主張の異なる点を共同の文章とした上で，裁判官の司会のもとに法廷で議論しあう。本堂ほか（2018）の Appendix 1 参照，「コンカレント・エビデンス（日本語字幕・最終版）」は YouTube で見られる。

参考文献

亀本洋等編著『法と科学の交錯』岩波書店，2014年。
S・ジャサノフ（渡辺千原・吉良貴之監訳）『法廷に立つ科学「法と科学入門」』勁草書房，2015年。
本堂毅ほか『科学の不定性と社会』信山社，2018年。
平田光司「法と科学」藤垣裕子ほか『科学技術社会論の挑戦２』東京大学出版会，2020年，第４章。

6　概念と方法

24 鑑定科学

1 科学に基づく犯罪解決

近年，犯罪捜査や裁判において科学が利用されており，犯罪現場や被害者，被疑者等から採取された血痕や毛髪等の生物資料，足跡やガラス片等の物的資料が科学的に分析されている。こうした犯罪の証拠資料の分析を通して，証拠資料が誰のものか等を分析する科学分野は，**鑑定科学**[◁1]と呼ばれている。犯罪はどの時代，どの社会にも見られるという意味で普遍的な現象であり，古代から，例えば毒殺に使用された毒物が何なのかといった分析が行われていた。その意味で鑑定科学の歴史は非常に古いが，それが現代のような形になるのは19世紀以降である[◁2]。

犯罪に関連する証拠資料には様々なものがあるため，分析する証拠資料に対応して，鑑定科学には指紋鑑定やDNA型鑑定，足跡鑑定，微細物鑑定等の多様な鑑定分野が存在する。そしてこうした鑑定科学は，科学に基づいた客観的な犯罪解決に貢献するとして人々から大きな期待を受けてきた。

2 鑑定科学と不確実性

鑑定科学については従来その歴史に注目した分析が多かったが，1990年代以降，鑑定科学の中でも特にDNA型鑑定を対象としてSTSの研究が進んでいる。DNA型鑑定とは，遺伝情報を担うDNAの塩基配列の中に，個人ごとに異なる部分が存在していることを利用し，ある証拠資料が誰のものか，個人識別を行う鑑定科学である。それまで証拠資料の個人識別は，指紋鑑定が主に行われてきたが[◁3]，1980年代に誕生したDNA型鑑定は，指紋鑑定以上の個人識別能力を持つとして犯罪捜査や裁判の中で重視された。

しかし，こうしたDNA型鑑定に関して裁判の中で批判が噴出することになる。DNA型鑑定が裁判の中で大きな批判を受けた事件として，1994年にアメリカンフットボールのスター選手であったO・J・シンプソンが起こした事件がある。この事件では，シンプソンが元妻とその友人を殺害したとして逮捕，起訴され，DNA型鑑定の結果がシンプソンによる殺害を裏づけるものとして，裁判に提出された。しかし，裁判の中でDNA型鑑定には様々な不確実性が存在していることが明らかとなり，結果としてシンプソンは刑事事件においては無罪とされた。シンプソンの事件については，DNA型鑑定のために犯罪現場

▷1　**鑑定科学**
英語ではforensic science，日本語では法科学と呼ばれることが多い。日本の関連学会も法科学技術学会と称している。

▷2　アーサー・コナン・ドイルの小説の主人公であるシャーロック・ホームズは，解剖学や毒物学，化学等を利用して事件を解決していくが，19世紀には小説の中に出てくるような事件や科学の利用が実際に行われていた（E・J・ワグナー〔日暮雅通訳〕『シャーロック・ホームズの科学捜査を読む』河出書房新社，2009年）。

▷3　指先の文様の個人差を利用した指紋鑑定は，個人識別のために古代から利用されてきたが，19世紀にヘンリー・フォールズ，ウィリアム・J・ハーシェル，フランシス・ゴルトンらによって鑑定手法の研究が進んだ。フォールズは東京で医師として勤務していた際，大森貝塚等から出土した土器に付着していた指紋に興味を持って研究を進めたとされる（橋本一径『指紋論』青土社，2010年）。

から採取された証拠資料の捏造や取り違えが疑われたことで，DNA 型鑑定への不信が裁判の中で高まることになった。しかしそれ以外の裁判においても，例えばDNA 型鑑定を行う際に科学者が恣意的にデータを読み取っている場合があったこと，また不十分なデータに基づいて鑑定を行っている場合があったこと等が明らかになり，DNA型鑑定が必ずしも一般的に考えられていたような客観的で完全なものではなく，そこには限界も存在していることが判明する。

こうした裁判における DNA 型鑑定をめぐる論争や批判を分析する中で，リンチは，裁判において DNA 型鑑定という科学の社会的性格が明らかにされていく，裁判において STS の研究者が行ってきたような試みがなされていると指摘している[4]。

また鑑定科学そのものの性質に加え，鑑定科学の活用という観点からも研究が行われている。そして，科学の専門家ではない警察官，法曹三者（裁判官，検察官，弁護士），陪審員等が鑑定科学，特に DNA 型鑑定を，それが内包する不確実性も含めて正しく理解できておらず，その結果として誤った判決が下されている場合があること等が実証的に分析されている。

▷4 Lynch, M., "The Discursive Production of Uncertainty", *Social Studies of Science*, 28(5-6), 1998, pp. 829-868.

3 鑑定科学の諸相

鑑定科学に関しては，DNA 型鑑定や裁判におけるそのあり方に注目した研究が数多くなされてきたが，近年 DNA 型鑑定以外の鑑定科学や犯罪捜査における鑑定科学のあり方に着目した分析も行われている。例えば鈴木（2017）は，ニュージーランドで犯罪の証拠資料の分析を行う研究所でのフィールドワークを通して，犯罪の証拠資料の分析が鑑定科学に基づいて具体的にどのように実施されているのか，また鑑定科学の多様な分野がいかに相互作用しているのか，さらに鑑定科学と法との関係性について明らかにしている。またクルーセは，スウェーデンの犯罪捜査過程のフィールドワークを通して，様々なヒトやモノの相互交渉の中で犯罪の証拠が生み出されていく様子を検討している[5]。

▷5 Kruse, C., *The Social Life of Forensic Evidence*, University of California Press, 2015.

さらに，DNA 型鑑定の科学的精度が向上するにつれて，DNA 型鑑定への不信が裁判で表出されることはほとんどなくなった一方で，昨今 DNA 型鑑定と比してその科学的精度が低いとして，指紋鑑定等が裁判で批判されるようになっている。こうした裁判に STS の研究者が出廷し，科学の不確実性という観点から証言を行っている。鑑定科学をめぐる研究は，実際の裁判への影響という側面でも，今後さらにその重要性を増していくと思われる。（鈴木　舞）

参考文献

鈴木舞『科学鑑定のエスノグラフィ』東京大学出版会，2017年。

Lynch, M., Cole, S. A., McNally, R. and K. Jordan, *Truth Machine*, University of Chicago Press, 2008.

6　概念と方法

25 科学技術の人類学

1 科学人類学の出現

HPS（History and Philosophy of Science：科学史・科学哲学）からSTSへの展開で2つを大きく画していたのは，科学社会学の存在だ。社会学による科学へのアプローチをさらに推し進めて，「人類学」的なアプローチで切り込んだのが，70年代終盤からのラトゥールやウールガー，カロン，コリンズ，さらにクノール＝セティナらである。彼らは，いわゆるANT（アクター・ネットワーク理論）をさらに科学知識の生産現場に即して適応しながら作り上げた。[1] そこで彼らは，科学が特権的でも普遍妥当的・客観的なものでもないとしたら，社会的な文脈や人間的な要素が不可避的に入り込むので，それは「社会学」だけではなく「人類学」の対象ともなると考えた。科学人類学の創始者たちが試みたのは，いわゆる「実験室の民族誌」と呼ばれるものである。[2] つまり，科学者の知識生産の現場である実験室に入り込んで，丁寧に科学の最前線を「未開の民族の営為のように」記述したのである。

2 人類学的アプローチで科学を扱う特徴

ここで社会学と人類学の違いを押さえておいたほうがいいだろう。近代社会もしくは工業化された後の社会を主な対象とする社会学に対して，人類学は「未開」と呼ばれてきた小規模な社会もしくは工業化以前の社会を研究してきた。また方法論として統計や調査を基にすることは変わらないのだが，人類学には長期の住み込み調査による「パーティシパント・オブザベーション（参与観察）」という密着研究がある。フィールドワークとも言うが，人類学者は，現地で研究対象の生活世界をどこまで知りうるのか，そしてその民族誌を描けるのかが腕の見せ所である。[3]

科学人類学は，そもそも物議をかもすものであった。社会学でさえ相対化を導くものであるのですでに批判があったが，人類学が科学を対象とするのは冒瀆的であるという批判が聞かれた。その上人類学では，未開社会と「理性的である」科学者のラボラトリーを同列に置くので，それでいいのかという疑念や忌避の声が，のちのサイエンス・ウォーズの遠因ともなっていた。さらにそもそも，研究の内容に対して科学的なトレーニングを受けていない素人が，それに「パーティシペーション」できるものなのだろうか，（できるはずはない）と

▷1　科学社会学については，Ⅱ-6-1 を参照。社会学は科学論に単に外から入ってきたわけではない。それを後押ししていたのは，ポスト・クーン主義と呼ばれる科学哲学であって，HPSが内在的に展開した結果とも言える。いわゆる「科学知識の社会学」（SSK）については，Ⅱ-6-4 を参照。またANTについては，Ⅱ-6-6 を参照。

▷2　ラトゥールとウールガーの著作は，まさに「実験室生活」（Laboratory Life）というタイトルである。鈴木（2020）を参照。

▷3　社会学は社会問題の理解や解決を目指し，人間の作る集団を研究の対象とする。そのため自分の所属するコミュニティを，いわば「内側から」研究することが多い。例えば家族や性別，若者，高齢者，教育，労働，人種や民族などが対象となる。それに対して人類学は文化の多様性や違いを理解しようとしている。中でも文化人類学は自分の所属するコミュニティではなく，外の他文化を分析すること・比較することで自文化も理解しようとしている。人類学は個人のミクロレベルで文化をより詳しく調べ，一般にそれを大きな文化の事例として解釈する。一方で，社会学はより全体

非難めいて呟かれている。いわゆる「調査される迷惑」（宮本常一）ということが，民族誌を記述する側からの反省としてすでに言われるようになって久しいが，科学者にとって人類学の対象とされるのは，迷惑以外の何物でもなかったのだろう。

だが迷惑だけではなく，調査者のまなざしの「権力性」や「植民地性」がクローズアップされるのが，クロフォードらの『文化を書く』（1986年）以降の人類学でもある。この文脈を織り込んでみるなら，かたや「未開」と名指され，対象にされることなんて「迷惑だ」と言い出した非西洋社会の側があり，はたと気がつくと，自らの側ではヨーロッパ中心主義的なる「科学的視線」自体の植民地性や権力性が問題化されていた。そこで科学人類学は，すみやかに「返す刀」を翻し，自らの「科学的真理という知識生産の現場」に切り込んだのだとも考えられる。人類学に内外から反省を促した強烈な動機が，科学を人類学の対象にするという知的挑戦を促したという解釈もあながち成り立たなくもない。

3 最先端のアプローチ群

その後，科学人類学は，人類学だけではなく，最先端の科学やテクノロジーを対象に，新たな方法論による調査を巻き込みながら，様々な展開を迎えている。マルチサイテッド民族誌の手法をバイオテクノロジーに適応したK・S・ラジャンや，フーコーの生政治の概念を踏まえたローズの仕事や，さらに日本では臓器移植についての人類学的分析に挑戦した山崎吾郎，日本のロボット産業を扱った久保明教などがいる。◁4

さらにエコフェミニズムからマテリアル・フェミニズムへの展開に並行して，科学研究の最前線を研究対象に含んでいるのは，フェミニスト人類学などカリフォルニア大学の「意識史」グループによるものがある。中でもダナ・ハラウェイの霊長類研究から伴侶種研究に至る一連の仕事や，マツタケの商品流通網やマツタケにまつわる科学者の実践・言説を追いかけたアナ・チンの著作などが，科学人類学的アプローチの最前線と言っていいだろう。カリフォルニア大学での動向はマルチスピーシーズ民族誌と呼ばれるアプローチとして結実しており，生物学とアートを融合させるバイオアートの実践者を研究したS・E・カークセイや北海道のサケ産業を調査し，「グローバル・トラウト」というプロジェクトを展開するヘザー・スワンソンらが活躍している。◁5

（塚原東吾・近藤祉秋）

像を見る傾向があり，機関（政治），組織，政治運動などの集団間の権力関係を研究している。

▷4　ラジャン（塚原東吾訳）『バイオ・キャピタル』青土社，2011年，ローズ（檜垣立哉監訳）『生そのものの政治学』（法政大学出版局，2014年），山崎吾郎『臓器移植の人類学』（世界思想社，2015年），久保明教『ロボットの人類学』（世界思想社，2015年）などを参照。

▷5　マルチスピーシーズ民族誌に関してはS・E・カークセイ／S・ヘルムライヒ（近藤祉秋訳）「複数種の民族誌の創発」『総特集 人類学の時代』（『現代思想』Vol. 45-4，2017年3月，96-127頁）。ノルウェーのサケ養殖を研究したM・リーン，オーストラリアにおけるオオコウモリやディンゴの窮状を描いたD・B・ローズらがいる。

参考文献

鈴木舞「ラボラトリー・スタディーズ」および鈴木和歌奈「科学技術の人類学」藤垣裕子他『科学技術社会論の挑戦』第3巻，東京大学出版会，2020年。

6　概念と方法

26 認知文化論

1 科学と文化

科学と文化とは一見両極端に位置するもののように思われるが，必ずしもそうではなく，科学にもそれ固有の文化が存在している。例えば，スノーは科学と人文学とが異なる文化を保持しており，両者の間で必要な交流が行われていないことをやや悲観的に主張している[1]。さらにSTSの初期に発展した**ラボラトリー研究**[2]の流れの中で，科学の実験室においてフィールドワークを実施したトラウィークは，日本とアメリカの高エネルギー物理学の文化的比較を行っている。そして，実験デザインや分析方法を決める際に，日本の実験室ではメンバーのコンセンサスに基づくのに対し，アメリカでは実験室のトップが決定するといった形で，実験室の運営や実験の手法に関して両国の文化的違いが存在していることを指摘している[3]。

▷1　チャールズ・P・スノー（松井巻之助訳）『二つの文化と科学革命』みすず書房，2021年。

▷2　**ラボラトリー研究**
1970年代に始まった，実験室においてどのように科学的知識が生み出されるのかを，現場での長期間のフィールドワークに基づいて分析した研究。科学的知識が様々なヒトやモノの相互交渉の中で誕生していること，科学的活動の状況依存性等が明らかにされた。

▷3　Traweek, S., *Beamtimes and Lifetimes*, Harvard University Press, 1988.

2 協　働

こうした科学と文化に関連したSTSの研究の中で，様々な背景を持つ集団がどのように協働しているのかが考察されている。地球温暖化等，複雑な現代社会の課題を解決するために様々な科学的知見が利用されることが多く，多様な科学分野が，また科学者以外の人々も協力して研究や問題解決にあたることがしばしば存在する。この状況を受け，様々な集団を含んだ協働がいかに行われているのかを検討する中で，集団の文化的違いや，その結果生じる課題，課題への解決策等が分析されている。

グローバリゼーションの中で文化摩擦が指摘されているように，文化の違いによって集団間で対立が生じることは科学以外でも見られるが，科学に関する協働においても，文化的相違ゆえに科学者集団間の意思疎通がうまくいかず協働が失敗する場合がある。例えば，様々な科学的知識を含んだデータベースを作成する場合，科学分野ごとに何を目的としてデータを集めているのか，定性的データか定量的データか等が異なっており，結果として多分野で共有利用可能なデータベースの構築が難しいといった問題が指摘されている[4]。

▷4　Leonelli, S., "When Humans Are the Exception", *Social Studies of Science*, 42 (2), 2012, pp. 214-236, Star, S. L. and K. Ruhleder, "Steps Toward an Ecology of Infrastructure", *Information Systems Research*, 7 (1), 1996, pp. 111-134.

一方でこうした文化的違いを乗り越えるために，様々な対策が取られている。物理学には実験物理学と理論物理学とが存在するが，両者の関係性を考察したギャリソン（1997）は，実験と理論という異なるアプローチをとる両者が協働する場合に，両者が互いについて理解可能な中間言語を使用する場を生み出し，そこで意思疎通を行っていることを指摘している。ギャリソンはこうした場所を交易圏と呼んでいる。これ以外にも協働を可能にするものとして，スターとグリースマーは，境界物という概念を示している。境界物とは，協働参加者がそれを自由に解釈することができるものであり，この解釈の柔軟性ゆえに，目的や考え方等を異にする参加者が結びつき，協働が可能になるという。スターとグリースマーは，カリフォルニア州立大学バークレー校の脊椎動物学博物館を事例とし，標本や地図等が境界物として関係者をつないでいたと指摘している。◁5

▷5 Star, S. L. and J. Griesemer, "Institutional Ecology, 'Translations' and Boundary Objects", *Social Studies of Science*, 19 (3), 1989, pp. 387-420.

3 科学の多様性と文化

さらにクノール＝セティナ（1999）は，科学における文化の違いをさらに精緻化した。従来の科学に関する研究は，科学を一枚岩のものとして扱ってきたと主張したクノール＝セティナが，様々な分野を内包する科学の多様性を分析するための枠組みとして提起したのが，認知文化論である。

認知文化とは実験方法やデータの解釈方法，合理化の手法，コミュニケーションの方法等の混合体であり，科学的知識を生み出し，それを保証するものとして定義される。そして化学や生物学等，科学の様々な分野はそれぞれ異なる認知文化を持っているというのが認知文化論の考え方である。

こうした認知文化論の事例として，分子生物学と高エネルギー物理学が検討されている。分子生物学においては，対象となる生物の DNA を科学者自身が扱い，クローニング等を行うのに対し，高エネルギー物理学においては，巨大な実験機器を大人数で操作し，直接見ることが難しくデータとして間接的にのみ把握可能な素粒子の分析が行われている。その際，クノール＝セティナの検討したケースにおいては，分子生物学では生物を様々に操作することで，あたかもそれを機械であるかのように扱っていたのに対し，高エネルギー物理学では例えば実験機器にそれぞれ個性があるかのように対応する等，機械を生物として取り扱っていたという。こうした科学活動そのものに関する両者の違いのみならず，科学者としての振る舞い方に関しても違いが存在していることが明らかになっている。例えば，分子生物学が個人を重視し，研究成果の発表においても個人の名前が明記されるのに対し，高エネルギー物理学では多くの人々との協力が重視され，成果発表でも多数の共著者の中に個人が埋没してしまい，誰が実験を行ったかよりもどのような実験かが研究者間では流布されるという。

科学内部の文化の違いを顕在化させた認知文化論は，協働に関する研究と共に，科学の多様性という新たな観点に注目した点で重要であり，文化という枠組みから科学の複雑なあり様が検討されている。（鈴木　舞）

参考文献

Galison, P., *Image and Logic*, University of Chicago Press, 1997.
Knorr-Cetina, K., *Epistemic Cultures*, Harvard University Press, 1999.

6　概念と方法

27 期待の社会学

1 先端科学技術への期待

人口知能，ロボット工学，IoT からバイオテクノロジーに至るまで，社会を大きく変化させる可能性を持つ技術の開発が進む。近い将来，技術革新がさらに進み，またバイオとデジタルの融合に見られるような技術の融合が起こるとされ，将来的に見込まれる技術の変化は，研究開発に携わる者だけではなく，利害関係者，当事者，政策関係者，マスメディアの関心を引き寄せる。このような先端科学技術はどのように発展するのだろうか。またそのとき，社会は新しい技術とどう向き合うのだろうか。本節ではこういった問いに取り組む領域である期待の社会学（Sociology of Expectations）を紹介する。

2 期待によるダイナミズム

新興技術の研究開発が基礎的な段階にあるとき[◁1]，技術の有効性や信頼性などの技術の側の課題のみならず，それらの安全性を評価する制度や社会的な安心に配慮するような仕組みも十分に整っていない。また，それらをどう活用するのかという社会の側のイメージすら具体化していない。このとき，制度や規制の中に新興技術をどう位置づけるのかという具体的な事項だけではなく，どのような社会をつくりたいのかという社会の価値観や規範に関連する問いも開かれた形で存在する。期待の社会学で広く参照される書のタイトルが，“Contested Futures（未来をめぐる争い）”（Brown et al. 2000）であるが，技術も社会も流動性を持つときには，未来のあるべき姿も議論されるべきことなのである。書のタイトルが複数形の Futures となっているが，未来の社会の姿は開かれているというメッセージである。それが，一つであるように感じられるとするならば，それを一つと認識させるような力が働いている。そこでは，誰が，どのようにして，不確かな未来の意味を先取りするのだろうかということを問う必要がある[◁2]。

期待の社会学の主題である「期待」は，科学技術の未来の可能性についての現在の表象と定義されている。すなわち，研究段階にある新興技術のイメージを表現するメタファー，ナラティブ，レトリックがここでの期待ということになる。この定義で興味深いのは，この表象には，SF 小説が描くような近未来のイメージだけではなく，科学技術フォーサイト，技術ロードマップ，

▷1　STS では，科学や技術が基礎的な研究段階にある状態を「上流（Upstream）」，実用化が間近で社会に普及する段階の状態を「下流（Downstream）」と呼ぶ。

▷2　期待の社会学は，主に欧州の研究者らによる成果である。同様の問題意識を持ちつつも，アメリカの研究では，約束（Promises），想像力（Imaginaries），ビジョン（Visions）という概念が使われている。Brown et al.（2000）参照。

SWOT 分析，シミュレーション・モデリングなど，**将来予測のためのツール**[3]も含まれるという点である。期待の社会学は，このように一見，社会の状態を客観的に映し出すモノも表象として捉え，それらを科学技術に対する人々の意味づけや行為に関連づけて検討する。マートンは，資産が比較的健全だった銀行が，支払い不能の噂によって倒産したという事例を予言の自己成就という概念で説明する。銀行が潰れるのではないかという噂を聞きつけた預金者が預金を引き出し，倒産をしてしまったという実例であるが，噂の真偽はともかく多くの人がそれを信じて行動を起こせば，それが大きなうねりとなって社会が変わることだってありうる[4]。このように期待の社会学が注目するのは，科学に関連する表象を通して社会で広まる「噂」，そしてそこに関わる自然科学の専門家と素人の意味づけや行為，その後の社会である。

3 つくられる社会

期待の社会学は，社会のダイナミズムを生む契機には行為遂行性（Performativity）が関与するという点も指摘する。行為遂行性は，オースティンの言語行為論に由来するものであるが，語ることと行為を遂行することが一致するような発話を指す。例えば，「○○を約束します」「会議を始めます」というメッセージは，ある行為を行うことの意志表明であり，聞き手には次に起こるであろうことが伝わり，そのように準備をする。「1年以内に，ワクチンが開発できます」という発話も，ワクチンを開発するという意志の表明であり，それがきっかけとなり，特定の研究に資金が集まり，ワクチンを開発するための組織や制度が整えられる。地震予測や気象予測も同様，予測結果が公表されると住民を災害への備えという行動に駆り立てる[5]。このように期待の行為遂行性も社会にダイナミズムを生む現象であり，それがきっかけとなりその後の社会がつくられるのである。

ここで注目すべきは，社会の中で特別な認識論的立場を持つ科学が関わる発話は，社会に少なからず影響を及ぼし，多くの人が意識的にあるいは無意識にその発話に沿って行動する可能性が高くなるという点である。科学が関与すると「噂」の真実味が増すのである。このような現象について，科学と社会の関係を批判的な視点で捉えてみると，誰の発話なのか，そこにどのような社会関係が存在するのか，発話がどのような利害関係の中に埋め込まれているのか，またそれ以外の選択肢はなかったのかなど，様々な問いが浮かび上がる。

表象や言説，またそれらがつくりあげる社会に着目する期待の社会学は，**社会構成主義**[6]の視座から，科学が本質的に他から区別された知識であるという状態を批判的に捉えようという研究態度を持つ。期待の社会学は，日本の STS ではまとまった議論が行われてきていないが，こうした研究が日本の STS で展開することを期待する。

（山口富子）

▷3 **将来予測のためのツール**
将来大きなインパクトをもたらすことが予想される科学技術の動向や社会の変化を捉えるためのツール。様々なエビデンスを集め，優先順位づけなどを通しそれらを体系づけ，将来の動向を読む。

▷4 マートン（1961）。

▷5 山口・福島（2019）。

▷6 **社会構成主義**
STS における社会構成主義では，科学技術は複数の社会要素やその相互作用，また文化や政治といった文脈との相互作用から生じたものと考える。科学の価値中立性，本質性を問う立場をとる。

参考文献

ロバート・K・マートン（森東吾ほか共訳）『社会理論と社会構造』みすず書房，1961年。

山口富子・福島真人編著『予測がつくる社会』東京大学出版会，2019年。

Brown, et al., *Contested Futures: A Sociology of Prospective Techno-science*, Ashgate, 2000.

6　概念と方法

STS のための質的研究

1　質的研究のデザイン

STS の研究では，科学技術により生じる社会の問題や科学技術と社会の価値観との葛藤という問題群を扱い，その答えを科学の実践の場に見出す。科学が関与する実践の場とは，実験室や病院のみならず，自然災害により生じる社会，経済，政治問題から環境保護運動に至るまで，多様であり，それらが埋め込まれている文脈も，社会，組織，文化，国家など様々である。STS ではこのような実践の場には，**ブラックボックス**[1]化された事象が存在するという前提に立ち，それをどう可視化するのかという問題意識を持ち，様々な工夫が施される。その進め方の一つが質的研究である。

質的研究とは，目の前で起こる出来事の意味やテキストに現れる言説や表象の理解を通し，量的にではなく質的に社会現象を解明しようとする探究法である。一般的にこの研究のデザインは，理論（theory），認識論（epistemology），方法論（methodology），技法（methods）という 4 つの要素から構成されている。この 4 つの要素の重みづけは，リサーチクエスチョンにより異なるが，研究デザインを検討するに際し，この 4 つの要素を意識しつつどのような方法論や技法を使うことが適切であるのかを見極めていくことが大切である[2]。ただし，アクターネットワーク論[3]のように，理論が具体的な方法論を指し示す，また STS という学問領域そのものが科学技術と社会の関係を理解するための方法論であるというような論者も存在する。そのため，STS の研究を初めて行う場合，自身が取り組んでみたいと思うテーマに似た研究がこの 4 つの要素をどのように扱っているのかを参照してみよう。このような基本を踏まえ，以下では，STS という領域で質的な研究を行う場合の方法論や技法について概観する。

2　データが得られる場面と技法

はじめに，方法論とは，ブラックボックスがどこにあるのか，またそれをどう開けるのかについての手順を示してくれるもの，技法とは，ブラックボックスを開けた後にその中がどうなっているのかを明らかにするための情報を収集するが，そのためのテクニックである。方法論を初めて学ぶ場合，データを集めるためのテクニックにばかり目が行きがちであるが，それだけでは研究は成

▷1　**ブラックボックス**
一般的には，内部を見ることができない閉ざされた装置と定義されるが，STS では，科学的知識や技術をブラックボックスと捉える。STS ではなぜある理論や技術がブラックボックス化したのかという過程を問うことが中心的課題となる傾向が強い。

▷2　Crotty, M., *The Foundations of Social Research*, Sage Publications, 1998.

▷3　Ⅱ-6-6 参照。

立しない。技法は，何をやろうとしているのかという目的に対する手段という役割も持つという点を押さえておこう。

その上で，質的研究をデザインする際に参照してほしいのが，「データを得られる場」と「技法」の組み合わせという捉え方である。STS で活用できるデータが得られる場は，大きく分けて，①科学的実践の場面，②政策議論の場面，③マスメディア，④日常生活という4つが想定できる。科学的実践の場面とは，実験室での出来事に限らず，学術的な組織が発行する論文の要旨や科学技術について解説する報告書なども含まれる。日常生活の場面とは，SNS での議論や世論調査など，市民や消費者の視点に立った[4]科学技術に対する意見や意味づけが観察される場である。この4つの場を参照しつつ，データが収集できる場を具体的に考えてみよう。

次に，質的研究における技法は，大きく分けて以下の4つに分類できる[5]。

①インタビューやフォーカスグループディスカッションにより得られるデータ
②参与観察法やエスノグラフィーを通して観察された事柄の記述
③テキストや写真，映画などの資料のドキュメント分析
④データの言説分析，ナラティブ分析，エスノメソドロジー

4つの場面と4つの技法を組み合わせることにより，様々な場面から様々なデータが生成できる可能性が見えてくる。例えば，科学論争[6]に関心がある場合，科学的実践の場面が研究の対象となり，インタビュー法や参与観察，あるいはドキュメント分析を通してデータを得るという方法が考えられる。政策議論で取り上げられた科学論争に関心がある場合，ドキュメント分析が適している。科学技術に関する社会的判断への市民参加[7]に関心を持つ場合，一対一で実施するインタビュー調査だけではなく，グループ・ディスカッションという形式でデータを収集する可能性も考えられる。あるいは，科学技術に関わる判断に市民がどう参加してきたのかに興味がある場合，歴史的資料の言説分析が適している。こうした捉え方で研究デザインを考えてみよう。

最後に，インタビュー調査や参与観察法は，調査対象者の生活に入り込むという意味で介入型のデータ収集法であり，調査により調査対象者に迷惑がかかることがないような配慮が必要である。また調査対象者のプライバシーの保護といった倫理面からの配慮も求められる。他方，資料調査の場合はそうした問題に直面することは少ないものの，多種多様で膨大な資料の山の中から，自らの研究テーマに合うデータを探すのは，容易なことではない。知りたいことの答えをどこに見出すのか，またどのような技法を使えば，問いの答えを得られるのかが，質の高い研究をするための鍵となる。STS の方法論に特化した教科書が徐々にではあるが充実しつつある。それらを参考にしながら，研究デザインを構想してみよう。

(山口富子)

▷4 STS には，専門家と市民，専門知と公共性など様々な概念が存在するが，これらは4つの場面から得られたデータを分析する際の分析の軸となる。

▷5 S・B・メリアム（堀薫夫ほか訳）『質的調査法入門――教育における調査法とケース・スタディ』ミネルヴァ書房，2004年。

▷6 II-6-14 参照。

▷7 II-6-20 参照。

参考文献

山口富子「先端科学技術の質的研究法」藤垣裕子編『科学技術社会論の挑戦』第3巻，東京大学出版会，2020年。

6　概念と方法

29 専門家論

1 カンブリア地方の牧羊農家

STSにおいて専門家あるいは専門知について論じるとき，B・ウィンの業績とH・コリンズらによる批判を見逃すわけにはいかない。ウィンの業績とは，**チェルノブイリ原発事故**[1]後のイギリス・カンブリア地方における牧羊農家と科学者・行政の間で生じた対立を描いた事例研究である。チェルノブイリ事故後，イギリスでも放射性物質の降下が発生し，カンブリア地方では野外の牧草を食べている羊の出荷制限が行われた。科学者や行政は汚染レベルは数週間で元に戻ると主張していたが，その後もなかなか低下せず，牧羊農家は大きな経済的打撃を被るとともに専門家への不信を強めていった。専門家は牧羊農家の牧羊のやり方や文化を理解しようとしなかったし，測定やその評価の仕方も羊の生態や地域の環境の特性に配慮しないものであったからである。カンブリア地方のセラフィールドには原子力関連施設が立地しており，1950年代に大きな事故を起こしていた。牧羊農家たちは，汚染レベルが下がらないのはチェルノブイリではなく，セラフィールド由来の汚染があるからだと考えていた。そして数年後，牧羊農家たちが科学的にも正しかったことが明らかになってきた。すなわちウィンは，普遍性を志向する専門家の認識が官僚主義的・硬直的で誤っていたのに対し，牧羊農家の柔軟で，地元ならではの知識（ローカル・ノレッジ）[2]や観察に基づいた認識の方が優越していたことを鮮やかに描き出した。STSにおける科学批判の潮流の中でこの研究は大きな影響力を持ち，科学技術に関わる意思決定における市民参加を主張する際の根拠として用いられた。

2 様々な専門知のあり方

これに対しコリンズらは，牧羊農家はある種の専門家であって素人とは言えないことを指摘し，素人も独自の専門性を持つという理由で科学的意思決定に参加させるべきだと主張することは誤りであると主張した（「**第三の波**」[3]論争）。そこからコリンズらは専門知のあり方について考察を行い，表1のような詳細な区別を論じている。この中でとりわけ焦点を当てられているのは，貢献型専門知と対話型専門知という区別である。貢献型専門知は専門家が一般に持っている専門知のあり方であるのに対し，対話型専門知とは優れた科学社会学者・STS研究者のように，その分野の専門論文を執筆することはできないけれど

▷1　**チェルノブイリ原発事故**
1986年4月26日，旧ソ連（現ウクライナ）のチェルノブイリ原子力発電所4号機で発生した原発事故。福島第一原発事故と同様に国際原子力事象評価尺度でレベル7の事故とされているが，運転停止した原子炉が冷却できなくなった福島事故と異なり，（試験）運転中の原子炉が暴走した。

▷2　Ⅱ-6-7 側注8およびⅡ-6-15参照。

▷3　**第三の波**
もとはアルビン・トフラーが情報化社会の到来を呼んだ言葉であるので（A・トフラー〔鈴木健次ほか訳〕『第三の波』日本放送出版協会，1980年），ここでは「科学論の第三の波」と呼ぶのが正確である。Ⅱ-6-1も参照。

表1 専門知の表（簡略版）

遍在的専門知					
特定分野の専門知	遍在的暗黙知			特定分野の暗黙知	
	豆知識	通俗的理解	一次資料知識	対話型専門知	貢献型専門知
メタ専門知	外的（変成的専門知）		内的（非変成的専門知）		
	遍在的識別力	局所的識別力	技術的鑑識眼	下向きの識別力	関連型専門知

出典：コリンズ（2017，85頁）を一部改訳。

も，貢献型専門知をもつ専門家の会話に参加することができ，場合によっては示唆を与えることもできる，というあり方を概念化したものである。STS 研究者・社会学者の専門性をどう考えるべきかという論点自体は重要であり，その役割の一つを示すものであると言える。

3 ウィンもコリンズも越えていくために

ただしこの論点は，ウィンとの論争からズレてきてしまっている。実際，コリンズらは牧羊農家は貢献型専門知をもつと見なしている。しかしカンブリア地方の事例において，科学者たちと牧羊農家たちの社会的位置を入れ替えたとしても問題を解決することはできない。科学者の専門知と牧羊農家の専門知の（貢献型専門知の中での）違いこそが概念化されるべきなのだ。ここで特に注目すべきなのは，牧羊農家の認識は「いつまで経っても植物中のセシウム（放射性物質の一つ）濃度が下がらないのは，土壌が酸性であるために化学的流動性が保たれており，かつもともとセラフィールド由来のセシウム汚染があるからだ」というように，既存科学知識の体系の中に位置づけられてはじめて，広く私たちにも理解可能なものになるということだ。いわば論文化が可能な言語で記述されてはじめて，牧羊農家たちの認識はその価値を広く認めてもらうことが可能になる（でなければ，単なる憶測や素人の間違いであるという可能性が残る）。

このように，“普遍化を志向する”あるいは“論文化可能な”知識であるのか，それとも（それ自体は経験に基づく豊かな体系性を持ちながらも）そのような普遍性を志向する体系からは比較的独立に成立している知識なのかという違いは，見逃すべきではないポイントである。ウィンの事例が示すように，現実の科学者たちは間違いを犯すことがある。また既存科学の体系は，唯一絶対の普遍性をもつとは言えない。しかしより広い，あるいはより適切な事象の理解に向かって知が蓄積され，その体系の改善が続けられているはずである。科学知識の“相対的”優位性は，今一度確認されてよいと思われる。　（定松　淳）

参考文献

ブライアン・ウィン（立石裕二訳）「誤解された誤解」『思想』1046号，2011年。
ハリー・コリンズ（鈴木俊洋訳）『我々みんなが科学の専門家なのか？』法政大学出版局，2017年。
ハリー・コリンズ，ロバート・エヴァンズ（奥田太郎監訳）『専門知を再考する』名古屋大学出版会，2020年。
伊藤憲二「専門知と社会」松本三和夫編『科学社会学』東京大学出版会，2021年。

6　概念と方法

30 ELSIとRRI

1 ELSIとは

ELSIとは，最先端の科学技術が社会に埋め込まれたときに発生する倫理的（Ethical）・法的（Legal）・社会的（Social）含意あるいは事柄（Implication あるいは Issue）を指す。欧州ではIではなく Aspect を用い，ELSA という[◁1]。

ELSIは，DNAの二重らせん構造のジェームズ・ワトソンが，1988年にヒトゲノムプロジェクトの長として今後の研究の倫理的・社会的影響についての研究をNIHの予算を用いてやるべきだと主張したことから始まるとされる。アメリカではNIHにELSI予算が1990年から設けられ，全研究開発予算の数％をその研究の倫理的・法的・社会的側面の研究に用いることが試みられた。カナダでは2000年から，イギリス，オランダ，ノルウェーでは2002年から，ドイツ，オーストリア，フィンランドでは2008年から関連予算枠が設けられた。始まりがヒトゲノムプロジェクトだったこともあり，初期は生命科学，ゲノム研究に関わる生命倫理の研究が対象として多くみられたが現在ではナノテクノロジーや人工知能などの分野にも応用されている。日本でも近年ELSIに注目が集まっており，2020年には大阪大学に社会技術共創研究センター（ELSIセンター）が設立された。

2 RRI前史としての市民参加

RRI（Responsible Research and Innovation）は，「責任ある研究とイノベーション」を指し，現在欧州の科学技術政策ホライズン2020（2020年を目指した科学技術政策の展望）の中で用いられている[◁2]。RRI概念は突然生まれたわけではなく，前史がある。一つは，上に記したELSIであり，もう一つはテクノロジー・アセスメント[◁3]（以下TA）における市民参加の流れである。

TAは，科学技術が社会にもたらすと予想される影響を分析・評価し，国の政策に反映させる仕組みのことを指す。アメリカでは1972年に制度化され，1980年代には欧州で次々とTA機関が制度化される中で，評価パネルとして市民が採用されるようになる。このように市民パネルを用いるTAを，参加型TAと呼ぶ[◁4]。参加型TAは，専門家の支援を受けつつも専門家以外の一般市民や利害関係者が評価主体となる。

▷1　Ⅱ-5-16　Ⅱ-6-10 も参照。

▷2　欧州におけるRRIの具体的なプロジェクトには，個別科学を市民と協働で行うもの，産業界との共同を行うもの，高等教育に埋め込むものなどがある。Ⅱ-5-13　Ⅱ-6-20　Ⅱ-6-22 も参照。

▷3　Ⅱ-6-22 参照。

▷4　Ⅱ-6-20　Ⅱ-6-22 参照。

図1　RRIのキーワード

出典：EUのホームページ。

このような市民参加の動きは，欧州における科学と社会の関係の歴史と関係している。例えばイギリスでは，1990年代に**BSEスキャンダル**[5]が起きて科学技術ガバナンスへの市民参加が試みられるようになった。また，1990年代後半に欧州を中心に起こった遺伝子組み換え食品（GMO）に関する論争[6]は，上記の参加型TAの動きにも影響を与えた。オランダでは製品の開発段階（上流工程）における参加のアプローチとして，コンストラクティブ・テクノロジー・アセスメント（CTA，構築的TA）[7]が開発された。このような市民参加の流れと，第1項で述べたELSIの流れがベースとなって，RRI概念が2011年から議論されるようになった。

3 RRIのエッセンス

RRI概念を説明する文章には，「RRIは，研究およびイノベーションプロセスで社会のアクター（具体的には，研究者，市民，政策決定者，産業界，NPOなど第三セクター）が協働することを意味する」とある[8]。そして鍵概念として，オープンイノベーション，オープンアクセス，オープンスペースと参加，相互学習といったものが挙げられている。前項の市民参加が，協働という言葉に置き換わっていることに注意しよう。

RRIのエッセンスには，open-up questions（議論を開く），mutual discussion（相互議論），new institutionalization（新しい制度化）がある。東日本大震災，そして福島第一原発事故[9]分析に応用すると，次のようになる。日本の技術者は長いこと閉じられた技術者共同体の中で意思決定をしてきており（例：安全性基準など），地元住民に開かれたものにはなっていないのに対し，それを開くのが「議論を開く」に相当する。また，その開かれた議論の場で技術者から住民へ一方的に基準が伝達されるのではなく，互いに異なる重要と思われる論点について相互の討論を行うのが「相互議論」を展開することである。そして，それらの原発ガバナンスに関する議論をもとに，現在の規制局のあり方を作り変えていくことが，「新しい制度化」を考えることに相当する[10]。このように考えると，RRIの概念がプロセスを重んじ，動的なものであるのに対し，日本の責任論が，各制度の枠を固定し，閉じられた集団に責任を貼り付ける「静的」なものであることが示唆される。閉じられた集団を開き，相互討論をし，新しい制度に変えていくというRRIのエッセンスは，明らかにこれまでの日本の社会的責任論とは異なる形で「市民からの問いかけへの応答責任」に応えようとしていると考えられる。

（藤垣裕子）

▷5 **BSEスキャンダル**
1990年にイギリス政府は，BSE（牛海綿状脳症）に感染した牛肉を食することは人間のクロイツフェルト・ヤコブ病の発症とは関係ないと公表した。それにもかかわらず，その6年後の1996年には両者の関係を認めた。これを機に英国国内で科学的知見に関する専門家および政府への信頼が低下したと報告されている。Ⅱ-5-10 参照。

▷6 Ⅱ-5-11 参照。

▷7 Ⅱ-6-22 参照。

▷8 https://ec.europa.eu/programmes/horizon2020/en/h2020-section/responsible-research-innovation/ 参照。

▷9 Ⅱ-5-3 Ⅱ-5-4 Ⅱ-6-29 参照。

▷10 Fujigaki, Yuko, "Case Studies for Responsible Innovation: Lessons from Fukushima", E. Ferri, et al. (ed.), *Governance and Sustainability of Responsible Research and Innovation Process: Cases and Experiences*, Springer, 2018, pp. 13-18.

参考文献

藤垣裕子『科学者の社会的責任』岩波書店，2018年。
標葉隆馬『責任ある科学技術ガバナンス概論』ナカニシヤ出版，2020年。

6　概念と方法

31 科学者の社会的責任

1 戦後の核をめぐる議論

日本の科学者の社会的責任論は，広島と長崎への原爆投下後，主に物理学者の間で語られるようになる。例えば戦時中に国内の原爆製造計画に関わった仁科芳雄は，被ばく状況の調査をしながら，核廃絶が重要と強く思うようになる。1949年に戦争に協力した科学者たちの反省とともに日本学術会議が設立され，仁科はその副会長となる。同時に，核の平和利用の推進においても物理学者は大きな役割を果たす。伏見康治，武谷三男などが原子力の民主・自主・公開の三原則の確立に大きな役割を果たした。

1954年３月にビキニ環礁で行われたアメリカの水爆実験で日本の第五福竜丸が被ばくし，日本の科学者たちがその放射能灰を調査した結果を公表する。イギリスの物理学者ロートブラットはその結果からこの爆弾が3F（核分裂―核融合―核分裂）であったことをつきとめ，ラッセル卿に伝えた。ラッセルは核兵器開発合戦に大きな憂慮を覚え，それを1954年末のBBCラジオで放送する。その放送は多くの反響を得，翌年の**ラッセル・アインシュタイン宣言**[◁1]につながる。核兵器廃絶と人類の平和を訴えた宣言は，世界中から多くの反響を得た。

この宣言をもとに1957年にカナダの寒村で第１回**パグウォッシュ会議**[◁2]が開催される。日本からは２名のノーベル物理学賞受賞者である湯川秀樹と朝永振一郎に加えて小川岩雄が参加した。パグウォッシュ会議では，核エネルギーの危険性，核エネルギーの国際的ガバナンス，そして科学者の社会的責任と国際協力について話し合われた。注意したいのは，同会議第３委員会の文書における the paramount responsibility of scientists outside their professional work（専門外での科学者の窮極の責任）という文言である。専門の外にある科学者の責任というものが，**役割責任**[◁3]に相当するのか，それとも**一般的道義責任**[◁4]に相当するのかは判断が難しい。もし科学者という主語を強調するのであれば専門の外であっても役割責任であろう。しかし，専門の外という点を強調するのであれば一般的道徳責任なのである。

2 1960年代から70年代

冷戦の時代にパグウォッシュ会議は，核抑止論（西側と東側双方が同程度に核武装することによって戦争が防げる）という現実路線に走る。それに失望した湯

▷１　**ラッセル・アインシュタイン宣言**
1955年に世界に公表された宣言（マニフェスト）。アメリカとソ連による核兵器開発競争に憂慮し，核兵器廃絶と世界の平和を訴え，「あなたの人間性を忘れるな」と訴えかけている。Ⅰ-1-5　Ⅰ-1-6 も参照。

▷２　**パグウォッシュ会議**
1955年のラッセル・アインシュタイン宣言をうけて，1957年にカナダの寒村パグウォッシュで開催された会議。10カ国からノーベル賞受賞者を含む22名が集まり，核エネルギーの危険性，核エネルギーの国際的ガバナンス，科学者の社会的責任と国際協力の３点について議論した。その後パグウォッシュ会議は数年おきに世界中で開催され，2015年には第61回パグウォッシュ会議が長崎で開催された。また同会議が核軍縮に与えた影響が国際的に評価され，1995年のノーベル平和賞を受賞している。Ⅰ-1-6 も参照。

▷３　**役割責任**
役割を受け入れて任務を行う際，役割を負った人間は，役割を許容範囲内で，あるいは最良の形でまっとうする責任を役割責任と呼ぶ。

▷４　**一般的道義責任**
核兵器や遺伝子操作技術などのように環境や人間を破壊する可能性のある技術の

川は独自に科学者京都会議を組織し核廃絶を議論し，1975年には湯川朝永宣言を公表した。こうした物理学者の行動の背景には，「科学者の原罪意識」があるといわれる。実際，朝永振一郎は，オッペンハイマーの言「物理学者たちは罪を知ってしまった」を引用し，それを原罪概念と結びつけて論じている。この責任論は，科学者以外の手によって「科学者の社会的責任論」を書いた唐木順三から高く評価された。

1967年に日本物理学会の後援で開催された国際半導体会議がアメリカの軍事予算を得ていたことが問題となり，日本物理学会は「決議3」（今後軍事予算を得ない・軍の研究には協働しない）を採択する。この背景にはベトナム戦争への反戦運動がある。同時に，戦後の平和運動が主に素粒子論物理学者によって担われたのに対し，決議3は物性物理学の研究者によって担われたことも特筆すべきことである[5]。

1960年代の高度経済成長の結果，70年代には公害問題が顕著となる。公害四大裁判が起こると同時に，科学そのものへの批判が起こる[6]。また，核物質の国際的管理のような「科学の成果に対する人類のコントロール」だけでは解決できない問題が科学そのものの内部にあることが問題視されるようになる。中岡哲郎による文明論，柴谷篤弘による科学批判，廣重徹による科学の体制化論が出版されるのも70年代である。また，クーンによるパラダイム論の翻訳の出版やハンソンによる共約不可能性などが紹介されるのも70年代であり，科学的知識のもつ正統性への問い直しが行われた。

これらの科学批判の時代と重なるように1977年から始まるのが「物理学者の社会的責任シンポジウム」である。これは物理学会で毎年開催され，サーキュラーも1982年から2012年まで発行された。テーマは原子力，大学のガバナンス問題，官産学連携など多岐にわたっており，「科学と社会」についての重要な課題が議論された。「科学研究のもつ社会的な側面」が本質的に議論されたという点で，このシンポジウムはイギリスにおける **SISCON**[7]（Science in Social Context）の物理学者版と考えることができる。

このように，1970年後半から1980年初頭の日本における科学者の社会的責任論は，①核兵器反対の平和活動およびベトナム戦争に端を発する反戦運動と，②公害・環境問題に端を発する科学の内部への批判と，③パラダイム論にみられるような認識論レベルの相対化の議論と，④全共闘の思想と相前後して強調されるようになった科学の体制化論と，⑤朝永による原罪論とが渾然一体となって共存していたと考えられる。1990年以降現代に至る責任論については，Ⅱ-6-30 を参照されたい。

（藤垣裕子）

図1 第61回パグウォッシュ会議（長崎，2015年）

出典：日本パグウォッシュ会議ホームページ。

使用に関連して，ただ単に役割に関係したものではなく，高度科学技術社会の中に生きている人すべてに一般的に課されている責任を指す。

▷5 Ⅰ-1-5 参照。

▷6 Ⅰ-2-3 参照。

▷7 **SISCON**

1970年代半ばから1980年代にかけて，ソロモンがSISCON（社会の文脈の中の科学）を主導し，イギリスの代表的な中等 STS 教育の教材を開発した。第二次世界大戦の終わりに広島の上空で噴き上がったキノコ雲を見たときの世代全体の危機感を伝えることが教材開発の動機になったとされている。

参考文献

唐木順三『科学者の社会的責任についての覚書』筑摩書房，1980年。

朝永振一郎『朝永振一郎著作集4　科学と人間』みすず書房，1982年。

藤垣裕子『科学者の社会的責任』岩波書店，2018年。

6　概念と方法

32 ラトゥールの方法：科学の人類学

1 ラトゥールの方法論の特徴

ブルーノ・ラトゥール[1]は，1970年代末に科学論の研究に人類学の参与観察の方法を導入し，「**実験室研究**[2]」の潮流の端緒に位置づけられるとともに，1980年代以降は，M・カロン，J・ロウらとともに「アクターネットワーク理論[3]（ANT）」を発展させ，その後は，主体と客体，自然と社会，科学と政治などの二分法に依拠する近代の思想枠組みを書き換える哲学的考察を続けている。その影響はSTSを超えて，様々な分野に及んでいる。

ラトゥールの方法論の最大の特徴は，仮説の真偽が判明した「事後の科学」ではなく，探求の途上にある「活動中の科学（science in action）」に焦点を当て，実験室など科学研究活動の場で，物質的・自然的なものから記号的・社会的なものまで含む異種混淆的な要素の間に安定した連関（association）が構築されることを通じて，新しい科学知識がどのように生成されるかを追跡することにある。連関には，研究対象，実験・観測装置，測定器，それらが生み出す数値データやグラフ，図表，数式，関連する他の理論やモデル，さらには個人，組織，集団，制度，資金など人間的・社会的要素が含まれる。

2 〈活動中の科学〉の実像を追跡する

このような独自の方法論を用いてラトゥールは，様々なかたちで「活動中の科学」の実像を明らかにしている。S・ウールガーとの共著**『実験室生活』**[4]（1979年）では，実験室における科学の営みを，図表やグラフなど著者らが「銘刻（inscription）」と呼ぶ膨大な数の記録や表現物が，測定器などの「銘刻器（inscription device）」によって生成され相互に連結されるとともに，それらに基づく「事実」に関する言明が，互いの引用・結合・肯定・否定を通じて，その「事実らしさ」の程度を競い合い変化させていく過程として描いている。「自然そのものに向き合う科学者」というイメージとは異なって，科学者たちの活動は，自然との間に，このような物質的かつ記号的な媒介物を構築することで成り立っている。「科学者と混沌との間には，書庫やラベル，プロトコール，図表，紙からなる壁以外の何もない。しかし，この文書の塊こそがより多くの秩序を創造し，マクスウェルの悪魔のように，一箇所にたくさんの情報を集める唯一の手段なのである[5]」。

▷1　**ブルーノ・ラトゥール**（1947〜　：“Bruno” はフランス語に忠実な発音表記では「ブリュノ」）
フランスの哲学者，人類学者，社会学者。哲学者ミシェル・セール（1930〜2019）の哲学的薫陶を受けた後，アフリカでの民族誌的調査を経て，科学論の分野に参入。パリ国立高等鉱業学校（École des Mines de Paris：1982〜2006年），パリ政治学院（Sciences Po Paris：2006〜17年）を経て，現在はパリ政治学院名誉教授。

▷2　**実験室研究**（laboratory studies）
1970年代後半にラトゥールも含む社会学者や文化人類学者が，実験室における科学者たちの日常的な研究活動を参与観察することで始まった一群の研究。

▷3　Ⅱ-6-6 参照。

▷4　**『実験室生活』**
原題は *Laboratory Life: The Social Construction of Scientific Facts* (Sage Publications, 1979)。アメリカの生物医学研究所（ソーク研究所）で1975年から2年間，ラトゥールが行った参与観察に基づいて書かれた。

▷5　*Laboratory Life*, pp. 245f.

『科学が作られているとき』（1999年）では，このアプローチが理論的に洗練され，「アクター／アクタント」「スポークスパーソン」「翻訳」「ブラックボックス」「必須通過点」「ネットワーク」などの概念を用いて，「活動中の科学」をより体系的に記述し分析するための理論枠組みが提示されている。特に重要なのは「計算の中心としての実験室」という概念だ。科学者たちは実験室の外部でも，様々な測定装置・方法を用いて，研究対象に関する銘刻を膨大に生み出し，かつ集積する。集められた銘刻は，整理，集計，比較され，あるものは新たな銘刻に他のものとひとまとめにされ置き換えられる。そうやって連関づけられた銘刻は最終的に実験室に蓄積され，計算処理される。そのようにして，膨大な銘刻の蓄積のサイクルによって科学者たちはより強固な連関を対象との間に構築し，確かな知識を確立していくのである。『科学論の実在』（2007年）では，これをアマゾンの森林土壌調査に当てはめている。

3 科学の人類学とその哲学的意義

ラトゥールの方法論には，科学活動についての経験的研究としての意義とともに，科学哲学・科学論において対立する実在論と社会構成主義の双方を書き換え，対立を乗り越える第三の視座を与える理論的意義もある。両者は，「認識主体の信念など主観的・社会的なものとは独立に存在する客観的実在としての対象（自然）」という主体と客体，自然と社会の二元論のもと，表象（理論言明）が対象に対応することが，表象が真であることだとする「真理の対応説」を前提として共有している。その上で「**理論の優先選択**◁6は何によって決定されるか」という共通の問いに対し，実在論は「実在との対応である」とし，それは，理論から導かれた予言が実験や観測の結果と一致することだと考える。これとは反対に社会構成主義は，理論が成功しているかどうかは実験・観測結果だけでは決定できず（**理論の決定不全性**◁7），最終的に決定するのは社会的要因であるとし，科学理論の客観性の不完全さ，主観性を強調する。

これらに対してラトゥールは，抽象的な「表象と対象の対応」を上述のような異種混淆的で具体的な連関の構築に置き換え，この連関が，自然的・物質的なものと記号的・社会的なものとの相互作用を受けながら最終的に安定するかどうかが理論の成否を決めると説明する。実在論にとっても社会構成主義にとっても「構築」は虚構（非客観性，非実在性）の源でしかないが，連関の安定化の成否次第で，虚構の印にも真実性の証にもなるのである。また構築の過程では，対象と表象はともに変容しながら最終的な形を獲得するものであり，主体と客体，自然的なものと社会的なものの境界そのものが，この構築の結果となる。こうして，理論の成功を決定するのは客観的実在との対応か社会的要因かという「あれかこれか」の問いも，その前提にある自然と社会，主体と客体という近代哲学を支配してきた二分法も意味を失うことになる。（平川秀幸）

▷6 **理論の優先選択**
競合する複数の理論仮説から最も妥当なものを選択すること。

▷7 **理論の決定不全性**
競合する複数の理論仮説のうち，どれが最も妥当かは，仮説に付随する補助仮説をアド・ホックに修正することによって，観察や実験のデータとの不整合を解消することができ，一意に決定できないということ。

参考文献

ブルーノ・ラトゥール（川崎勝訳）『科学が作られているとき』産業図書，1999年。

ブルーノ・ラトゥール（川崎勝・平川秀幸訳）『科学論の実在』産業図書，2007年。

ブリュノ・ラトゥール（伊藤嘉高訳）『社会的なものを組み直す』法政大学出版局，2019年。

久保明教『ブルーノ・ラトゥールの取説』月曜社，2019年。

索　引

（＊は人名）

さ行

た行

ま行

や行

ら・わ行

執筆者紹介（氏名／よみがな／現職／執筆順／*は編著者）

執筆担当は本文末に明記

*塚原東吾（つかはら・とうご）
神戸大学大学院国際文化研究科教授

*綾部広則（あやべ・ひろのり）
早稲田大学理工学術院教授

*藤垣裕子（ふじがき・ゆうこ）
東京大学大学院総合文化研究科教授

*柿原　泰（かきはら・やすし）
東京海洋大学学術研究院教授

*多久和理実（たくわ・よしみ）
東京工業大学リベラルアーツ研究教育院講師

宮川卓也（みやがわ・たくや）
広島修道大学人間環境学部准教授

中尾麻伊香（なかお・まいか）
広島大学大学院人間社会科学研究科准教授

山本昭宏（やまもと・あきひろ）
神戸市外国語大学外国語学部准教授

高橋博子（たかはし・ひろこ）
奈良大学文学部教授

小長谷大介（こながや・だいすけ）
龍谷大学経営学部教授

河村　豊（かわむら・ゆたか）
東京工業高等専門学校嘱託教授

愼　蒼健（しん・ちゃんごん）
東京理科大学教養教育研究院教授

野澤　聡（のざわ・さとし）
獨協大学国際教養学部准教授

友澤悠季（ともざわ・ゆうき）
長崎大学環境科学部准教授

篠田真理子（しのだ・まりこ）
恵泉女学園大学人間社会学部准教授

佐藤　靖（さとう・やすし）
新潟大学人文社会科学系教授

瀬戸口明久（せとぐち・あきひさ）
京都大学人文科学研究所准教授

定松　淳（さだまつ・あつし）
東京大学教養学部特任准教授

中澤　聡（なかざわ・さとし）
東邦大学ほか非常勤講師

三村太郎（みむら・たろう）
東京大学大学院総合文化研究科准教授

隠岐さや香（おき・さやか）
名古屋大学大学院経済学研究科教授

塚原修一（つかはら・しゅういち）
関西国際大学教育学部客員教授

水沢　光（みずさわ・ひかり）
国立公文書館アジア歴史資料センター研究員

杉本　舞（すぎもと・まい）
関西大学社会学部准教授

山品晟互（やましな・せいご）
バルセロナ自治大学科学史センター修士課程修了

吉本秀之（よしもと・ひでゆき）
東京外国語大学総合国際学研究院教授

藤原辰史（ふじはら・たつし）
京都大学人文科学研究所准教授

春日　匠（かすが・しょう）
一般社団法人科学・政策と社会研究室理事

執筆者紹介（氏名／よみがな／現職／執筆順／*は編著者）

執筆担当は本文末に明記

斎藤　光（さいとう・ひかる）
京都精華大学ポピュラーカルチャー学部教授

井上雅俊（いのうえ・まさとし）
フランス社会科学高等研究院（EHESS）博士課程在籍，アレクサンドル・コイレセンター（科学技術史）及び社会運動研究センター所属

村瀬泰菜（むらせ・やすな）
東京大学大学院総合文化研究科国際社会科学専攻修士課程在籍

小笠原博毅（おがさわら・ひろき）
神戸大学大学院国際文化学研究科教授

寿楽浩太（じゅらく・こうた）
東京電機大学工学部人間科学系列教授

田井中雅人（たいなか・まさと）
朝日新聞記者，明治学院大学国際平和研究所研究員

廣川和花（ひろかわ・わか）
専修大学文学部教授

野坂しおり（のさか・しおり）
フランス社会科学高等研究院（EHESS）博士課程在籍，医療・科学・健康・精神保健・社会問題研究センター（CERMES3）所属

箱田　徹（はこだ・てつ）
天理大学人間学部准教授

田中智彦（たなか・ともひこ）
東洋英和女学院大学人間科学部教授

山本敦久（やまもと・あつひさ）
成城大学社会イノベーション学部教授

調麻佐志（しらべ・まさし）
東京工業大学リベラルアーツ研究教育院教授

江間有沙（えま・ありさ）
東京大学未来ビジョン研究センター准教授

山内知也（やまうち・ともや）
神戸大学大学院海事科学研究科教授

川本思心（かわもと・ししん）
北海道大学大学院理学研究院准教授

杉山滋郎（すぎやま・しげお）
北海道大学名誉教授

粥川準二（かゆかわ・じゅんじ）
叡啓大学ソーシャルシステムデザイン学部准教授

廣野喜幸（ひろの・よしゆき）
東京大学大学院総合文化研究科教授

見上公一（みかみ・こういち）
慶應義塾大学理工学部専任講師

神里達博（かみさと・たつひろ）
千葉大学大学院国際学術研究院教授

平川秀幸（ひらかわ・ひでゆき）
大阪大学 CO デザインセンター教授

飯田麻結（いいだ・まゆ）
東京大学教養学部非常勤講師

直江清隆（なおえ・きよたか）
東北大学大学院文学研究科教授

藤木　篤（ふじき・あつし）
神戸市看護大学看護学部人間科学領域准教授

礒部太一（いそべ・たいち）
北海道医療大学歯学部・全学教育推進センター講師

佐倉　統（さくら・おさむ）
東京大学大学院情報学環教授，理化学研究所革新知能統合研究センターチームリーダー

執筆者紹介（氏名／よみがな／現職／執筆順／*は編著者）

執筆担当は本文末に明記

標葉隆馬（しねは・りゅうま）
大阪大学社会技術共創研究センター准教授

江守正多（えもり・せいた）
国立環境研究所地球システム領域副領域長

桑田　学（くわた・まなぶ）
福山市立大学都市経営学部准教授

松岡夏子（まつおか・なつこ）
三菱 UFJ リサーチ＆コンサルティング株式会社持続可能社会部主任研究員

大谷卓史（おおたに・たくし）
吉備国際大学アニメーション文化学部准教授

田中幹人（たなか・みきひと）
早稲田大学政治経済学術院教授

大辻　永（おおつじ・ひさし）
東洋大学理工学部教授

笠　潤平（りゅう・じゅんぺい）
香川大学教育学部教授

丸山徳次（まるやま・とくじ）
龍谷大学名誉教授・里山学研究センター研究フェロー

伊勢田哲治（いせだ・てつじ）
京都大学大学院文学研究科准教授

柴田　清（しばた・きよし）
千葉工業大学・法政大学・東北大学大学院非常勤講師，一般社団法人日本 LCA 推進機構研究主幹

鈴木　舞（すずき・まい）
慶應義塾大学グローバルリサーチインスティテュート所員，東京大学地震研究所外来研究員

小川眞里子（おがわ・まりこ）
三重大学名誉教授

小林信一（こばやし・しんいち）
広島大学副学長・大学院人間社会科学研究科長（兼）高等教育研究開発センター長

小林傳司（こばやし・ただし）
大阪大学名誉教授，大阪大学 CO デザインセンター特任教授，JST 社会技術研究開発センター長

本堂　毅（ほんどう・つよし）
東北大学大学院理学研究科准教授

上野伸子（うえの・のぶこ）
国立研究開発法人科学技術振興機構研究開発戦略センターフェロー

八木絵香（やぎ・えこう）
大阪大学 CO デザインセンター教授

三上直之（みかみ・なおゆき）
北海道大学高等教育推進機構准教授

平田光司（ひらた・こうじ）
総合研究大学院大学名誉教授

近藤祉秋（こんどう・しあき）
神戸大学大学院国際文化学研究科講師

山口富子（やまぐち・とみこ）
国際基督教大学教養学部教授

やわらかアカデミズム・〈わかる〉シリーズ
よくわかる現代科学技術史・STS

2022年２月25日　初版第１刷発行　〈検印省略〉

定価はカバーに
表示しています

編著者　塚原東吾
綾部広則
藤垣裕子
柿原泰
多久和理実

発行者　杉田啓三

印刷者　坂本喜杏

発行所　株式会社　ミネルヴァ書房
〒607-8494　京都市山科区日ノ岡堤谷町１
電話代表 (075) 581-5191
振替口座 01020-0-8076

冨山房インターナショナル・新生製本

ISBN 978-4-623-09215-4
Printed in Japan